GIS

지도학 가이드

GIS 제2판
지도학 가이드

Gretchen N. Peterson 지음

김화환, 김민호, 안재성, 이태수, 최진무 옮김

Σ 시그마프레스

GIS 지도학 가이드, 제2판

발행일 | 2016년 9월 1일 초판 1쇄 발행

지은이 | Gretchen N. Peterson

옮긴이 | 김화환, 김민호, 안재성, 이태수, 최진무

발행인 | 강학경

발행처 | (주)시그마프레스

디자인 | 강경희

편집 | 이지선

등록번호 | 제10-2642호

주소 | 서울시 영등포구 양평로 22길 21 선유도코오롱디지털타워 A401~403호

전자우편 | sigma@spress.co.kr

홈페이지 | http://www.sigmapress.co.kr

전화 | (02)323-4845, (02)2062-5184~8

팩스 | (02)323-4197

ISBN | 978-89-6866-782-4

GIS Cartography
: A Guide to Effective Map Design, Second Edition

＊ 책값은 책 뒤표지에 있습니다.

＊ 이 도서의 국립중앙도서관 출판예정도서목록(CIP)은 서지정보유통지원시스템 홈페이지(http://seoji.nl.go.kr)와 국가자료공동목록시스템(http://www.nl.go.kr/kolisnet)에서 이용하실 수 있습니다.(CIP제어번호 : CIP2016019030)

자동차 내비게이션이나 온라인 지도 서비스가 보편화되어 많은 사람들이 지도에 관심을 갖고 일상생활에서 지도를 활용하고 있다. 포털 사이트의 지도 서비스를 이용해서 목적지까지 가장 빠른 경로를 찾는 것부터 시작해서 실시간 교통정보를 반영한 최단시간 경로를 찾는 등 지도의 활용은 점점 더 복잡해지고 편리해지고 있다. 더 나아가서 지도 서비스에 개인의 관심지점을 매시업으로 추가하여 사용자 맞춤형 지도를 직접 제작하는 경우도 많다. 이제 더 이상 지리정보시스템(GIS)과 지도는 지리학이나 공간 정보를 다루는 전문가만의 전유물이 아니라 일반인도 쉽게 접근하고 활용할 수 있는 친숙한 분야가 된 것이다. 인터넷을 통해 '지도(map)'이라는 단어를 검색하면 공공기관이나 지도학 전문가가 제작한 지도뿐만 아니라 다양한 신문잡지 기사나 개인 블로그 등에 게재된 수많은 형태의 지도를 살펴볼 수 있다. 온라인으로 제공되는 지도 서비스뿐만 아니라 이전에는 너무 비싸서 일반인이 구입해서 사용하기 힘들었던 지도제작 소프트웨어도 가격이 내려가고 오픈소스 소프트웨어가 많이 보급되면서, 이제는 원하는 사람은 누구나 직접 지도를 제작할 수 있게 되었다. 지도 제작 도구가 널리 보급되고 다양한 데이터를 이용한 수많은 지도가 제작되면서 지도와 지리 현상에 대한 일반인의 인식이 확대되는 것은 고무적인 현상이다. 그러나 비전문가들에 의해서 지도가 양산되면서 발생하는 문제점도 있다. 지도를 제작할 때 꼭 지켜야 할 원칙이 무시되어 지도가 데이터를 왜곡하여 오히려 일반인의 오해를 야기하는 경우와 지도 디자인에서 적절하지 않은 배치나 색상, 글꼴, 투영법이 사용되어 정보 전달 매체로서의 역할을 제대로 하지 못하는 경우이다. 이제는 지도를 직접 만들 수 있는가 보다는 어떻게 하면 제작자가 전달하고자 하는 정보를 효과적으로 표현하는 지도를 만들 수 있는가 하는 점이 중요해진 것이다.

역자들이 번역한 이 책은 데이터의 왜곡 없이 제작자가 전달하고자 하는 정보를 효과적으로 표현할 수 있는 지도 디자인 기법에 대한 책이다. 이 책은 GIS나 지도학을 다룬 기존의 전문서적과는 달리 전문적인 내용을 다루면서도 독자들이 쉽게 이해할 수 있도록 다양한 그림과 사례를 통해 일상적인 용어로 지도 디자인 기법을 설명하고 있다. 이 책의 저자인 그레첸 피터슨(Gretchen Peterson)은 2001년부터 PetersonGIS라는 GIS컨설팅 업체를 운영하고 있는 GIS 지도제작 실무 전문가이다. 학자들이 저술한 지도학 서적이 지도 제작과 관련한 이론에 집중하고 있는 반면, 오랜 기간 지도제작 실무에 종사해 온 저자는 고객들을 위해 직접 제작한 지도와 다양한 관계 기관에서 발행된 지도를 중심으로 지도를 디자인하고 제작할 때 발생하는 다양한 디자인 관련 이슈들에 대해서 GIS나 지도학에 문외한인 일반인들도 쉽게 이해하고 활용할 수 있도록 지도 디자인 기법을 설명하고 있다. 실무자의 관점에서 바라본 지도 디자인 기법 소개라는 점이 기존 GIS나 지도학 전문서적과 차별화되었기 때문에 역자들이 이 책을 선택하여 번역서를 출간하게 된 것이다. 따라서 이 책이 쉽게 설명하고 있는 지도 디자인 기법들을 익히고 난 뒤에 다양한 지도 유형별로 이론적 배경이나 전문적 기법에 대해 더 학습하고 싶다면, 이 책과 더불어서 기존에 출판된 지도학 전문서적을 참고하기를 권한다.

이 책은 9개의 장으로 구성되어 있다. 제1장의 '서론'은 지도 디자인의 개념과 책의 구성 및 활용법을 다루고 있고, 제2장은 '창의적 지도 디자인'을 위한 지도 제작자의 자세에 대해 기술하고 있다. 제1~2장의 내용을 통해 지도 디자인의 전반적인 과정과 고려 요소들을 이해하고 나면, 제3장 이후의 세부적인 내용들은 독자들의 필요에 따라 순서에 상관없이 참조할 수 있도록 배치되어 있다. 제3장 '지도 배치 디자인'에서는 지도 페이지의 전체적인 디자인과 지도 요소들의 배치에 대해서 서술한다. 제4장의 '글꼴'과 제5장의 '색'은 지도 디자인에서 가장 중요한 요소들인 글꼴과 색상 배치에 대한 이론적 배경과 선택 기준을 제시한다. 제6장 '지도 객체 기호화'는 도로, 하천, 지질, 토지 이용 및 지표 피복 등과 같은 지도 객체 각각을 지도에서 어떻게 효과적으로 표현할지에 대해 구체적으로 설명한다. 제7장 '인쇄 지도 디자인'은 발표 슬라이드나 보고서, 포스터와 같은 매체에 포함될 지도를 디자인할 때 사용할 수 있는 배치 기법과 지도화 요건들에 대해서 설명하고 있다. 제8장 '지도 투영법'에서는 3차원의 지구 표면을 2차원의 평면 지도로 변환하는 다양한 투영법을 지도 디자인의 관점에서 설명하였고, 제9장 '인터넷 지도 디자인'은 상호작용 기반의 인터넷 지도를 디자인하고 구현할 때 필요한 요건들을 기술하였다. 이 책의 여러 부분에서 저자는 독자들 스스로 창의적인 지도 디자인 방법을 시도해 볼 것을 제안하고 있다. 그러나 기본적으로 데이터 왜곡 없이 효과적인 지도를 디자인하기 위해서는 지도학적 표준에 대한 이해가 필수적임을 잊지 않기를 바란다. 표준에 얽매이지 않을 때 창의적인 아이디어가 잘 떠오르기는 하지만, 그 아이디어의 효과를 제대로 이해하기 위해서는 일반적인 지도학적 표준에 대한 이해가 꼭 필요하기 때문이다.

이 책은 교과서라기보다는 일반인들이 지도 디자인에 쉽게 접근할 수 있도록 일상적인 용어로 쉽게 기술된 안내서이다. 따라서 학술적인 용어뿐만 아니라 일상적인 미국식 영어 표현이 많이 포함되어 있어 번역에 어려움을 겪는 경우가 많았다. 번역 과정에서 의미가 잘 전달되지 않는 부분이나 국내 현실과 어울리지 않는 경우는 역자들이 나름대로 해석하여 표현하였다. 번역 과정에서 원문에 충실한 나머지 독자들이 처한 현실과 너무 동떨어진 내용을 나열하기보다는 독자들이 읽고 바로 지도 제작에 활용할 수 있도록 하는 것이 이 책의 저술 목적과도 부합한다고 판단하였기 때문이다. 그럼에도 불구하고 여전히 어색하거나 이해가 잘 되지 않는 부분이 있을지도 모르겠다. 이는 전적으로 역자들의 잘못이니 너그러운 마음으로 이해해 주고 본문에서 제시한 다양한 인터넷 출처와 참고도서를 이용해 보충해 주기 바란다. 또한 잘못된 번역을 발견하거나 보다 명확하고 좋은 표현이 있다면 역자들에게 알려 주어 바로잡을 수 있는 기회를 주기 바란다.

이 역서의 중요성과 가치를 알아 주고 긴 시간의 기다림에도 불구하고 기꺼이 출판을 맡아 주신 ㈜시그마프레스의 강학경 사장님께 진심으로 감사드린다. 또한 보다 완성도 높은 번역서를 위해 힘든 편집과 교정 작업에 정성을 다해 주신 이지선 선생님과 편집부 여러분께도 감사의 마음을 전한다. 무엇보다 원저의 다양한 내용과 곳곳에 숨어 있는 해학적 표현들을 해석하고 번역하느라 묵묵히 애쓰신 모든 역자 분들께 고개 숙여 감사드린다.

이 책의 초판은 이 책이 세상에 어떻게 나오게 되었는지를 설명하는 것으로 시작했다. 이후 지리정보 체계(GIS) 분야에서, 특히 지도학과 소프트웨어에서 상당한 발전과 변화가 있었다. 디자인 감각을 갖춘 개발자들에 의해서 GIS 소프트웨어의 지도 작성 기능들이 획기적으로 발전하면서 GIS 전문가뿐만 아니라 많은 분야에서 더 많은 사람들이 GIS를 이용한 지리적 시각화에 관심을 갖게 되었다. 초판 발행 후에 다양한 강연과 워크숍을 통해 나는 많은 이들이 지도 디자인에 대한 다양한 의견을 교환하는 것을 목격했다. 지도 작성에 어떤 색상 조합이 가장 효과적일까? 가장 다양한 기능을 가진 지도 작성 소프트웨어는 어느 것일까? 멋진 지도를 만들기 위해서는 어떤 기술이 필요할까? 왜 많은 지도들이 잘못 작성되어 왜곡된 정보를 전달하는가? 이러한 질문들은 더 많은 사람들이 효과적인 지도 디자인을 통해 복잡한 지리 정보를 효율적으로 전달할 수 있다는 사실을 알고 있다는 반증이다. 초판에 더하여 20여 개의 새로운 사례와 2개의 장(章)을 추가하고, 24개의 사례를 수정하여 2판을 내놓고 효과적인 지도 디자인에 대한 사람들의 궁금증에 조금이라도 도움이 되었으면 하는 소망을 가져 본다.

GIS 업계에서 10년째 일하면서 내가 배운 것은 어떻게 하면 데이터 분석결과를 좋은 지도로 표현하여 직장 동료와 고객, 학자, 그리고 대중들과 효과적으로 의사소통할 수 있는가 하는 것이다. 많은 GIS 입문자가 그렇듯이 나 역시 처음에는 한동안 지도를 만들면서 왜 지도를 만드는가에 대한 뚜렷한 생각이나 디자인에 대한 이해 없이 많은 실수를 했다. 그렇기 때문에 동료나 고객들을 위해, 또 발표회를 위해 수많은 발표 슬라이드와 그래픽 보고서, 포스터, 지도를 만들면서 항상 참고할 수 있는 지도 디자인 서적이 있었으면 하고 바라 왔다. 그 희망이 이 책을 쓰게 된 계기가 된 만큼, 독자들이 내가 수많은 실수를 통해 고통스럽게 배워 온 지도 디자인 지식을 쉽게 익혀서 효과적으로 디자인된 지도를 제작할 수 있기를 기대한다.

contents

제 **1** 장 들어가며   1

디자인 경험에 대해서 ·· 3

건설적인 비판 ·· 4

GIS 전문가 ·· 5

시간은 금(金)이다 ·· 5

디자인의 중요성 ·· 6

예상 독자 ··· 7

이 책을 활용하는 방법 ··· 8

'쉽게 따라 하기' 매뉴얼은 없다 ·· 9

상대적 지도 축척 ·· 9

  주 10

제 **2** 장 창의적 지도 디자인   11

창의성의 길은 누구에게나 열려 있다 ······································· 12

직접 해 보기 ·· 13

감상을 통한 영감 얻기 ··· 13

감상을 통한 영감 얻기 사례 ·· 14

  지도 디자인을 위한 새로운 아이디어를 얻는 확실한 방법 : 초보자와 상담하라! 15

지도 디자인에 적용해 보기 ··· 15

  요약 18 ｜ 참신한 지도 18 ｜ 인터넷 미술품 감상 사이트 18 ｜ 주 18 ｜ 실습 19

제 **3** 장 지도 배치 디자인 21

지도에 모두 담기···21
지도를 요리에 비교한다면 23

지도 배치 체크리스트··24

지도 요소 세부사항 및 사례··25
제목 27 | 부제목 30 | 범례 30 | 지도 34 | 방위표 36 | 날짜 표시 37 | 제작자 정보 38
제작자 정보가 중요한 이유 38 | 축척 표시 39 | 페이지 외곽선 41 | 구획선 42 | 경위선망 44
파일 경로 45 | 법적 공지 45 | 자료 출처 46 | 자료 인용 표시 47 | 로고 48 | 그래프 49
사진 51 | 그래픽 52 | 지도 번호 53 | 자료표 53 | 저작권 표기 55 | 저작권 함정 56
투영법 56 | 삽입 지도 57 | 기타 설명글 58

스타일···58

맥락···59

배열···62
보고서에 포함된 지도 63

지도 디자인 구상도··65

단순성과 복잡성···66

지도 주변 요소 배치···68

균형···70
주 71 | 더 읽을거리 72 | 연습 문제 72 | 실습 73

제 **4** 장 글꼴 75

올바른 글꼴 선택··76

세리프와 산세리프··77
장식체 글꼴 80 | 필기체 글꼴 81 | 글자 높이, 폭, 획 굵기 82

글꼴 조정···83
포인트 크기 83 | 기타 글꼴 조정 88 | 표준적인 규칙 90

글 자료 배치···92
학회 포스터를 실눈 뜨고 보는 사람들 93

글 배치 방향···93
연습 문제 97 | 참고 자료 97 | 주 98

제 5 장 색   99

지도 초안을 직장 상사나 고객에게 보여 줄 때 101

색상 이론 102

RGB 104

16진법 체계 105

HSV 106

HSL 106

CMYK 107

CIELAB 108

규칙 108

형상-배경 관계 109 ㅣ 5단계 음영 규칙 111 ㅣ 점진적 색상 배열 112

점지도, 점진적 기호, 기타 고급 기술들 114 ㅣ 색상 의미 115 ㅣ 색상 혼합 착시 효과 117

색상 대비 119 ㅣ 원색의 남용은 오히려 역효과를 가져온다 120

지도를 그림 파일로 내보내기 할 때의 색 변화 121 ㅣ 색약(색맹)인을 위한 색상 선택 121

예술적 영감 124

회색 톤의 부활 126

주 127 ㅣ 참고 자료 128 ㅣ 연습 문제 129 ㅣ 실습 129

제 6 장 지도 객체 기호화   131

도로 132

색 132 ㅣ 독창적 사고 133

강과 하천 134

색 134 ㅣ 위계 표현 136 ㅣ 속성 표현 136 ㅣ 라벨 137

수체 141

색 141 ㅣ 라벨 142

도시 및 마을 145

색 145 ㅣ 점 기호 145 ㅣ 특수 효과 146 ㅣ 라벨 147 ㅣ 면 기호 147

행정경계 148

색 148 ㅣ 기호화 관례 148 ㅣ 파선 패턴 148 ㅣ 4색 정리 149

퍼지 공간 객체 150

색 150 ㅣ 기법 151

고도와 음영기복 ·· 157

음영기복 색 157 | 고도 색 157 | 음영기복 157 | 표고점 라벨 159 | 3차원 고도 159

지적 필지 ·· 162

색 162

해류 ·· 165

색 165

바람 ·· 168

색 168 | 기타 기상 객체 174

온도 ·· 174

색 174

토지이용 지표피복 ·· 175

색 175 | 래스터 지도 179

소로 ·· 182

색 182

시설물 ·· 185

색 185 | 현장 지도 작업 186

불투수 지표면 ·· 188

색 188

분수계 ·· 192

색 192

건물 ·· 195

색 195

토양 ·· 198

색 198 | 토양 자료 200 | 시각화 200 | 지도에 표현할 토양 범주의 수 200 | 2차원 대 3차원 201

지질 ·· 204

색 204 | 색 204

주 210 | 더 읽을 거리 211 | 연습 문제 212 | 실습 212

제 7 장 인쇄 지도 디자인 215

DPI ·· 216

파일 포맷과 처리 절차 ·· 217

슬라이드 ·· 219

발표 스타일 : 빠르게 또는 느리게, 복잡하게 또는 단순하게? 219 | 시간과 연구의 필요성 224

보고서 ·· 225
지도의 위치 225 ㅣ 보고서 지도의 주변 요소 227

포스터 ·· 228
요약 포스터 229 ㅣ 상세 포스터 230

사용 목적에 따른 지도 디자인 ··················· 230
주 231 ㅣ 참고 자료 231 ㅣ 연습 문제 232 ㅣ 실습 232

제 **8** 장 지도 투영법   233

왜곡 : 모든 투영법이 가지는 약점 ··············· 237
적절한 투영법 선택 ······································· 240
투영면 유형 ··· 243
투영법 선택의 사례 ······································· 245
주 248 ㅣ 참고 자료 248 ㅣ 연습 문제 248 ㅣ 실습 249

제 **9** 장 인터넷 지도 디자인   251

줌 레벨과 축척 ·· 256
줌 필드 ·· 257
점진적 스타일링 ··· 259
인터넷 지도에서 코드의 반복 ························ 263
다중 줌 디자인 테스트하기 ···························· 264
주 267 ㅣ 참고 자료 267 ㅣ 연습 문제 268 ㅣ 실습 268

부록 A   ⋯ 269
부록 B   ⋯ 281
부록 C   ⋯ 291
찾아보기   ⋯ 295

GIS
Cartography

CHAPTER 1

들어가며

이 책의 초판은 더 많은 사람들에게 지도학을 소개하는 것을 목적으로 출판했다. 더 이상 지도학이 고매한 학자들만이 접근할 수 있는 어려운 학문이 아니라 더 많은 이들이 활용할 수 있는 지식으로 그 지평을 넓힐 수 있기를 바란 것이다. 일상적인 언어를 통해 지도학의 원리들을 쉽게 설명함으로써 양질의 지도가 더 많이 제작되고, 이를 통해 지리적인 지식이 일반 대중에게 더욱 효율적으로 전달될 수 있을 것으로 기대했다. 초판에서 기술한 대로 지리학뿐 아니라 수많은 다른 분야의 디자인 전문가들이 지도 디자인에 관심을 갖기 시작하였고, 통계 분석과 컴퓨터 프로그래밍이 지도 디자인과 결합되면서 지도 제작 기술은 급속히 발전했다. 그들은 애플리케이션 프로그래밍 인터페이스(Application Programming Interface, API)와 그래픽 소프트웨어를 이용해서 멋진 지도와 지도를 포함한 인포그래픽을 만들어 내고, 나아가서는 다양한 모바일 기기를 통해 동적으로 조작할 수 있는 다양한 지도 기법을 창조해 내고 있다.

> 디자인을 통한 명료한 아이디어 전달 능력과 과학 발전에 따른 고도의 분석 기법의 장점을 결합한 새로운 분야가 떠오르고 있다. … 효율적인 의사소통을 필요로 하는 과학과 전달할 메시지를 필요로 하는 디자인 분야가 결합한 것이다. 과학적인 지식에 집중하여 의사소통에 소홀했던 과학 분야와 미적 가치에 집중하느라 내용이 미흡하다는 지적을 받아 온 디자인 분야의 결합은 다가오는 세기를 이끌 새로운 영감과 아이디어를 선도할 것이다.
>
> Seed, 2008년 3~4월호[1]

오픈소스 소프트웨어 개발이 활발해지면서 이제는 누구라도 큰 경제적 부담 없이 지도를 작성해 볼 수 있게 되었다. 처음에는 본인이 의도하는 것과 유사한 형태로 만들어진 지도 중에서 가장 좋은 지도 디자인을 찾아서 그 형식을 따라해 보는 것이 좋은 경험이 된다. 그런 과정을 통해 지도 디자인 감각을 익히다 보면 좋은 지도를 넘어서 뛰어난 지도를 디자인하기 위해서는 체계적인 지도학 지식이 필요하다는 것을 느끼게 되는 순간이 온다. 이 책은 그런 순간에 독자들이 참고할 만한 다양한 이론과 사례들을 제공한다. 가능한 한 일상적인 용어로 독자들이 이해하기 쉽도록 서술했고, 이론적인 내용보다는 실무에 직접 활용할 수 있는 내용들로 구성했다.

지도를 디자인할 때 흔히 하는 실수들이 무엇인가에 대한 질문을 자주 받는다. 그런 질문을 하는 사람들은 '왜 상당수 지도들이 못 봐줄 정도로 질이 떨어지는지', '어떻게 하면 그런 저질의 지도들이 지도가 전달하고자 하는 정보, 더 나아가서는 지리학에 대한 나쁜 인식을 퍼뜨리는 것을 막을 수 있을지' 궁금해한다. 저질의 지도, 혹은 잘못 만들어진 지도는 크게 두 가지로 나눠 볼 수 있다. 첫 번째 유형은 초보 지도학자나 학생, 혹은 GIS 업계 초보자들이 만든 지도이다. 그들은 대개 지도가 갖춰야 할 지도 배치 요건이나 적절한 색상 조합 등에 대한 이해나 경험이 부족하다. 당신이 그런 수준의 지도 작성자라면 시간을 조금 더 투자해서 지도 자체뿐 아니라 그 외의 장식적인 요소(제목, 범례 등)의 디자인에 신경을 더 쓰고, 형상-배경 간 관계를 분명하게 나타나게 하고, 지도 요소들을 적절히 배치해서 요소들 간의 위계관계를 명확하게 해 주는 것만으로도 훨씬 훌륭한 지도를 만들 수 있을 것이다. 둘째 유형의 나쁜 지도는 배치나 대비는 잘 이루어졌지만 글꼴 스타일이나 지도 일반화, 색상 배치에 문제가 있는 지도이다. 기본 글꼴을 쓰는 대신에 시간을 좀 더 투자하여 지도 목적에 맞는 적절한 글꼴을 사용하고, 원래 데이터 대신 축척에 적합하도록 처리한 데이터를 사용하는 등의 노력을 통해 더 나은 지도를 디자인할 수 있다. 색상 배치는 일반 대중이 가장 민감하게 반응하는 부분이고 일정 정도 유행에 민감한 측면도 있기 때문에 독자나 일반 대중의 취향과 지도 목적을 동시에 고려한 색상 배치가 가장 효과적이라고 할 수 있다.

이런 모든 요건들이 갖춰져야 비로소 중요한 의사결정자들의 모임에서건 세계적인 규모에서건 지도가 어떤 중요한 변화를 이끌어 낼 수 있는 기회를 얻게 되는 것이다. 물론 정확성과 윤리적 엄밀성이 지도 제작에 있어서 지리 전문가가 갖춰야 할 가장 중요한 우선적인 덕목이다. 간혹 새로운 데이터를 구해서 멋진 시각화 기법을 통해 대중적 관심을 불러일으키려는 의도로 성급하게 지도를 제작하는 경우가 있다. 새로운 데이터, 멋진 시각화를 통해 급변하는 사회현상을 분석하려는 욕구는 당연한 것이지만, 그 성급함으로 인해 결과의 정확도가 저하되는 경우에는 그 노력 모두가 한꺼번에 부도덕한 조작으로 평가받기도 한다는 측면에서, 지도 제작자의 주의 깊은 관찰과 분석이 매우 중요하다. 모든 도전에는 위험이 따르지만, 그 위험을 어떻게 다루느냐에 따라서 도전의 성공 여부가 판가름 되는 것이다.

✥ 디자인 경험에 대해서

지리정보 분야 종사자의 대부분은 디자인 분야에 대한 학습 경험이 전혀 없는 상태에서 지도 제작 업무를 시작한다. 이 책은 지도 제작 과정에서 수시로 찾아 참고할 수 있는 참고 자료로 기획되었으며, 다양한 지도 디자인 개념과 사례를 통해 누구라도 고품질의 지도를 제작할 수 있도록 하는 가이드가 될 것이다.

저자인 나도 14년 전 GIS 분야에 입문할 때 지도학 훈련을 전혀 받지 못한 상태였고, 마치 구명복도 없이 바다에 던져진 것 같은 기분이었다. 지도학 분야에 대한 전문서적은 매우 적었고, 그나마도 출판된 지 오래되었거나 이론적인 부분에 치중되어 실제 지도 제작에는 별 도움이 되지 않았다. 지도 제작 초보자에게는 예제나 실습이 많은 참고도서가 필요했는데, 그마저도 없이 내가 무작정 만들었던 지도들은 봐주기 힘들 정도였을 것이다. 그러나 당시만 해도 GIS 분석가인 내가 지도 제작에 관한 전문지식을 갖추지 못한 것이 큰 흠이 되지는 않았다. 대부분 사람들은 분석 전문가인 내가 지도를 만든다는 사실 자체만으로도 깊은 인상을 받은 듯했고, 실제로 지도가 어떻게 만들어져야 한다는 인식 자체도 없었다. 다만 지도에 사용한 색상에 대해서는 모두가 한마디씩 본인의 의견을 표현하곤 했다. 그런 상황은 이제 많이 변화했다. 지도를 만드는 사람들을 보고 대중들이 여전히 놀라워하기는 하지만, 인터넷이나 언론 매체를 통해서 이미 많은 지도를 보고 접했기 때문에 대중들도 이제는 지도가 하는 역할이 무엇인지, 지도가 어떻게 보여야 할지 등에 대한 다양한 의견을 가지게 된 것이다. 따라서 지도 제작과 관련한 표준과 스타일 등에 대한 이해가 무엇보다 중요한 시기가 되었다.

이 책에서는 시행착오를 통해 확인된 전통적인 기법뿐만 아니라 지도 품질을 획기적으로 개선할 수 있는 최신 디자인 기술까지 다양한 정보들을 제공한다. 이 책을 통해 여러분이 만들고자 하는 지도를 위해 어떤 표준적인 기법을 사용하는 것이 적절할지, 아니면 당신만의 독특한 접근방식이 필요할지를 당신 스스로 결정해야 한다는 것을 배우게 될 것이다. 이 책은 또한 독창적인 지도 제작을 위해서 당신의 지도학적 창의성을 발휘할 수 있는 다양한 사례를 보여 주고 당신의 영감을 일깨워 주며 심층적인 이론을 학습할 수 있는 다양한 참고 자료를 제공한다.

✳ 건설적인 비판

"당신이 만든 그 지도 말이에요. 좀 고쳐야겠던데요!" 지도를 만들다 보면 자주 듣게 되는 말이다. 하지만 너무 섭섭하게 생각하지는 말라. 동료 그룹의 건설적인 비판은 당신의 작업을 한 단계 높은 수준으로 끌어올리는 원동력이다. 그런 비판들을 지도 디자인 작업에 반영하는 것은 시간을 많이 필요로 하지만, 그런 노력과 시간의 투입 없이 만들어진 지도는 독자들과 공감대를 형성하기 힘들고 좋은 메시지를 전하지 못하며 또한 정보를 정확하게 전달할 수 없다. GIS분석가 집단은 본질적으로 지리학을 포함한 사회과학, 자연과학, 전산학, 도시계획 등 상이하고 다양한 학문적 배경을 가진 사람들로 이루어져 있다. GIS 분석가들은 기관 내에서나 학회장 혹은 지역단위 소모임에서, 인터넷이나 신문기사 혹은 인쇄된 매체를 통해서 분석결과를 적절하게 설명하고 시각화하며 판매하기 위해 필요한 디자인 지식을 갖추지 못한 경우가 많다. 따라서 다른 디자인 중심 분야보다 GIS 지도제작 분야에서 동료 그룹에게 받는 지도 디자인에 대한 건설적인 비판의 중요성이 더욱 크다고 할 수 있다.

많은 뛰어난 지도학자들에게서 당신이 제작한 지도에 대한 건설적인 피드백을 받아볼 수 있다. 적극적으로 그들과 소통하고 피드백을 요청하는 것이 필요하다. 하지만 간혹 자신의 주장을 절대적으로 신봉하는 엘리트주의적인 사람을 만나기도 한다. 지도를 만드는 데 있어서 좋은 방법과 나쁜 방법이 있는 것은 사실이지만, 뛰어난 지도를 만들기 위해서 단 한 가지의 방법만이 있는 것은 아니다. 예를 들어, 작년에 나는 어느 지도 디자인 워크숍에서 수강생들에게 다섯 장의 서로 다른 지도를 보여 주고 평가를 하도록 한 적이 있다. 다섯 지도는 같은 자료를 가지고 5명의 지도 제작자가 각기 다른 방식으로 만든 지도였다. 수강생들을 대상으로 투표를 한 결과, 몇 장의 지도는 한 표도 얻지 못해 상대적으로 수준이 떨어지는 지도로 쉽게 판명이 났다. 흥미로운 사실은 수강생들이 다섯 지도 중에서 두 지도에 대해서 거의 동일한 수만큼 투표하여 두 지도의 우열을 가르기가 힘들었다는 점이다. 두 지도는 거의 비슷한 디자인에 색상 배열이 다른 것들이었는데, 일부 수강생은 밝은 원색들을 배열하여 '젊어' 보이는 디자인을 선호한 반면에, 다른 수강생들은 채도가 낮은 '점잖은' 색상 배열에 더 좋은 점수를 준 것이다. 어떤 색상 배열이 더 효과적인가에 대한 토론이 있기는 했지만, 결국 지도 품질의 차이라기보다는 색상 배열에 대한 선호도 차이였던 것이다. 두 지도 모두 전달하고자 하는 정보를 효과적으로 전달하고 있다는 측면에서 훌륭하게 디자인된 지도였다. 지도 디자인에 대한 비판을 수용할 때도 그 비판이 정보 전달 매체로서 지도의 기능을 강화하는 데 도움이 되는가에 입각하여 선택적으로 수용하는 것이 중요하다.

✹ GIS 전문가

이 책에서 사용하는 GIS 전문가(geoprofessional)라는 단어는 분석결과와 자료 및 지도를 만들기 위해 거의 매일 GIS를 이용하는 사람들로서 본인 개인뿐만 아니라 고객 등 타인의 편익과 수익을 위해서 일하는 사람들을 의미한다. 이 정의에 부합하기 위해서 GIS 전문가들은 정확하고 이해하기 쉬운 지도를 제작하고 그를 통해 독자들이 자료로부터 정확한 정보를 얻어 효과적인 의사결정을 할 수 있도록 지원하는 책임을 가진다.

✹ 시간은 금(金)이다

이 책에서 제시하는 대부분의 지도 디자인 지침들은 당신이 만드는 지도를 조금 더 전문적인 지도로 보이도록 하는 데 필요한 작은 팁들이다. 하지만 하나의 지도를 만들기 위해서는 매우 다양한 디자인 지침을 동시에 고려해야 하므로 적지 않은 시간을 투자해야 한다. 특히 초보자인 경우에는 더욱 그렇다. 그렇다면 멋진 지도를 만들기 위해 필요한 시간을 어떻게 확보해야 하는가? 우선 지도 디자인을 위해서 시간과 비용을 투자하는 것이 합당하다는 것을 지도 제작자 본인뿐 아니라 직장 상사나 고객들에게 이해시켜야 한다. 당신의 직무요건에 **지도학자**라는 사항이 포함되지 않았다면 지도 디자인을 위한 투자를 결정하는 것은 쉬운 일이 아니다. 물론 그런 투자가 어느 정도 가치가 있다고 판단하기 때문에 여러분은 이 책을 읽고 있을 것이다.

시간과 정성을 투자하지 않고 성급하게 만든 지도를 생각해 보자. 이런 경우에는 수준 이하 품질이라고 비판받고 다시 지도를 만들어야 하는 경우가 대부분이고, 저질의 지도를 반복해서 수정하다 보면 차라리 시간이 좀 들더라도 처음에 제대로 디자인하는 것이 시간과 돈을 훨씬 아낄 수 있는 방법이라는 것을 알게 된다. 경험 많고 성공적인 지도 제작자는 잘 디자인된 지도를 만들기 위해서는 시간과 노력, 시행착오, 색상이나 글꼴의 최신 경향에 대한 관심 등 다양한 노력이 필요하다는 사실을 알고 있다. 그들은 다양한 시행착오를 통해 그 사실을 알게 된 경우가 대부분이지만, 당신은 (비록 지도 분야의 초보자라도) 이 책 같은 디자인 교재를 읽고 지도 디자인과 관련한 여러 표준과 규약들 및 고려사항을 학습함으로써 실무에서의 시행착오를 상당 부분 줄일 수 있을 것이다. 아무리 분석적인 사고방식에 사로잡혀서 디자인에 문외한인 사람이라도 필요한 시간과 노력을 투자하면 일정 수준의 품질을 갖춘 지도를 만들 수 있다.

아직 자신이 없다면 지도 경연대회나 시연회에 참가해 보는 것도 좋은 방법이다. 비록 우승을 하기는 힘들더라도 대회에 참가할 지도를 디자인하기 위해서 평소보다는 많은 시간과 노력을 투자하게 될 것이고, 그런 시간과 노력이 당신에게 경험과 자신감을 더해 주어 대회 이후에도 당신이 디자인하고 만드는 지도의 품질을 획기적으로 개선해 줄 것이다. 또 다른 방법은 연말 재계약 평가를 위해 당신이 1년간 제작한 지도들을 포트폴리오로 만드는 것이다. 그를 통해 당신의 지도 디자인이 어떻게 발전했는지를 스스로 평가할 수 있고, 또한 시각적이고 직관적인 자료를 상사에게 보여 줌으로써 재계약 평가에서 좋은 점수를 받을 가능성을 높여 줄 수도 있는 것이다.

지도 디자인에 시간과 노력을 투자하는 것이 가치가 있다는 것에 대해서 당신 스스로 확신이 생긴다면 그다음에는 당신의 직장 동료나 상사를 설득할 차례이다. 상사들은 대부분 지도를 만들어 본 경험이 전혀 없을 것이기 때문에 지도 디자인을 위해서 시간과 예산을 투자하는 데 인색하기 마련이다. 그런 상사를 설득하기 위해서 사용할 수 있는 방법 중 하나는 비교되는 지도를 동시에 보여 주는 것이다. 업무 중에 지도를 만들어야 하는 일이 포함되어 있는 경우에 두 버전의 지도를 만들어서 상사에게 보여 준다. 평소와 다름없이 지도 디자인에 별로 신경을 쓰지 않은 형식적인 지도를 하나 만들고, 업무 외 개인시간을 투자해서 이 책과 같은 디자인 참고 자료에서 제시하는 지도 디자인 요소들을 모두 고려해서 당신이 만들 수 있는 최고의 지도를 따로 하나 만드는 것이다. 상관에게 두 지도를 동시에 보여 주면서, 당신이 두 번째 지도를 만들기 위해서 얼마의 개인시간과 노력을 투자했는지 설명하고 그 지도가 어떤 면에서 다른 지도보다 우수한지를 설명한다. 일정 정도의 시간과 비용을 투자하면 고객이나 상위 의사결정자에게 제출하는 보고서에 포함될 지도의 품질을 획기적으로 개선할 수 있고, 그로 인해서 당신 부서에서 작성하는 보고서의 정확성과 품질이 향상되어, 나아가서는 고객만족을 이끌어 낼 수 있다고 설득하는 것이다.

고품질의 지도를 디자인하기 위해 필요한 시간과 비용은 당신의 경험이 쌓여 가면서 점점 적어진다는 말도 빠뜨리면 안 된다. 특히 당신이 제작하는 지도들이 동일한 유형의 데이터를 사용하거나 동일한 지역을 표현하는 것이라서 디자인 스타일을 자주 바꿀 필요가 없는 경우라면, 한번만 시간과 비용을 투자해서 지도 스타일을 잘 디자인해 놓고 그 틀을 반복해서 사용할 수 있을 것이다. 그리고 최신 유행에 따라서 1~2년에 한 번씩만 지도 디자인을 수정하면서 사용할 수 있기 때문에 비용 측면에서도 훨씬 유리할 것이다.

✤ 디자인의 중요성

이 책의 여러 부분에서 저자는 매력적이면서도 주제를 잘 전달하는 지도 디자인의 중요성을 강조한다. 몇몇 분들은 심미적인 디자인이 주제 전달 목적의 디자인에 비해서 상대적으로 중요도가 떨어지고, 따라서 아름답지는 않지만 여전히 훌륭한 지도를 디자인하는 것도 가능하다고 주장하기도 한다. 일리가 있는 주장이다. 노란색 아치 2개로 이루어진 맥도날드의 간판은 아름답지는 않지만 좋은 디자인이라고 할 수 있다. 마찬가지로 화려한 원색으로 칠해진 대부분의 패스트푸드 식당들의 간판은 심미적인 디자인이라기보다는 "어서 오세요! 우리 식당은 간판처럼 화려하고 활기찬 식당입니다."라는 메시지를 명확하게 전달하기 위한 디자인인 것이다. 하지만 그런 디자인을 GIS 지도에 그대로 적용할 수 있을까? GIS 지도에서 패스트푸드 식당에서 사용하는 원색의 튀는 색상 배열을 사용하면, 지도를 읽는 사람은 10초도 지나지 않아 지도에서 눈을 떼 버릴 게 분명하다. 지도 페이지 내에서 지도 요소들 간의 균형을 무시한다든지 필요 없는 상자나 선들로 지도를 복잡하게 만들면, 결국 그 지도는 아마추어가 만든 지저분한 그림 모음에 지나지 않고 결국 지도 제작자의 신뢰도를 추락시킨다. 따라서 GIS 지도 제작에서는 시각적으로 매력적인 지도가 결과적으로 지도의 주제를 잘 전달하는 지도가 될 가능성이 매우 크다고 할 수 있다.

✳ 예상 독자

이 책은 독자들이 지리학과 GIS에 대한 기본적인 이해를 가지고 있다는 것을 전제로 기술되었다. 예를 들어 제6장 '지도 객체 기호화'의 '토양' 부분에서는 토양에 대한 정보를 지도에 **표현**할 때 어떤 기술이 필요하고 어떤 고려사항이 반영되어야 하는지에 대해서 집중적으로 다룬다. 토양이라는 현상 자체는 지리학이나 지질학에서 매우 중요한 연구 주제이지만, 지도 디자인을 주로 다루는 이 책에서는 토양의 특질에 대한 설명은 최소화하고 지도디자인 과정에서 토양에 관련한 데이터를 표현하는 데 가장 적합한 기법들이 무엇인지에 집중하여 기술했다.

저자가 생각하는 이 책의 주된 독자들은 GIS에 대한 학습은 되어 있지만 지도 디자인에 대해서는 명확한 이해가 없는 GIS 분야 실무 초보자들이다. GIS를 배우고 있는 학생이라서 GIS와 지도 디자인 모두에 대해서 이해가 부족하다면 GIS 과목을 수강한 뒤에 이 책을 보거나 이 책과 함께 다른 GIS 교과서를 같이 보는 것을 추천하고 싶다. GIS 분석과 지도 제작에 경험이 있는 숙련된 전문가라고 하더라도 이 책에서 제공하는 다양한 예제를 통해서 새로운 지도 디자인에 대한 영감을 얻거나 익숙하지 않은 데이터를 지도에 표현하는 방법을 배울 수 있는 기회를 얻게 되기를 기대한다.

✳ 이 책을 활용하는 방법

제1장의 도입부를 읽고 나서 다른 장들을 읽기 전에 제2장의 '창의적 지도 디자인' 부분도 먼저 일독하기를 권한다. 제1~2장의 내용을 통해 지도 디자인의 전반적인 과정과 고려 요소들을 이해하고 나면 제3장 이후의 세부적인 기법들은 독자의 필요에 따라 찾아서 읽어도 좋다. 제3장 '지도 배치 디자인'에서는 지도 요소에 대한 세부적인 사항보다는 지도 페이지의 전체적인 디자인과 지도와 다른 요소들의 배치에 대해서 서술한다. 따라서 제3장에서 '지도(map)'는 최종적인 결과물로서의 지도가 아니라 지도 페이지(map page)의 한 요소로서의 지도로 이해해야 한다. 물론 지도 요소는 지도 페이지의 가장 중요한 부분임에는 틀림없다. 지도 요소(element)는 제목, 지도, 축척 표시 등과 같이 지도 페이지에 들어가는 그래픽 요소들을 의미한다. 제4장의 '글꼴'과 제5장의 '색'은 배치 디자인과 지도 디자인에서 가장 중요한 요소들인 글꼴과 색상 배치에 대한 이론적 배경과 선택 기준을 제시한다. 제6장 '지도 객체 기호화'는 도로, 하천, 지질, 토지 이용 및 지표 피복 등과 같은 지도 객체들 각각을 지도에서 표현할 때 고려해야 할 요소들을 설명한다. 지도로 표현되는 공간 객체들을 제6장에서 모두 다룰 수는 없지만, 다양한 지도화 기법들을 적용할 수 있도록 가능한 한 많은 공간 객체들에 대한 설명을 포함하도록 했다. 제7장 '인쇄 지도 디자인'은 발표 슬라이드나 보고서, 포스터와 같은 지도 포맷을 디자인할 때 사용할 수 있는 배치 기법과 지도화 요건들에 대해서 설명하고 있다. 제8장 '지도 투영법'에서는 3차원의 지구 표면을 2차원의 평면 지도로 변환하는 다양한 투영법을 지도 디자인의 관점에서 설명하였고, 제9장 '인터넷 지도 디자인'은 상호작용 기반의 디지털 지도화 기법들을 다축척 지도학의 관점에서 기술했다.

이 책의 여러 부분에서 저자는 독자들 스스로 창의적인 지도 디자인 방법을 시도해 볼 것을 제안하고 있다. 그러나 기본적으로는 공인된 지도학적 표준과 규약에 대한 이해가 필수임을 잊지 않기를 부탁한다. 기존의 표준과 규약에 얽매이지 않았을 때 창의적인 아이디어가 잘 떠오르기는 하지만, 반면에 그 아이디어의 효과를 제대로 이해하기 위해서는 일반적인 지도학적 표준에 대한 이해가 꼭 필요하기 때문이다. 지도 디자인에서 표준이라고 하는 것들은 대부분 지도 요소를 표현하는 데 있어서 공인된 일련의 규칙들로, 독자들이 지도가 표현하고자 하는 주제를 쉽게 빨리 이해할 수 있도록 하는 데 그 목적이 있다는 것을 기억해야 한다. 콜린 웨어(Colin Ware)가 그의 책 *Visual Thinking for Design*에서 기술한 바와 같이 "정보 디자인의 목적은 시각적 표현이 제공하고자 하는 중요한 인지적 주제를 빠르고 정확하게 전달하는 데 있다."[2]

✧ '쉽게 따라 하기' 매뉴얼은 없다

독자들이 이 책을 뒤적거리면서 "이 버튼을 클릭하시오.", "저 메뉴를 선택하시오."와 같은 식의 소프트웨어 매뉴얼식의 지도 제작법 가이드를 찾다가 실망하는 경우가 있을지도 모르겠다. 이 책은 쉽게 따라 할 수 있는 매뉴얼 형태의 실습을 제공하지 않는다. 그 이유는 첫째, 그런 형식의 '쉽게 따라 하기' 매뉴얼은 전문적이고 매력적인 지도 디자인이라는 이 책의 목적에 부합하지 않는다. 디자인은 기능적인 측면 이전에 지도를 기획하고 배치하는 아이디어에 집중해야 성공적인 결과를 가져올 수 있다. 둘째, GIS 분석과 지도 제작은 단일 소프트웨어를 이용하기보다는 필요에 따라 다양한 상용 혹은 공개 소프트웨어를 선택적으로 사용함으로써 최적의 결과를 만들어 내는 것이다. 따라서 한두 소프트웨어의 사용법을 익히는 것만으로는 매력적인 지도 디자인이라는 최종 목표를 달성하기 힘들다. 지도 디자인 기법들에 대한 이론적인 배경지식과 아이디어를 제공함으로써 더 많은 독자들이 각자에게 익숙한 소프트웨어 도구들을 이용하여 최신의 그래픽 기술과 디자인 경향을 반영한 지도 디자인을 만들어 낼 수 있기를 기대한다.

✧ 상대적 지도 축척

이 책의 내용들을 이해하기 위해서는 지도 축척에 대한 기본적인 이해가 필수적이다. GIS 전문가들조차도 간혹 대축척과 소축척 지도를 혼동하는 경우가 있는데, 가장 쉽게 구분하는 방법은 대축척 지도에서는 사물들이 크게 표현되고, 소축척 지도에서는 사물들이 작게 표현된다는 것을 기억하는 것이다. GIS 소프트웨어에서는 지도 축척이 정확하게 정의되고 지도 위에 축척 막대(scale bar)나 비율로 표시되지만, 일반적으로 축척은 상대적인 개념으로 대축척(large scale), 중축척(medium scale), 소축척(small scale)으로 구분되기도 한다. 상대적인 개념으로서의 축척은 때로 경계가 불분명해서 혼동을 주기도 하지만 그림 1.1에서와

소축척   중축척   대축척

그림 1.1 상대적 지도 축척의 사례(소축척, 중축척, 대축척)

같이 일반적인 개념으로만 이해해도 충분할 것이다.

소축척 − 1 : 250,000 이하
중축척 − 1 : 50,000 ~ 1 : 250,000
대축척 − 1 : 50,000 이상

⌁ 주

1. 출처는 다음과 같다. *Seed* 2, no. 15 (2008년 3~4월호), http://www.seedmagazine.com.
2. C. Ware, *Visual Thinking for Design*. Burlington, MA: Elsevier, 2008, p. 14.

CHAPTER 2

창의적 지도 디자인

지도를 만든다는 것은 여러 면에서 창조적인 작업이다. 지도 제작과 관련한 표준적인 기법들을 모두 알고 있다고 하더라도 지도 제작자는 매번 다른 데이터를 이용해서 조금씩 다른 목적의 지도를 만들어야 하며, 그러려면 제작자의 창의적인 디자인 아이디어가 필수적이다. 따라서 지도 제작 과정은 지도화 표준과 창의성이라는 두 가지 요소를 모두 필요로 하는 작업이다. 지도화 표준에 대한 노하우가 없으면 필수적인 지도 요소 중 한둘을 누락하거나 지도를 통한 소통에서 필요한 요건을 갖추지 못할 수 있고, 창의적인 아이디어가 없으면 지도화하고자 하는 데이터가 가진 맥락을 제대로 전달하지 못하는 인상적이지 못한 지도밖에 만들지 못하는 결과를 가져올 수도 있다. 그것이 이 책에서 주로 다루고 있는 지도화 표준들에 대한 지식만으로는 효과적인 지도 디자인이라는 목적을 달성하기 힘든 이유이다. 그렇다고 해서 이 책이 지도 디자인의 창의적인 측면을 도외시하는 것은 아니다. 이 장에서 창의적인 지도화를 위한 다양한 기법을 설명하고, 이어지는 장들에서도 표준적인 지도화 기법에 더하여 지도 제작자의 창의적인 아이디어를 반영할 수 있는 다양한 방식을 다루고 있기 때문이다. 그 내용들을 통해서 독자 스스로 창의적인 지도 디자인 기술을 키워 갈 수 있는 기회를 제공할 수 있을 것으로 기대한다.

창의적인 지도 디자인이라고 해서 반드시 화려하고 장식적인 요소가 많은 지도를 의미하는 것은 아니다. 창의성은 통상적인 지도 디자인에서 불필요한 요소를 제외하는 방식으로 발휘될 수도 있는 것이다. 창의성은 전형적인 지도 디자인의 습관에서 벗어나 새로운 가능성에 대해서 열린 태도를 가지고 새로운 디자인을 시도해 보는 것을 의미한다. 지도 디자인에 대한 열린 태도를 가지고 지도화하고자 하는 데이터가 가진 특수성과 메시지를 잘 전달하고, 그를 통해 기계적인 지도 디자인이 제공하지 못하는 공간적인 의미를 창조할 수 있는 것이다.

이 책은 각 장에서 소개된 다양한 도구들과 참고 자료들을 통해 전통적인 지도제작 기법에 대한 지식과 더불어 전자 지도나 상호작용 기반 인터넷 지도 등 새로운 지도학적 패러다임에 대한 다양한 정보들 포함하고 있다. 독자들은 시각 디자인이나 미술 분야의 학위 없이 어떻게 창의적인 지도 디자인 기술을 익힐 수 있을지, 심지어 고정관념이 이미 형성되어 버린 나이에 그것이 가능한지 의문을 품을 수도 있다. 다음에서는 나이가 많거나 창의적인 특성과 거리가 먼 분석적인 분야에서 경력을 쌓아 온 독자들도 창의적인 지도 디자인 기술을 훈련할 수 있는 이유에 대해서 살펴보도록 하겠다.

❖ 창의성의 길은 누구에게나 열려 있다

저자 스스로도 예술적인 분야보다는 수학이나 논리적인 문제해결에 재능이 있다는 것을 알고 있고, 따라서 지리 정보 분석가로서의 업무를 즐기고 있다. 저자 주변의 많은 사람들이 평가하듯이 저자는 분석적인 사고방식에 더 익숙한 사람이지만, 그렇다고 해서 저자가 좌뇌만을 사용하고 우뇌의 예술적인 기능을 완전히 상실한 것은 아니다.[1] 대학에서 미술 강의를 듣고 여가시간에 취미로 수채화를 그리거나 미술관에서 예술 작품들을 감상하면서 저자는 의식적으로 창의성을 키우려고 노력하고 있고, 저자 본인이 스스로 생각하기에 이런 노력들은 상당한 효과가 있다. 사물이나 현상들을 흑백논리로 판단하지 않고 독자나 고객에게 어떤 정보를 전달할 때도 다양한 방식이 있을 수 있다는 것을 깨닫게 되고, 나아가서는 정보전달 방식이 효과적이면서도 동시에 아름다울 수도 있다는 알게 된 것이다. 저자는 일상에서 겪은 창의적인 경험들을 애플리케이션 개발이나 지도 제작, 보고서 작성이나 발표와 같은 업무의 모든 부분에서 활용하려고 노력한다. 창조적인 두뇌와 분석적인 두뇌를 동시에 활용하면 좌뇌의 분석적인 능력만을 사용할 때보다 우수한 결과물을 얻을 수 있고 따라서 독자나 고객에게 우수한 결과물과 긍정적인 인상을 남길 가능성이 커지는 것이다.

> 과학에서의 모든 위대한 업적들은 과감한 상상력에서 기인한 것이다.
>
> 철학자 존 듀이

의도적인 훈련을 통해서 창의성을 키울 수 있다는 저자의 의견에 회의적이라면 지난 30여 년간 그에 대한 연구의 결과물들을 한번 살펴보는 것이 도움이 될 수도 있다. 베티 에드워즈(Betty Edwards)는 1979년 출간한 책 오른쪽 두뇌로 그림 그리기(*Drawing on the Right Side of the Brain*)에서 의식적인 노력을 통해서 창의적인 우뇌의 사용을 증가시킬 수 있다는 선구적인 분석결과를 제시했다.[2] 그녀는 반복적인 관찰과 그리기 연습을 통해 우뇌의 작용이 활성화되는 것을 확인하여, 예술적인 능력을 타고나지 않았더라도 반복적인 관찰과 연습을 통해 누구든지 예술적인 혹은 디자인적인 재능을 키울 수 있다는 것을 증명했다. 경험을 통한 학습이 창의적인 성과를 위한 가장 중요한 요소임은 많은 창의성 전문가들을 대상으로 한 설문조사 결과에서도 입증되었다.[3] 다시 말해서 창의적인 재능은 일정 부분 선천적이기도 하지만 학습을 통해서도 습득 가능하다는 것이다.[4]

그렇다면 학습을 통해 창의성을 키울 수 있다는 사실을 지도 디자인에서 어떻게 적용할 수 있을까? 간단하게는 실제로 해 보는 방법과 관찰하는 방법 두 가지로 나눠 볼 수 있다. 일반적인 미술 수업시간을 예로 들면, 학생들의 학습은 실제로 그림을 그려 보는 방법과 다른 그림들을 감상하는 방법 두 가지를 통해 이루어진다.

✸ 직접 해 보기

지리정보 전문가들은 이미 업무의 일환으로 지도를 만드는 작업을 하고 있기 때문에 다양한 지도를 관찰하고 실제로 지도 작성 작업을 해 보는 경험은 충분하다고 할 수 있다. 그렇다고 해서 경험을 통해 창의적인 디자인 작업을 해 볼 필요가 없다고는 할 수 없다. 일상적인 지도 작업 외에 미술 강의를 수강한다든지, 일상의 장면들을 스케치해 본다든지(사진을 찍는 것 대신에), 자녀들을 위해서 만화를 그려 본다든지 하는 작업들을 통해서 기존의 작업 외에 창의적인 작업들을 경험해 보는 것이 새로운 측면에서 창의적인 지도 디자인 아이디어를 생각해 낼 수 있는 토대가 될 수도 있다.

✸ 감상을 통한 영감 얻기

감상을 통한 영감 얻기는 다른 사람들의 지도나 회화 작품을 적극적으로 관찰하면서 작품에 반영된 상상력과 영감을 간접 경험하는 것이다. 지리정보 전문가로서 다른 사람들이 작업한 지도가 수록된 지도책을 주의 깊게 살펴본 적이 얼마나 있는지를 되돌아보면 대부분의 독자들이 그런 경험이 많지 않음을 인정할 것이다. 그렇다면 감상을 통해 영감을 얻는 방법에는 어떤 것이 있을까? 가장 쉽고 간단한 방법은 정기적으로 예술 작품(지도뿐만 아니라 다양한 미술 작품)을 관람하는 것이다. 매일 조금씩 감상하든지 혹은 주기적으로 집중적인 관람을 하든지 그런 감상 경험은 당신의 전문성과 커뮤니케이션 능력, 당신의 지도 디자인 능력에 심대한 영향을 주게 될 것이다. 지역 박물관과 미술관을 방문하고 건축물들을 감상하고 다양한 미술이나 디자인 도서 혹은 잡지들을 읽어 보면서 다양한 예술 작품을 접하는 것이 좋다. 고지도나 최신 경향의 지도들을 감상하는 것도 필요하지만 감상의 대상을 지도에 한정하지 않는 것이 중요하다.

컴퓨터 화면을 벗어나서 예술 작품들을 감상할 기회를 갖는 것이 가장 좋기는 하지만 인터넷을 통해 온라인으로 제공되는 스미소니언미술관(Smithsonian American Art Museum), 루브르박물관(Louvre), 미국 국립미술관(National Gallery of Art), 혹은 데이빗 럼지 고지도 박물관(David Rumsey Historical Map Collection) 등을 살펴보는 것도 추천할 만하다. 참고할 만한 디자인 관련 도서들도 많이 있지만 개인적으로는 에드워드 터프트(Edward Tufte)의 저작들을 추천한다. 전통적 디자인 기법들을 정리하면서 근래에 시도되고 있는 다양하고 새로운 기법들에 대한 소개를 포함하고 있기 때문이다. 결국 중요한 것은 가르 레이놀즈(Garr Reynolds)가 그의 블로그(Presentation Zen blog)에서 말한 대로 "컴퓨터 화면에서 떠나 일상적인 생각의 틀을 벗어나서 혼자만의 시간을 갖는 것이 창의적인 아이디어를 얻을 수 있는 가장 중요한 방법이다."[5]

✵ 감상을 통한 영감 얻기 사례

저자의 개인적인 경험을 하나 이야기하고자 한다. 예술적인 영감을 얻기 위해서가 아니라 단순히 가족들과 시간을 보내기 위해 어머니와 딸과 함께 시애틀미술관에 간 적이 있다. 그런데 의도하지 않았지만 결과적으로는 그 방문에서 내가 작업하고 있던 지도와 지도 배치에 적용할 수 있는 몇 가지 아이디어를 얻게 되었다. 한 가지 아이디어는 당시 여섯 살이던 딸한테서 얻었다. 그 나이 때 아이들은 간혹 어른들은 너무 익숙해서 흔히 지나쳐 버리는 것들을 발견해서 우리를 놀라게 한다. 카메라가 발명되기 전에는 사람들의 모습을 어떻게 기록했는지 보여 주기 위해 딸을 초상화 전시실로 데려갔다. 그곳에서 아이의 할머니가 한 초상화를 가리키며 왜 초상화 속의 여인이 찡그린 표정을 짓고 있는지 장난스럽게 아이에게 물었다. 그랬더니 딸이 대답하기를 그 여인은 자신의 초상화가 걸려 있는 액자가 옆의 다른 초상화 액자보다 초라해서 실망하여 얼굴을 찡그리고 있는 것 같다고 대답했다. 보통의 어른들이 미술관의 그림들을 감상하면서 액자에 주목하는 일은 거의 없을 텐데 말이다. 나는 뒤통수를 얻어맞은 것 같은 느낌에 당시 상황을 메모해 두고, 나의 지도 제작 작업에 그 경험을 어떻게 사용할 수 있을지 고민해 보았다. 미술관을 나설 때 나는 다음에 역사 자료를 가지고 지도를 만들게 되면 지도 배치의 외곽선을 단순한 실선 대신 고전적인

지도 디자인을 위한 새로운 아이디어를 얻는 확실한 방법 : 초보자와 상담하라!

다음에 지도 디자인 문제를 해결하기 위해 새로운 아이디어를 구할 때 이 방법을 사용해 보라. 지리 정보에 문외한인 일반인이나 어린 친구들과 지도에 대해서 의논해 보는 것이다. 지도에 대한 선입견을 가지고 있지 않은 사람들과 지도 디자인에 대해 의논하다 보면 우리가 가진 정형화된 지도 디자인 습관에서 벗어나서 참신한 아이디어를 얻는 기회가 될 수 있다. 지리정보 전문가로서 지도 제작자의 역할을 그런 참신한 아이디어들 중에서 지도 제작에 실제로 적용할 수 있는 아이디어를 선택하고 실행해 보는 것이다.

느낌을 풍기는 화려한 금박 액자 모양으로 디자인해 봐야겠다는 생각을 하게 되었다.

그때 저자가 지도 디자인에서 창의성의 중요성에 대한 고민을 하고 있지 않았다면 아마도 딸의 대답을 그냥 웃어 넘기고 그런 생각을 내 작업에 적용할 생각을 하지는 못했을 것이다. 그렇기 때문에 미술이나 예술 작품을 감상할 때는 항상 창의적인 아이디어에 대한 고민을 가지고 언제라도 관람하는 작품의 창조적 영감을 실무에 적용할 수 있는 마음의 자세를 갖추고 있어야 한다. 감상을 통해서 영감을 얻는 연습을 시작하게 되면 수많은 아이디어의 홍수 속에서 그것들을 어떻게 정리해야 할지 혼란스러울 수도 있다. 작은 노트를 가지고 다니면서 항상 메모하는 습관을 키우거나 휴대전화의 카메라로 사진을 찍고 간단하게 메모를 해 두는 것이 도움이 될 것이다.

✨ 지도 디자인에 적용해 보기

새로운 아이디어에 대해서 열린 자세를 가지고 있을 때 지면 공간을 효율적으로 활용하면서 지도화하고자 하는 자료의 특성을 적절하게 표현하여 지도가 전하고자 하는 메시지를 효과적으로 전달하는 지도를 작성하는 참신한 디자인을 고안해 낼 수 있다. 업무의 한 부분으로 지도 작성을 자주 하면서 문화 기행 등을 통해서 예술적인 경험을 꾸준히 하고 있는 저자의 동료 하나를 예로 들어 보자. 새로운 지도의 지도 요소 배치에 대한 고민을 가지고 있던 그는 범례나 다른 지도 주변 요소들을 지도의 한 부분에 세로로 배치하면서도 요소들 사이의 공간이 눈에 띄지 않도록 하고 싶었다. 그래서 그는 각 요소를 상자로 분리하고 각각에 요소 제목을 표시하는 대신에 '범례'와 '자료원(data source)' 같은 제목 글자들을 상자 형태로 지도 요소를 감싸는 방식의 디자인을 고안했다. 그의 독창적인 지도 디자인의 사례는 저자가 '화면 분할하기'라고 부르는 방식이다. 국립공원 지도를 작성하던 그는 지도 디자인에서 국립공원 지도 자체보다는 그 국립공원의 두 세부지역과 관련한 자료표(data table)나 설명이 더 중요하다는 것을 발견했다. 그래서 그는 국립공원 지도를 중간에 크게 배치하고 자료표들을 주변에 작게 배치하는 대신 두 지역을 분리해서 지도 화면의 양쪽에 배치하고 자료표를 읽기 쉽도록 크게 만들었다. 이와 더불어 국립공원 전체를 표시하는 삽입 지도를 지도 화면 중간에 배치하여 지도를 보는 사람들의 두 지역이 국립공원의 어디를 나타내는 것인지 알려 주었다.[6]

새로운 지도를 디자인하는 것은 쉽지 않은 일이다. 빈 화면에 다양한 지도 요소들을 효과적이고 보기 좋게 배치하여 지도를 작성한다는 것은 경험이 많지 않은 지도 제작자들에게는 두려운 작업일 수도 있다. 지도 제작을 의뢰한 사람들은 사진이나 글 자료 등 다양한 요소를 지도에 넣어 주기를 원하고, 당신이 추가로 필요하다고 생각하는 지도 요소들이 있을 테고, 색상 배열은 또 어떤 것을 선택해야 할지도 모르겠다고 느낄 것이다. 하지만 너무 긴장할 필요는 없다. 항상 작업은 가볍게 시작해야 한다.

가장 좋은 출발은 다양한 기존 지도들을 참고하는 것이다. 지도 디자인을 시작하기 전에 책상 위에 놓은 지도책을 훑어보고 온라인 지도들을 찾아보고 동료나 선배들이 예전에 만들었던 지도들을 찾아보면서 어떤 지도를 디자인할지 구상해 보는 것이다. 다른 지도들을 참조하여 새로운 지도를 디자인하는 방식에는 두 가지가 있는데, 우선은 다른 지도들 중에서 마음에 드는 지도 배치(layout)를 선택하고 그와 유사하게 제목, 지도 요소 등을 배치하는 디자인을 만들어 보는 것이다. 다른 방법은 참고한 여러 지도들에서 마음에 드는 색상 배열, 지도 디자인 구상도 배치 방식, 제목 글꼴 등을 각각 차용해서 본인의 취향에 따라 조합해 보는 것이다. 둘 중 어느 방식을 이용하든지 본인의 아이디어를 적절히 반영해서 그 디자인이 참조한 지도와 복사본처럼 똑같지 않도록 하는 것이 중요하다. 크게 신경 쓰지 않더라도 지도 디자인에서 표절 위험은 크지 않은 편인데, 왜냐하면 비록 다른 지도의 디자인을 그대로 차용한다고 하더라도 지도화하고자 하는 자료의 고유한 특징과 지도의 예상 독자, 그리고 지도가 전하고자 하는 메시지를 지도 디자인에 반영하다 보면 자연스럽게 원래 차용했던 디자인에 상당 정도의 수정을 가할 수밖에 없기 때문이다. 때로 많은 지도 제작자가 독창적인 지도 디자인을 위해서는 처음부터 모든 작업을 참고 자료 없이 새롭게 해야 한다는 강박관념에 시달리기도 하지만, 예술 분야뿐만 아니라 거의 모든 분야에서 창작은 이전 작품들이 쌓아 놓은 성과 위에서 이루어져 왔음을 잊지 말자.

전통적인 지도화 방식에 새로운 창의적인 아이디어를 더함으로써 가능했던 지도학적 성과에는 다음과 같은 것들이 있다.

- 소셜 미디어의 도시 언어 지도(http://ny.spatial.ly)

  도시 주민들이 사용하는 다양한 언어를 서로 다른 색깔의 점으로 표현한 점지도이다. 점 지도는 사람이나 이산적인 물체들을 지도에 표현하는 전통적인 지도화 방식이다. 독창적인 지도학자들은 흰 배경 위에 다양한 언어 사용자를 점으로 표시하면 점이 너무 많아서 공간적인 분포를 표현하기 힘들다는 것을 발견하고, 검은색 배경에 각 언어 사용자들을 밝은 색의 점으로 표현했다. 언어 사용자들의 공간적인 분포는 배경의 행정구역 경계 등과 같은 부수적인 정보 없이 밝은 점으로 표시된 언어 사용자 분포만으로 유추할 수 있다.[7]

- 상호작용 기반 통근 소요시간 지도(http://io9.com/5988852/an-interactive-map-of-average-us-commute-times—how-does-yours-rank)

  지도 디자인에서 흔히 사용되지 않는 분홍색을 사용했다는 면에서 독창적이다. 오래된 정치 지도에서 간혹 사용된 경우가 있지만 분홍색은 근래의 지도에서는 거의 사용되지 않는다. 그렇기 때문에 적절한 상황에서 사용하면 주제를 매우 선명하게 전달할 수 있다는 장점이 있다. 전통적이고 효율적인 단계구분도 기반에 분홍색을 사용하여 지도가 표현하고자 하는 주제를 잘 강조하여 보여 준 사례이다.[8]

- 지명(地名) 지도(http://www.damonzucconi.com/show/fata-morgana)

  온라인 지도인데 전통적이고 표준적인 지도 스타일로 지명(뉴욕, 버몬트 주 등)을 표시한다. 이 지도의 독창적인 점은 이런 종류의 지도들에서와는 달리 행정구역 경계를 표시하지 않고 지명과 몇몇 장소를 표시하는 점으로만 지도를 디자인한 것이다. 그럼으로써 지도를 보는 사람들이 행정구역 경계보다는 지역의 이름(지명)에 더 주목하게 했다.[9]

지도 디자인을 시작하는 또 다른 방법은 제3장 '지도 배치 디자인'의 '지도 디자인 구상도'에서 소개했다. 지도 디자인 구상도는 쉽게 말해서 지도 작업 전에 백지에 지도 요소들의 배치를 스케치해 보는 것이다. 지도 요소들의 배치를 반복적으로 연필로 스케치해 보면서 지도의 용도에 가장 적절한 지도 배치 방법을 찾아보는 것이다. 부록 A '레이아웃 스케치'에 몇 가지 지도 디자인 구상도를 예로 들어서 적절한 활용법을 설명하고 있다. 참고 지도와 지도 디자인 구상도 두 가지를 모두 활용하는 것이 가장 좋은 지도 디자인 시작 방법이다. 다양한 지도를 참조해서 어떤 요소들을 지도에 포함시킬지 결정하고 그 요소들을 지도 디자인 구상도를 스케치해 보면서 적절히 배치하면, 지도 제작자의 의도가 반영된 효과적인 지도를 디자인할 수 있을 것이다.

지리정보 전문가나 지도 제작에 관련된 사람들은 오랜 시간 컴퓨터 화면 앞에 앉아 자료 입력, 분석, 애플리케이션 개발, 지도 제작 등의 작업을 한다. 그러나 창의적인 아이디어를 얻기 위해서는 일상적인 업무 환경에서 벗어나는 경험이 필요하다. 다양한 취미활동과 예술품 감상을 통해 우리 안에 잠재하는 창의적인 역량을 키우면 업무로 돌아가 지도를 만들 때도 기존의 틀에서 벗어난 독창적인 지도를 디자인할 수 있고 그를 통해 업무의 성과를 높일 수 있는 것이다.

참신한 지도

참고할 만한 독창적인 지도 몇 가지를 추천한다. 이외에도 다양한 매체를 통해 새로운 방식의 지도가 많이 소개되고 있으니 주의 깊게 찾아보기를 권한다.

Wind Map: http://hint.fm/wind

Women's Political Rights around the World: http://777voting.com

Susan Stockwell: Mind the Map: http://www.susanstockwell.co.uk/exhibitions.php

Katharine Harmon and Gayle Clemans, *The Map as Art: Contemporary Artists Explore Cartography* (Princeton, NJ: Princeton Architectural Press, 2010)

Frank Jacobs, *Strange Maps: An Atlas of Cartographic Curiosities* (New York: Viking Studio, 2009)

인터넷 미술품 감상 사이트

요즈음엔 대부분의 미술관들이 웹사이트를 통해 소장 미술품을 소개하고 있다. 여기에서 소개하는 유명한 미술관 사이트들 외에도 저자의 웹사이트를 통해 다양한 미술관 사이트에 접속해 볼 수 있다(http://gretchenpeterson.com/links.php).

Smithsonian American Art Museum: http://americanart.si.edu

Louvre: http://www.louvre.fr/llv/commun/home.jsp

National Gallery of Art: http://www.nga.gov/content/ngaweb.html

David Rumsey Historical Map Collection: http://www.davidrumsey.com

The Museum of Modern Art: http://www.moma.org

주

1. 독자 중 일부는 우뇌/좌뇌의 기능 구분이 입증되지 않은 가설이라고 지적할 수도 있다. 앤드류 라제기(Andrew Razeghi)는 그의 책 리들: 비즈니스 창의성을 깨우는 부와 성공의 수

수께끼(*The Riddle: Where Ideas Come From and How to Have Better Ones*)(San Francisco: Jossey-Bass, 2008)에서 우뇌 사고가 가설일 뿐이며, "비록 창의적인 사고를 하면서 뇌의 오른쪽 부분이 더 활성화되는 경우가 있다고 하더라도, 결국 창의적 사고를 위해서는 뇌의 좌우뿐 아니라 모든 부분을 사용해야 한다."라고 했다. 그럼에도 불구하고 저자가 좌뇌/우뇌라는 용어를 사용한 것은 분석적 사고와 창의적 사고를 대비해서 쉽게 설명하기 위해서이다.

2. 이 책의 신판은 베티 에드워즈(Betty Edwards)가 쓴 **오른쪽 두뇌로 그림 그리기**(*The New Drawing on the Right Side of the Brain*)(New York: Putnam Publishing Group, 1999)이라는 제목으로 출간되었다.

3. M. A. Runco, J. Nemiro, and H. Walberg, "Personal Explicit Theories of Creativity," *Journal of Creative Behavior* 31 (1997): 43-59.

4. 이 주제에 대해서는 캐롤 드웩(Carol Dweck)이 쓴 **성공의 새로운 심리학**(*Mindset: The New Psychology of Success*)(New York: Random House, 2006)도 참고할 만하다.

5. Garr Reynolds, "Creativity, Nature, & Getting Off the Grid," available at: http://www. presentationzen.com/presentationzen/2008/06/postcard-from-oregon.html (2013년 10월 3일 접속).

6. 제목을 지도 요소 간 경계선으로 사용하는 아이디어는 워싱턴 주 캐스케이드 토지보호부의 GIS 매니저인 크리스토퍼 월터(Christopher Walter)가 제공해 주었다.

7. James Cheshire, "Twitter NYC, a Multilingual Social City," http://ny.spatial.ly (2013년 10월 31일 접속).

8. WNYC Data News Team, "Average Commute Times," http://io9.com/5988852/an-interactive-map-of-average-us-commute-times—how-does-yours-rank (2013년 10월 31일 접속).

9. Damon Zucconi, "Fata Morgana," http://www.damonzucconi.com/show/fata-morgana (2013년 10월 31일 접속).

실습

인쇄된 지도나 온라인 지도 중에서 세 가지를 골라 3페이지 분량의 짧은 분석 에세이를 작성한다. 지도를 캡처한 그림을 포함하여 그 지도의 고유한 특징, 색상 배열, 글꼴, 배치 등을 기능적인 관점, 미적 관점, 효율성의 측면에서 평가한다. 각 지도의 색상 배열표(color palette)를 작성해서 에세이에 포함시킨다. 색상 배열표는 파워포인트나 포토샵과 같은 그래픽 소프트웨어를 이용하여 간단한 편집으로 작성할 수 있다. 결론 부분에는 지도들에서 사용한 디자인 기법 중에서 특히 인상적인 것들과 당신이 직접 지도를 디자인할 때 적용해 보고 싶은 디자인 기법에 대해 서술한다.

GIS
Cartography

지도 배치 디자인

> 지도 배치 디자인은 지도를 마케팅하는 것이다!

✦ 지도에 모두 담기

제6장 '지도 객체 기호화'에서 다루는 내용들은 지도의 종류, 모양, 크기, 출력 방법에 상관없이 공통적으로 적용된다. 이러한 기법들을 이용하여 멋진 지도를 만들고 나면 축척 표시와 방위표만 적당히 넣고 빨리 인쇄하거나 인터넷 홈페이지 게시한 후에 안락의자에 편안하게 앉아서 사람들이 그 지도의 아름다움과 당신의 탁월한 능력에 감탄하는 모습을 바라보면 된다.

"잠깐! 잠깐 기다려 보세요!

지도 제목과 범례는 넣었나요? 또 빼먹은 지도 요소들은 없나요? 지금 상태로도 지도를 보는 사람들이 이 지도가 전달하고자 하는 정보나 메시지를 잘 이해할 수 있을까요?"

물론 지도 디자인에서는 중심이 되는 지도 자체가 가장 중요한 것이고 주(主) 지도에 많은 공을 들이는 것은 당연하다. 하지만 주된 지도 이외의 주변 지도 요소들을 소홀히 하면 힘들게 만든 지도가 너무 복잡해서 해석하기 힘들거나 시각적으로 매력적이지 않은, 보기 싫은 지도가 될 수도 있다. 지도의 **주변** 요소들과 그 배치 디자인은 주 지도에 대한 설명은 물론이고 독자들이 지도를 이해하는 데 꼭 필요한 요소들을 제공하기 때문에 매우 중요하다.

그렇다면 좋은 지도 배치 디자인을 위해서 어떤 작업이 필요할까? 다음에 열거된 것들이 답이 될 것이다.

- 지도 배치에 포함될 수 있는 모든 지도 요소를 나열해 본다. 이 장에 있는 '지도 배치 체크리스트'를 참조한다.
- 그중에서 지도 배치에 포함할 요소들을 결정하고 주변 사람들의 의견을 들어 본다.

- 다른 지도나 예술품들로부터 영감을 얻어 지도의 스타일을 선택한다.
- 어떤 요소들을 강조하고 어떤 요소들을 눈에 덜 띄게 할 것인지 결정한다.
- 선택된 요소들의 개략적인 형태와 배치를 결정한다.
- 지도 배치를 디자인한다.
- 의견 수렴과 지도 수정의 피드백 과정을 반복한다.

다음에서는 위 리스트의 첫 두 단계를 완성하는 과정을 지도 배치 체크리스트와 세부사항, 그리고 각각의 사례를 통해 설명한다. 리스트의 나머지 5개는 선택된 지도 요소들을 배열 원칙에 따라 양식에 맞게 정리하는 방법에 대한 것이며, 뒤에 있는 '지도 요소 세부사항 및 사례'에서 설명한다.

제대로 디자인된 지도를 제작하기 위한 절차를 살펴보기 위해서 지도 자체는 훌륭하게 만들었지만 지도 배치 디자인에 대해서는 전혀 고민하지 않은 GIS 전문가가 있다고 가정해 보자. 이 전문가는 공간 분석을 통해 발견한 사실을 지도로 정확하게 표현하였지만 지도 배치 디자인은 전혀 신경 쓰지 않고 그대로 지도를 출력한다. 인쇄된 지도를 살펴본 그 전문가는 지도 디자인이 너무 엉망인 것을 발견하고, 이 책을 생각해 내어 책을 꺼내 들고 책에 서술된 디자인 원칙을 적용하여 지도 디자인을 손보기 시작한다. 우선 제목을 추가해서 독자가 5초 이내에 지도가 전달하고자 하는 내용을 바로 짐작할 수 있도록 한다. 지도 제목은 전문용어를 사용하지 않고 지도 내용을 간결하게 설명할 수 있는 것으로 정한다. 축척 표시와 방위표는 이미 만들었으니 자료 출처, 제작자 정보, 그리고 제작일자 등을 표시할 글 자료가 필요할 것으로 판단한 그 전문가는 마지막으로 지도 배치 체크리스트를 훑어보고 연구 지역이 어디인지 잘 모르는 사람들을 위해 지역의 위치를 나타내는 삽입 지도가 필요하다는 것을 깨닫는다.

디자인에 포함될 지도 요소들이 결정된 다음에는 지도 배치 디자인에 대한 주변 동료들의 의견을 들어 본다. 몇몇 동료가 지도의 일부분이 너무 복잡해서 보기 힘들다고 이야기하면서 그 부분을 더 확대하여 보여 주는 삽입 지도를 추가할 것을 추천한다. 지도 제작자는 삽입 지도를 추가하여 지도 배치 디자인의 두 번째 단계인 배치를 시작한다. 주요한 지도 요소들을 포함한 지도 배치 스케치를 그려 본 제작자는 이해하기 쉬운 지도 디자인을 위해서는 주 지도가 독자들에게 가장 먼저 눈에 띄게 하고, 두 번째로 제목, 세 번째로 삽입 지도, 그리고 나머지 요소들이 마지막에 눈에 띄도록 지도 배치를 디자인하기로 결정한다. GIS 소프트웨어를 이용해 지도 요소를 적절히 배치하고 수정한 후 지도를 인쇄한다. 마지막으로 동료들의 추가적인 피드백을 얻어서 최종 수정된 결과물을 다시 인쇄한다.

지도 제작자는 적절한 지도 배치 디자인 절차와 원칙을 따름으로써 초보적 수준의 지도를 전문가 수준의 지도로 바꿀 수 있었다. 이 사례를 포함해서 모든 지도 제작 과정에서 앞에서 제시된 지도 배치 디자인의 7단계 절차를 모두 거칠 필요는 없다. 어떤 단계는 너무 자주 사용하다 보니 무의식적으로 적용되기도 하고, 또 어떤 단계의 절차들은 특별한 지도를 만들 때만 사용되기도 한다. 또 한 가지 명심할 점은 지도 배치 디자인을 위해서 많은 시간과 노력을 투자해야 전문적인 수준의 지도를 완성할 수 있다는 사실이다. 이는 숙련된 지도 디자이너나 웹 인터페이스 디자이너에게도 마찬가지이며, A4용지 한 장 크기의 지도를 전문가 수준의 작품으로 만들기 위해서 40시간 정도를 투자하는 것을 이상하게 생각해서는 안 된다는 것이다. 지도 제작자의 성격과 지도 제작 소프트웨어 숙련도, 식견 있는 독자의 규모에 따라서 다르겠지만, 대형 포스터 크기의 지도 배치를 제대로 디자인하기 위해서는 40~200시간 정도의 시간과 노력이 투자되어야 할 수도 있다.

이 장의 내용은 주로 A4용지 크기부터 학술발표용 포스터 크기의 인쇄용 지도 배치 디자인을 기준으로 하고 있음을 밝혀 둔다. A4보다 작은 크기의 용지에 인쇄되는 지도에는 지도 주변 요소가 최소한으로만 사용된다. 지도의 내용이나 주제에 대한 독자의 친숙도에 따

지도를 요리에 비교한다면

맛있는 요리를 만들기 위해서는 재료의 품질, 요리사의 솜씨, 그리고 요리 기술과 도구에 대한 요리사의 지식이 모두 필요하다. 하지만 이 요소들이 모두 갖추어져 있다고 하더라도 손님을 만족시키기 위해서 요리사는 음식을 예쁘게 담아내어 손님들에게 제공할 수 있도록 노력해야 한다. 맛있는 음식이라도 접시에 싸구려 패스트푸드처럼 담겨 있다면 손님들이 그 모양새에 질려서 음식을 맛보고 싶어 하지 않을 수도 있는 것이다. 값비싼 식당의 최고 요리사는 주문이 들어온 모든 음식을 최대한 아름답고 먹음직스럽게 보이도록 접시에 담아내는 데 많은 정성을 기울인다.

지도학에서는 자료의 품질, 지도에 자료를 표현하는 지도 제작자의 기술, 그리고 지도 제작 기술과 도구에 대한 제작자의 지식이 모두 필수적이고 중요한 요소이다. 하지만 지도 제작자는 이 요소들과 더불어서 지도에 표현된 정보를 독자가 쉽게 이해하고 지도 자체를 아름답다고 느낄 수 있도록 해야 한다는 것을 기억해야 한다.

French Laundry and Per Se 식당의 주인이자 유명한 요리사인 토마스 켈러(Thomas Keller)는 "당신은 눈으로 맛을 봅니다. 눈으로 먼저 보기 때문에 우아하고 보기 좋은 음식은 식욕을 자극합니다."라고 말했다.[1] 마찬가지로 미학적으로 아름다운 지도는 효과적이고 효율적으로 독자와 소통한다. 따라서 독자의 주의를 최대한 끌기 위해 지도를 최대한 아름답게 만드는 데 도전해 보자.

라 차이가 있기는 하지만 디지털 지도 또한 많은 지도 요소들이 사용되지 않는다. 예를 들자면, 미국의 주(州)별 질병 발생률을 나타낸 단계구분도에는 최소한 지도 제목, 자료 출처, 제작자, 범례, 그리고 이 지도가 인쇄용 지도인지 온라인 지도인지에 대한 정보 등 다양한 지도 요소가 포함되어야 한다. 반면에 작은 마을의 커피숍 위치를 나타내는 약도와 같은 지도에는 그렇게 많은 지도 요소를 포함시킬 필요가 없다. 이 장에서는 주로 인쇄용 지도를 디자인할 때 필요한 지도 주변 요소들의 배치와 스타일, 모범 사례 등을 주로 기술하고 있다. 가능한 한 디지털 지도와 상호작용 기반 인터넷 지도의 디자인에서 필요한 지도 요소의 배치에 대해서도 기술하였지만, 디지털 지도의 경우는 상당 부분에서 지도학의 범위를 벗어나서 인터넷 기술과 웹디자인과 관련한 다양한 기술이 필요하기 때문에 디지털 지도의 효과적인 디자인을 위해서는 인터넷 인터페이스 디자인에 대한 추가적인 학습이 필요함을 미리 밝혀 둔다.

지도 배치 체크리스트

주 요소

- 제목
- 부제목
- 범례
- 지도
- 방위표
- 날짜
- 제작자 정보
- 축척 표시
- 페이지 외곽선

보조 요소

- 구획선
- 경위선망
- 파일 경로
- 법적 공지
- 자료 출처
- 자료 인용 표시
- 로고
- 그래프
- 사진
- 그래픽
- 지도 번호(시리즈일 경우)
- 자료표
- 저작권 표기
- 투영법
- 삽입 지도
- 설명글

✦ 지도 요소 세부사항 및 사례

체크리스트의 각 항목은 이 책에서 **지도 배치 요소**(layout element) 혹은 단순히 **지도 요소**(element)로 불리는 것들이다. 이 요소들은 지도와 지도를 둘러싼 지도 배치에서 지도와 관련한 정보를 표시하는 모든 방법들을 포함한다. 지도 영역 안에 표현되는 것들 외의 요소들은 **주변 요소**라고 하며 지도를 둘러싼 공간에 배치된다. 지도 자체도 하나의 지도 배치 요소에 해당된다. 지도를 제작하는 첫 단계는 어떤 요소들을 최종 지도 배치 디자인에 포함시킬 것인가를 결정하는 것이기 때문에, 체크리스트를 꼼꼼하게 살펴보고 각 요소들에 대해서 지도 배치 디자인 포함 여부를 검토해 보아야 한다. 지도를 보완하는 추가적인 정보가 들어 있는 요소들은 이 과정에서 반드시 고려되어야 하며, 지도 제작에서 간과되어서는 안 된다.

각 요소를 지도 배치 디자인에 포함시킬지 여부는 다음과 같은 질문들에 대해 각 요소를 평가해 보고 결정해야 한다.

(?) 지도를 올바르게 이해하는 데 필수적인 정보를 제공하고 있는가?

(!) 이 질문에 대한 대답은 생각보다 쉽지 않다. 많은 경우 그래프가 지도를 설명하는 데 얼마나 도움이 될지, 혹은 부제목이 필요한지, 사진이 지도에 대한 흥미를 유발하는 데 도움이 될지를 판단하기는 쉽지 않다. 우선은 체크리스트의 각 요소들을 면밀하게 검토하고 지도 제작자가 아니라 독자의 입장에서, 또는 다른 부서 동료들처럼 이 지도에 직접적인 관련이 없는 독자들의 입장에서 각 지도 요소의 필요성을 검토해 보는 것이 필요하다. 다음 단계로 다른 사람들의 의견을 들어 본다. 외부 의견 수렴 단계는 최종 지도의 품질을 결정하는 매우 중요한 단계이다. 동료나 상사, 혹은 심지어 가족들로부터도 때로는 좋은 제안을 얻을 수 있다. 조언이 필요하면 간단하게 "이런 주제로 지도를 만들려고 하는데 어떤 요소가 들어가야 지도를 이해하는 데 도움이 될까?"라고 물어보면 된다. 지도 초안을 만들어 보여 주면 보다 자세하고 구체적인 조언을 얻을 수 있다. 비판적인 조언을 두려워해서는 안 된다. 비판적인 의견만큼 당신의 지도를 빨리 향상시킬 수 있는 방법은 없다. 어차피 다른 사람에게 보여 줄 목적으로 지도를 만드는 것이라면 계획 단계에서부터 보여 주는 것이 가장 좋은 방법이다. 조언을 구할 때 지도 배치 요소 체크리스트를 보여 주면서 아직 포함되지 않았지만 포함되면 좋을 것 같은 요소들이 있는지 확인하는 것도 좋은 방법이다.

❗ 체크리스트에 포함된 지도 요소들이 너무 많다고 생각할 수도 있다. A4용지 크기의 지도 배치 디자인에 5개 이상의 지도 요소를 넣게 되면 그때부터 벌써 지도가 너무 복잡해 보인다는 느낌이 들 것이다. 충분한 시간을 투자한다면 발표 포스터 크기의 용지에는 체크리스트의 모든 요소들을 포함한 지도 배치 디자인을 만들 수도 있을 것이다. 디지털 지도 디자인의 경우에는 별도의 페이지[예 : '지도 설명(about)' 링크]에 지도에 대한 추가 정보를 넣을 수 있기 때문에 배치 디자인에 조금 더 여유가 있다. 하지만 대부분의 독자는 링크된 페이지에 있는 지도 설명을 보지 않기 때문에 지도를 이해하는 데 반드시 필요한 요소들은 지도 페이지에 포함시키는 것이 좋다. 로고나 등록상표가 반드시 표시되어야 하는 경우가 아니라면 지도가 너무 복잡한 경우에는 로고나 글 자료와 같이 지도를 복잡하게 하면서 별 기능이 없는 요소들은 제거하는 것이 효과적이다.

❓ 꼭 필요한가?

❗ 각 지도 요소들이 꼭 필요한지 잘 생각해야 한다. 예를 들어 같이 지도를 만든 동료들은 모두 알고 있기 때문에 방위표를 굳이 넣어야 되나 하고 생각할 수도 있다. 물론 지도의 독자가 내부에서 같이 일하는 사람이라면 방위표가 없어도 무방하다. 그러나 혹시라도 외부 사람이 그 지도를 이용할 가능성이 있고 지도에 적절한 공간이 있다면 관례에 따라 방위표를 넣는 것이 일반적이다. 반면에 관례를 따르는 것이 때로는 불합리한 경우도 있다. 예를 들어 지도에는 가능한 한 법적 공지를 넣어 주는 것이 안전하고 합리적이지만, 협력 업체 회의 장소인 카페의 약도를 만들면서 인쇄용지의 절반을 차지하는 법적 공지를 넣는 것은 바보 같은 짓이다. 법적 공지에 관련해서 흔히 저지르는 실수로 독자가 온라인 지도를 보기 이전에 한 단락 이상의 긴 법적 공지를 읽고 그것에 동의하도록 하는 것도 있다. 이 경우에 대부분 독자는 법적 공지를 읽지도 않고 그냥 동의를 누르거나 아니면 그냥 브라우저 창을 닫아 버리고 지도를 보지 않는다. 반면에 표준적인 관례를 따른 것이 매우 중요한 경우도 있는데, 제목이 있어야 할 지도에 제목이 없는 경우가 그것이다. 지도 제작자는 절대로 독자가 제목을 추측해야 하거나 지도의 주제를 이해하기 위해 범례를 봐야만 하도록 지도를 제작해서는 안 된다.

일단 어떤 요소들이 지도에 포함되어야 하고 왜 그런지가 결정되면 다음 단계는 그 지도 요소들을 지도 페이지의 어느 부분에 어떻게 넣어야 기능적으로나 시각적으로 좋은지를 결정해야 한다. 각 지도 요소는 지도 제작자의 디자인 계획과 지도 특성, 기타 고려사항에 따라 지도 영역 혹은 지도 영역의 주변에 배치된다. 지도 요소를 어디에 어떻게 넣을지도 중요하지만 지도 요소 각각을 어떻게 디자인할 것인가에 대한 고민도 훌륭한 지도를 만드는 데 매우 중요하다. 각 지도 요소에 어떤 색상, 글꼴, 문구, 스타일을 적용할지를 신중하게 선택해야 한다. 다음에 살펴볼 각 지도 요소에 대한 세부사항은 지도 배치 디자인에 어떤 요소를 포함시킬 것인가뿐만 아니라 각 지도 요소들의 스타일과 배치를 결정하는 데 도움을 줄 것이다.

제목

지도의 제목(title)은 짧지만 제목 선택에 대한 고민의 시간은 길어야 한다. 지도 제목의 목적은 지도의 의도를 함축적으로 설명하는 것이다. 그 목적을 달성하기 위해서는 문득 떠오르는 몇 단어로 단순하게 제목을 정하는 것이 아니라 많은 시간을 투자해서 신중하게 제목을 결정해야 한다.

　모범 사례 : 그림 3.1을 보고 어느 제목이 더 좋은지 생각해 보자.

　지도의 제목에 제작자 혹은 제작기관의 이름이나 지도에 표현된 지역의 지명(地名)을 쓰는 경우를 자주 보게 된다. 제작자나 회사의 이름을 제목에 꼭 써야 할 경우는 흔하지 않고, 오히려 의도하지 않게 독자에게 강압적인 느낌을 갖게 하는 문제가 있다. 제작자에 대한 정보가 중요하거나 필요한 경우라면 부제목에 넣거나 별도의 주변 요소로 추가하는 것이 타당하다('제작자 정보' 부분 참조). 마찬가지로 지명을 제목에 넣는 것도 한 번 더 생각해 볼 필요가 있다. 지도에 표현된 지역의 위치나 그곳의 지명은 대부분의 경우 지도를 보는 순간 알 수 있기 때문에, 제목에 지명을 넣는 것은 정보의 중복이고 식상한 표현법이라고 볼 수 있다. 다만 '라리마 카운티 도로 지도'의 경우같이 지도의 목적이 지리적 분석의 결과를 제시하는 것이 아니라 특정 지역의 공간 객체의 위치를 나타내는 것인 경우는 예외가 될 수 있다.

1안 : 슈모카운티 노스웨스트후크타운의 보라색 두꺼비 서식지

2안 : "보라색 두꺼비 서식지, 생각보다 넓다"

그림 3.1 첫 번째 제목은 길고 공이 많이 들어가며 연구발표 같은 목적에 적합하다. 두 번째 제목은 간략하게 요점을 말하는 것으로 일반인들이 이해하기 쉽다.

지도 제목은 메인 지도 영역과 함께 지도 배치 디자인에서 가장 중요한 요소에 해당하므로 멀리서도 잘 보이도록 충분히 크고 선명한 글꼴로 표시해야 한다. 특히 웹 지도의 경우 지도 제목은 메인 지도와 함께 모든 독자가 주목해서 살펴보는 거의 유일한 지도 요소이다. 따라서 지도 제목은 빨리 읽을 수 있도록 짧아야 하며 흥미롭고 핵심적이고 정확해야 한다. 주제도의 경우 지도 제목은 지도에 표현된 분석결과를 영어 단어 10개 이내로 요약할 수 있어야 한다. '~의 지도'나 '~의 분석'과 같은 뻔하고 반복적인 용어, '구조' 혹은 '모델'같이 독자들이 이해하기 힘든 전문용어도 피해야 한다. 그리고 제목에는 축약어는 사용하지 않고 모두 풀어서 쓰는 것이 원칙이다. "우리 주변에 보라색 두꺼비의 서식지는 얼마나 될까요?"와 같은 의문형 문장,"보라색 두꺼비 서식지가 이렇게 많이!" 같은 감탄문, "보라색 두꺼비 서식지를 지킵시다!"와 같은 선동형 문장 등과 같이 주목을 끄는 지도 제목을 사용하면 학술발표회, 인터넷 블로그뿐만 아니라 모든 공간에서 지도에 주변의 이목을 집중시킬 수 있다.

배치 : 일반적으로 지도 제목은 지도 배치 디자인의 상단 혹은 하단에 배치하며 문장은 가운데 정렬이나 왼쪽 정렬로 한다. 가끔 범례의 위쪽에 배치하거나 세로 문장으로 지도 영역의 좌측에 배치하는 경우도 있다. 지도 제목을 주변 요소 묶음 상자('지도 주변 요소 배치' 참조)에 넣는 경우(그림 3.2의 가운데 하단과 우측 2개의 경우와 같이)에는 상자 내부 상단에 가운데 혹은 왼쪽 정렬로 배치한다. 그림 3.2는 지도 제목 배치의 다양한 사례를 보여주고 있다. 그림에서 제목은 회색 박스로 나타냈다.

스타일 : 지도 제목은 모두 대문자로 쓸 수도 있지만 글꼴이 지나치게 커 보일 수도 있기

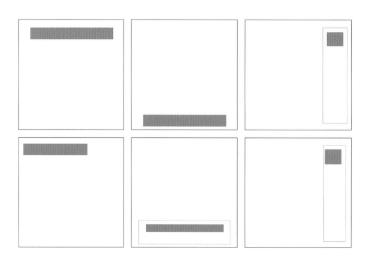

그림 3.2 제목은 지도 영역 어디에든 배치할 수 있지만 메인 지도의 가시성을 해치지 않는다는 전제하에서 독자의 눈에 잘 보이도록 배치한다.

Estimating Impervious Cover Under Full Buildout

: Riverine Habitat Inventories

Best Sites For Ground Mounted Solar Systems

Fast Food Chains Per Capita

D I S A P P E A R I N G B I R D S

그림 3.3 지도 제목의 표현법은 매우 다양하다. 그림은 간단한 것부터 복잡한 것까지 다양한 사례를 보여 준다. 가장 아래에 있는 예는 자간을 넓힌 것으로 세리프 글꼴이고(제4장 '글꼴' 참조). 다른 예들은 산세리프 글꼴을 사용한 사례들이다.

때문에(특히 진한 글꼴을 사용하는 경우) 가능하면 글꼴 크기를 줄인 대문자[a]로 쓰는 것이 읽기에 편하다. 드롭캡 스타일[b]도 사용할 수 있다. 모두 대문자로 쓸 경우 모든 알파벳의 크기가 같아 독자들이 문장을 읽는 데 시간이 많이 걸리기 때문에 바람직하지 않다는 의견도 있다. 소문자 알파벳의 경우에는 알파벳마다 문자 크기가 조금씩 달라 독자들이 문자 하나하나를 읽기보다는 단어 전체를 한 번에 파악하기 쉽기 때문이다. 하지만 지도의 제목은 지도 요소 중에서도 메인 지도와 더불어 가장 중요한 것이므로 강조할 필요가 있으며, 모두 대문자로 쓰는 것은 이러한 강조를 위한 유일한 방법이기도 하다. 또한 지도 제목은 10단어 이내인 경우가 대부분이므로 대문자나 소문자와 상관없이 이해하는 데 큰 문제가 발생하지는 않을 것이다.

지도 제목의 스타일을 위해서는 제작자의 의도와 취향에 따라 다양한 기법이 사용된다. 대문자 문장과 그 외에도 작은 크기의 대문자(스몰캡 스타일)를 이용한다든지, 시각적 강조를 위한 그림자, 막대 표시(|)나 점(...), 쌍점(:)을 사용할 수도 있고, 드롭캡 스타일이나 밑줄을 이용해 제목을 강조할 수도 있다. 제목 글꼴의 색상 선택에서는 최근 진한 회색이 검은색의 대안으로 많이 사용되며, 검은색이 너무 두드러지는 것에 비해서 현대적이라는 평가를 받고 있다. 회색 글꼴을 사용해서 지도 제목이 잘 드러나지 않는 경우에는 검은색 글꼴을 사용하여 제목을 강조하는 것이 좋다. 붉은색은 지나치게 눈에 띄고 시각적으로 혼란스러운 효과를 유발하므로 피하는 것이 좋다. 제목 글꼴의 색상 선택에서 가장 중요한 점은 충분한 색상 대조를 확보하는 것이다. 흰색 바탕의 지도에서는 진회색이나 검은색 글꼴을 사용하고, 바탕색이 어두울 경우는 밝은 희색이나 연한 회색을 사용하여 색상 대조를 뚜렷하게 해야 한다.

---

a 역자 주 : 스몰캡 스타일이라고 한다.

b 역자 주 : 첫 글자만 글꼴을 크게 하여 몇 줄에 걸쳐 보이도록 하는 기법

부제목

부제목(subtitle)은 지도 제목에 쓰기에는 그 중요도가 떨어지지만 지도를 완전히 이해하는 데 필요한 정보가 있을 경우에 사용한다. 지도의 제작자나 후원기관, 지리적 위치 등은 지도 제목보다는 부제목에 표시하는 것이 좋다. 하지만 지도에 사용된 자료에 대한 상세한 설명과 같이 복잡한 글 자료는 부제목에 넣기보다는 지도에서 눈에 덜 띄는 위치에 있는 글 상자에 넣는 것을 추천한다. 다시 말하자면 부제목은 독자가 지도를 이해하기 전에 꼭 알아 두어야 할 사항들이 있을 때 사용하는 것으로 너무 자세한 내용을 포함해서는 안 된다는 것이다.

지도 제목이 지도가 표현하고 있는 주요 주제나 독자가 꼭 이해해야 할 사항을 모두 설명하지 못한다면 추가적인 설명을 부제목으로 표시해야 한다. 예를 들어, '공간 빅데이터 구축을 위한 데이터베이스 개발'이라는 제목에 '비정형 다중 프로토콜 데이터 유입 처리를 위한 통합 공간 데이터베이스 구축'이라는 부제목을 붙일 수 있다. 이 경우 무엇은 제목에, 왜와 어떻게에 해당하는 설명이 부제목에 포함되어 있는 것이다. 제목과 부제목의 다른 예를 들어보면 '시간에 따른 생물종의 분포 변화'라는 제목에 '4개 생물종을 추적 모니터링, 4개 생물종 분포 지역이 급격히 감소함'이라는 부제목이 있을 수 있다. 제목과 부제목 모두 불필요한 단어를 없애고 간결한 문장을 사용하였으며 부제목은 분석의 핵심적인 발견을 함축적으로 제시하고 있다. 공간 분석 지도가 아닌 경우에는 지도에 대한 단서 조항과 같은 내용을 부제목으로 사용할 수 있는데, 예를 들어 '야생동물 보호소와 구조 단체'라는 지도 제목에 '단체 운영 시설만 나타냄'이라는 부제목을 붙일 수 있다.

모범 사례 : 부제목은 지도 제목과 같은 글꼴을 사용하지만 제목보다는 약간 덜 강조되어야 한다. 이를 위해서는 두꺼운 글꼴을 쓰지 않고 제목보다 더 작은 글꼴이나 이탤릭체를 사용한다. 들여쓰기를 사용해서 지도 제목과 분리하고 덜 강조되게 할 수도 있다.

배치 : 부제목은 지도 제목의 바로 아래나 오른쪽에 배치한다.

범례

범례(legend)는 대부분의 지도 배치 디자인에서 필수적으로 사용되는 지도 요소이다. 범례는 지도에 나타난 색상이나 기호(symbol)를 설명하는 것으로, 각 아이템(아이콘, 점, 선, 면)과 아이템을 설명하는 문구로 구성되어 있다. 제작하고자 하는 지도가 같은 분야의 동료로 한정되는 소수 독자를 위한 것이고 국경, 하천이나 호수, 고도 등 일반적인 공간 객체가 일반적으로 흔히 사용되는 표준 기호로 표시되어 있다면, 범례가 생략될 수도 있다. 일반인을 대상으로 한 지도에서도 파란색의 바다나 청록색의 육지와 같이 쉽게 식별할 수 있는 표준적인 기호들에 대해서는 굳이 범례를 제공하지 않아도 되지만, 그 여부는 지도 제작자의 재량에 따라 판단할 수 있다. 다만 범례에 반드시 포함해야 할 기호들을 누락시키는 경우가 있어서는 안 된다. 지도 제작자에게는 당연한 것이 독자들에게는 그렇지 않을 수도 있기 때문에 범례는 공간이 허용하는 한 상세하고 친절하게 제작하는 것이 좋다.

지도에 범례를 아예 넣지 않는 경우도 있는데 대표적으로 발표 슬라이드 자료에 포함되어 있는 지도가 그렇다. 발표 자료에 포함된 지도는 상대적으로 크기가 작아서 범례를 넣더라도 너무 작아서 청중이 제대로 읽지도 못하거니와 어차피 발표자가 지도의 내용에 대해서 자세히 설명하기 때문에 범례가 필요하지 않은 것이다. 다만 발표 자료의 지도가 발표자의 추가적인 설명 없이 인터넷이나 온라인 미디어를 통해 재배포되는 경우에는 범례를 추가해 주는 것이 지도를 보는 독자들의 이해를 위해서 반드시 필요할 것이다. 범례를 생략해도 되는 또 다른 경우는 보고서에서 동일한 종류의 지도가 여러 장 포함되는 경우이다. 이 경우에는 하나의 지도에만 범례를 삽입하고(그 범례가 나머지 모든 지도에도 적용되는 것이어야 한다), 나머지 지도에서는 범례 없이 남은 공간을 지도의 다른 지도 요소들을 배열하는 데 사용할 수 있다. 작은 크기의 보고서 지도처럼 지도에 표현된 현상이 많지 않은 경우에도 지도 제목이나 보고서 내의 설명으로 범례를 대체할 수 있다. 또한 표준 기호를 이용한 기본도나 주석 표시가 잘 되어 있는 지도, 혹은 클릭할 때나 마우스 끝을 따라다니는 설명이 있는 인터넷 지도와 같은 경우에도 범례를 생략할 수 있다.

모범 사례 : 범례는 기호 표시를 왼쪽에, 기호에 대한 설명을 오른쪽에 배치하는 것이 일반적이다. 아이템이 많아 범례가 복잡하다면 관련된 아이템끼리 그룹으로 묶어 주는 것이 가시성을 높일 수 있는 방법이다. 그룹으로 묶는 방법에는 크게 두 가지가 있는데, 하나는 자료의 유형에 따라 분류하는 것(예 : 토지 이용을 나타내는 기호 그룹과 하천 크기를 나타내는 기호 그룹을 구분)이고, 다른 하나는 점·선·면과 같은 기호의 형태에 따라 분류하는 것이다(예 : 면 객체 기호 그룹과 선 객체 기호 그룹을 구분). 각 그룹마다 제목을 넣어 주면 각 기호 그룹이 어떤 기준으로 만들어졌는지를 명확하게 할 수 있다. 그룹으로 분리할 필요가 없다면 범례 기호들을 점, 선, 면 순으로 나열하는 것이 일반적이지만, 그와 상관없이 지도에서 어느 기호로 표시된 공간객체가 더 중요한지에 따라서 배열 순서를 결정하기도 한다.

범례의 작성은 우선 GIS 소프트웨어가 자동으로 만들어 준 범례로 시작해도 좋지만 최종 지도까지 여러 차례의 편집 과정을 거쳐야 한다. 각 기호와 그 설명 사이에는 너무 큰 여백을 두지 않는 것이 좋다. 특히 단계구분도처럼 자료 값이 순차적으로 배열되는 경우에는 기호와 설명 사이의 간격이 좁을수록 좋다. 색상 기호의 배열은 세로인 경우가 일반적이지만 가로 배열도 사용할 수 있음을 기억하자(그림 3.5).

그림 3.4 단계구분도 색상 기호를 세로로 배열

그림 3.5 단계구분도 색상 기호를 가로로 배열

단계구분도의 색상 기호는 그림 3.4나 그림 3.5처럼 특정한 개수의 색깔로 작성되기도 하지만, 흰색에서 검은색으로의 점진적 색상 변화 패턴과 같이 양극단의 색상이 나타내는 값들만을 범례에 제시하여 지도에 표시된 색상의 값을 그 사이에서 유추하도록 할 수도, 값들만을 범례에 제시하여 지도에 표시된 색상의 값을 그 사이에서 유추하도록 할 수도 있다. 이외에도 자동차의 속도계같이 다이얼 모양이나 그래프 모양으로 색상을 배열하여 단계구분도 범례로 사용할 수도 있다. 소프트웨어에 의해 초기 설정된 범례를 이용할 때 자주 간과되는 부분은 글꼴이다. 자동으로 만들어진 범례의 글꼴은 지도의 다른 글꼴들과 일관성을 유지하기 위해 적절하게 편집해야 한다.

범례의 아이템 배치는 지도 전체의 공간 배치에 따라서 그림 3.6에서와 같이 가로 형태로 배열할 수도 있다. GIS 소프트웨어를 이용해서 범례를 작성할 때 자동적으로 들어가는 '범례(legend)', '기호(symbols)', '지도 표(map key)'와 같은 범례 제목은 없애는 것이 좋다.

배치 : 범례는 해당되는 지도 영역(map element)의 내부나 지도 영역과 가까운 곳에 배치한다. 지도 디자인에 지도가 하나밖에 없거나 2개 이상의 지도가 있더라도 하나의 공통 범례만 필요한 경우에는 범례를 지도 영역의 바깥에, 즉 지도 주변부에 배치할 수 있다. 그렇지 않고 서로 다른 공간 객체나 현상을 표현하는 지도가 여러 개 있을 때 범례를 각 지도 내부에 배치하지 않으면, 각 범례가 어느 지도에 대한 것인지 불분명할 수 있다. 범례를 지

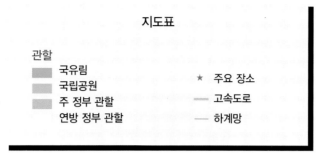

그림 3.6 가로 형식의 범례 배열

도 영역 내부에 배치할 때는 지도의 데이터를 가리지 않도록 해야 하는데, 지도에서 중요하지 않은 부분에 범례를 배치하면 된다. 예를 들어, 지도가 육지 현상에 관한 것이면 범례를 바다에, 해양 현상을 설명하는 지도에서는 범례를 육지에 배치시키면 된다. 지도 영역 내부에 범례를 배치하는 경우에는 범례 상자에 바탕색을 적용하여 범례의 내용이 눈에 잘 띄도록 할 필요가 있다. 상호작용 기반 온라인 지도(online interactive map)의 경우에는 범례를 맨 위쪽 가운데로 배치하면 효과적이다. 예를 들어, 세계의 기온 분포를 나타내는 온라인 지도에는 지도의 제목이 있는 페이지 맨 위쪽에 가로 형태로 기온별 색상과 설명을 보여 주는 범례를 배치한다. 연도별 기온 변화를 보여 주는 온라인 지도에서는 사용자가 범례의 슬라이드 막대를 이용하여 연도를 바꿀 수 있도록 하고 사용자의 연도 지정에 따라 해당 연도의 지도를 볼 수 있도록 동적인 지도를 디자인할 수 있다. 이러한 사용자와의 쌍방향 상호작용 지도는 사용자가 지도의 데이터를 더 폭넓게 이용하도록 하여 사용자의 흥미를 오랫동안 유지할 수 있다는 장점이 있다.

 스타일 : 인쇄용 지도에서 범례가 지도 영역의 바깥에 배치될 때는 범례 상자에 외곽선이나 음영을 추가하여 가시성을 확보할 수 있다. 하지만 이 경우에도 다른 지도 주변 요소들과

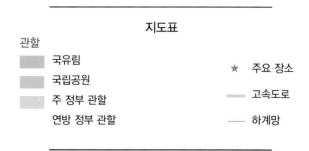

그림 3.7 범례에 전체 외곽선을 두르기보다는 위의 그림처럼 위아래로 짧은 선을 이용하는 것이 더 간결하고 깔끔해 보일 수 있다.

그림 3.8 색채 대비의 예이다. 노란색의 안쪽 작은 네모는 실제로 같은 색이지만 바탕색에 의해 다르게 보인다. 색채 대비 효과는 지도상의 기호 색과 범례의 기호 색을 같게 보이도록 하는 데 중요한 단서를 제공한다.

의 통일성을 갖추고 너무 많은 지도 주변 요소 상자들로 지도 배치 디자인을 어지럽게 만들지 않도록 주의해야 한다. 반드시 분리된 범례 상자를 사용해야 한다면 실선 상자 대신 그림 3.7과 같이 범례 위아래에만 선을 표시하여 다른 지도 요소와 구분해 줄 수 있다.

어떤 경우에는 범례 상자의 바탕색을 지도의 바탕색과 같도록 하여 통일성을 갖도록 할 필요도 있다. 예를 들어, 파란색 바다 위에 노란색으로 표시된 부표의 위치를 보여 주는 지도를 만든다고 가정해 보자. 그런데 지도에서의 색상들과는 달리 범례 상자의 바탕색을 연한 노란색으로 한다면 범례 상자 안에서 부표 기호가 선명하게 보이지 않을 뿐만 아니라 지도에서 파란색 바다 위에 표시된 부표의 노란색과 범례에 포함된 기호의 노란색이 다르게 보일 수도 있다(그림 3.8 참조). 이런 상황이 되면 가능한 한 범례 상자의 바탕색을 지도의 바탕색과 비슷하게 바꿔 주는 방식으로 기호 색상의 가시성을 확보해 줘야 한다. 이렇게 같은 색상이 서로 다른 바탕색에 의해서 다른 색깔로 보이는 현상을 **색채 대비**(chromatic contrast)라 한다. 같은 효과가 흑백이나 그레이스케일 색상 배치에서 나타나는 경우에는 **무채색 대비**(achromatic contrast) 혹은 **명도 대비**(lightness contrast)라고 한다.

범례에서 기호에 대한 설명은 약간의 노력으로 변경하여 흥미와 다양성을 더할 수 있다. 예를 들어, 단계구분도의 경우 숫자 표시의 일반적인 형식인 '0~10%' 대신에 '10% 이하' 등으로 바꿔서 표현할 수 있다.

지도

지도는 좌표를 바탕으로 데이터를 보여 주는 큰 그래픽이다. 지도 배치 디자인을 구상할 때는 먼저 다음 두 가지의 질문에 대해 생각해 볼 필요가 있다. 지도 페이지(혹은 화면)에 몇 개의 지도를 넣을 것인가? 그리고 여러 개의 데이터 레이어를 하나의 지도에 중첩해서 그릴 것인가 아니면 여러 개의 지도에 따로 그릴 것인가?

한 화면 혹은 페이지에 여러 개의 지도를 동시에 보여 줄 필요가 있는 경우는 보통 특정 현상의 시간적인 변화를 나타낼 때(이 경우에는 반드시 통일된 축척과 범례를 사용해야 한다)나 특정 현상이나 주제에 대해 지리적으로 분리되어 있는 여러 지역을 동시에 비교하여 보여 줄 때이다. 또한 공간 분석에 사용된 여러 보조 자료 레이어를 동시에 보여 주어 분석의 과정을 설명하는 경우에도 다수의 지도를 병렬로 배치할 수 있다. 한 페이지 혹은 화면에 여러 개의 지도를 동시에 보여 주면 독자가 지도들을 비교해 보면서 지도들 사이의 변화나 차이를 시각적으로 쉽고 신속하게 파악할 수 있다는 장점이 있다. 단일 지도이건 여러 개의 지도를 같이 넣건 상관없이 메인 지도는 지도 배치 디자인에서 가장 중요한 부분이므로 배치 디자인과 편집에 가장 많은 시간과 정성을 할애해야 한다. 제6장 '지도 객체 기호화'에서 지도 영역의 편집과 수정 기술에 대해 더욱 자세히 설명하고 있다. 지도 영역 요소는 전체적인 지도 배치 디자인의 과정에서 가장 중요한 부분이므로 요소 자체의 가시성을 위주로 디자인하면서 동시에 다른 지도 요소들과의 균형과 어울림을 고려해야 한다.

모범 사례 : 제6장의 '지도 객체 기호화'에서 공간 객체 유형별로 지도 요소들을 디자인할 때 고려해야 할 다양한 요건과 모범 사례에 대해 자세히 설명하고 있으므로 여기에서는 모든 유형의 객체에 적용될 수 있는 일반적인 고려사항에 대해서만 설명하기로 한다. 지도 영역을 둘러싼 외곽선(간단한 선형의 외곽선이나 화려한 액자 형태 외곽선)의 사용 여부는 제작자의 선택사항이다. 최근에는 지도 영역을 외곽선으로 감싸지 않고 다른 지도 요소들과 적절하게 배치하는 디자인이 많고, 이와는 대조적으로 1990년대와 2000년대에는 지도 영역을 명확하게 구분하는 외곽선을 사용하는 것이 일반적이었다. 지도 요소가 화면에서 두드러져 배경과 극명한 대조를 이룰 때는 굳이 외곽선을 사용해서 지도 요소를 시각적으로 분리시킬 필요가 없다. 예를 들어, 다양한 색상으로 표현된 지도가 흰 바탕에 있다면 지도와 다른 요소들 간의 시각적 분리는 이미 이루어져 있는 것이다. 마찬가지로 많은 온라인 지도에서 지도 요소를 둘러싼 흰 바탕 화면이 지도와 메뉴 막대(menu bar)나 레이어 선택창 사이를 충분히 구분해 주는 경우가 많기 때문에 굳이 지도 요소에 외곽선을 추가할 필요가 없다. 실제로 온라인 지도의 경우에는 지도 요소보다 축척 표시나 범례와 같은 작은 지도 주변 요소에 외곽선을 표시하여 바탕 화면과의 시각적인 대조를 확보하는 경우가 더 많다.

인쇄용 지도를 디자인할 때 흔히 겪게 되는 고민 중 하나는 지도를 통해 어떤 분석결과를 보여 줄 때 분석된 범위만을 지도에 나타낼 것인지 아니면 지도의 핵심 지역이 조금 작게 표현되더라도 지역적인 맥락을 위해 분석 지역의 주변 지역까지 최종 지도에 포함시킬 것인지 하는 것이다. 예를 들어 세금 인상으로 인해서 도시 내의 어떤 곳들이 영향을 가장 많이 받을 것인가에 대한 분석 지도를 작성한다고 가정해 보자. 이때 구불구불한 도시 외곽 경계선 내부의 지역만 섬처럼 지도에 나타낼 것인지 아니면 해당 도시를 둘러싼 직사각형의 지도 영역에 포함되는 모든 지역까지 표시할 것인지 결정해야 한다. 도시 행정구역 경계로 잘라서 분석 지역을 직사각형 지도 영역 안의 섬처럼 표현할 수도 있고, 도시 경계 바깥의 행정 구역까지 있는 그대로 모두 포함시킬 수도 있고, 그것도 아니면 도시 바깥의 행정 구역들을 희미하거나 반투명하게 하여 도시 경계 내의 분석 지역들이 두드러져 보이게 표현하는 방법도 있다.

배치 : 대부분의 경우 지도 요소가 지도 디자인 지면의 대부분을 차지한다. 여러 지도가 포함된 경우라면 지도 디자인에서 어느 지도가 가장 중요한 것인지를 명확하게 보여 줄 수 있도록 크기나 위치를 조정하여 요소 간 위계관계를 분명히 설정해 주어야 한다. 지도 요소가 하나면 인쇄용 지도에서는 지면의 정중앙에서 약간 벗어난 곳에 배치하고, 인터넷 디지털 지도에서는 한가운데에 배치한다. 배치에 있어서는 같은 크기와 모양의 시리즈 지도이건 큰 크기의 단일 메인 지도이건 같은 기준에 따라 배치하면 된다. 이러한 관행들은 꼭 지켜야 하는 것은 아니지만 관행을 따르지 않는다면 그렇게 하는 명확한 이유가 있어야 한다. 예를 들어, 무료로 배부되는 시내관광 지도처럼 중앙에 메인 지도가 있고 주변에 로고와 그림으로 둘러싸여 있는 지도가 있다고 가정해 보자. 이런 지도는 일반적으로 수많은 상업광고를 지도 요소 주위에 배치해서 홍보 효과를 극대화하는 것을 목표로 제작되므로 필연적인 지도 배치 디자인이라고 할 수 있다. 하지만 일반적인 분석 지도나 공공정책 지도에 그와 같은 배치 디자인을 적용하면 혼란스러운 주변 요소들로 인해서 지도가 전하고자 하는 정보나 메시지를 제대로 표현하지 못할 수도 있다.

방위표

방위표(north arrow)는 모양이나 장식 효과와 상관없이 독자에게 지도의 방향을 알려 주는 것을 목적으로 한다. 대부분의 GIS 지도에서 지도의 위쪽이 북쪽으로 맞춰져 있는 것은 사실이지만 그렇지 않은 경우도 있기 때문에 방위표를 넣는 것이 일반적이다. 특히 인쇄 지도에는 반드시 방위표를 넣어야 한다. 해도와 같이 방위가 매우 중요한 지도에서는 진북(true north)뿐만 아니라 자북(magnetic north)도 같이 표시해야 하며, 보통 해도와 같은 경우에는 북쪽만 표시하는 화살표 모양의 방위표보다는 동서남북 네 방향이나 조금 더 자세한 8방위를 표시한 원형 방위도(나침도, compass rose)를 사용하는 것이 일반적이다. 또 한 가지 주의할 점은 투영법에 따라 지도에서 북쪽 방위가 일정하지 않은 경우가 있기 때문에, 그런 경우에는 방위표를 사용해서는 안 되고 대신에 경위선망을 사용해야 한다는 것이다.

모범 사례 : 현대 지도에서 방위표는 가능한 한 작고 단순하게 하여 지나치게 드러나 보이지 않도록 하는 것이 일반적이다. 고지도처럼 보이도록 디자인된 지도와 같은 경우에는 크고 화려한 방위표를 사용하기도 한다.

배치 : 방위표는 지도 배치에서 너무 눈에 띄지 않게 하는 것이 좋다. 때로는 다른 지도 요소들과 같이 페이지의 좌우 균형을 맞추도록 배열할 수도 있다. 축척 표시나 범례 같은 것들과 그룹으로 묶는 것도 좋은 방법이다. 발표 슬라이드나 보고서에 들어가는 작은 지도에서는 방위표를 상자로 싸서 지도 영역의 구석에 배치하기도 한다. 큰 용지의 지도 디자인에서는 보통 메인 지도 영역 밖에 축척 표시나 기타 주변 요소와 같이 배치하는 것이 일반적이다.

스타일 : 지리학자(지도학자)들이 사용하는 표준화된 방위표 같은 것은 없고 대신에 다양한 스타일의 수백 가지 방위표가 만들어져 있다. 지도 제작자는 그중에서 적절한 것을 고르기만 하면 된다. 때로는 회사나 부서에서 방위표를 직접 만들어서 사용하기도 한다. 방위표는 상대적으로 디자인하기가 쉽고, 직접 디자인한 방위표를 사용하면 마치 회사나 제작자의 고유한 문장(文狀)과 같은 역할을 하기도 한다.

전술한 바와 같이 지도 디자인의 현대적 경향은 단순한 방위표를 이용하는 것이다. 그러나 지도의 내용이나 디자인 스타일에 따라 이러한 추세를 따라가느냐 아니면 보다 화려한 방위표를 사용하느냐를 결정할 수 있다. 역사 자료를 표현하는 지도나 고고학 발굴지 지도 등과 같은 경우는 현대적 방위표보다 고전적 스타일의 방위표를 쓰는 것이 일반적이다.

날짜 표시

여기에서 말하는 날짜는 지도가 인쇄되는 날짜이다(자료의 날짜는 자료 인용 표시 부분에서 설명하기로 한다). 대부분의 단독 인쇄용 지도의 경우에는 인쇄된 날짜를 반드시 표기해야 한다. 보고서에 포함된 지도의 경우는 보고서에 이미 출간 날짜 정보가 있으므로 꼭 필요한 것은 아니지만, 혹시 보고서의 지도가 따로 사용될 수도 있으므로 가능하다면 지도에 인쇄 날짜를 표기해야 한다. 발표 슬라이드에 포함된 지도의 경우도 마찬가지이다. 인터넷 지도의 경우에는 매체의 특성상 항상 최신 지도로 업데이트되어 있어야 하므로 날짜를 따로 표시할 필요는 없다.

A4용지 크기 이상의 지도 디자인이라면 가능한 한 지도 제작 소프트웨어에서 자동적으로 인쇄(혹은 최근 업데이트) 날짜를 반영할 수 있도록 해 두어야 한다. 그러면 여러 장의 인쇄본을 비교하면서 어느 것이 최근 인쇄본인지 그리고 이전 인쇄본과 최근 인쇄본이 어떻게 다른지 쉽게 비교해 볼 수 있다. 지도에 인쇄된 날짜 정보는 시간이 지나면서 지도 제작

자의 예상보다 훨씬 더 큰 역할을 하게 된다. 많은 경우에 지도들은 제작자가 생각했던 것보다 훨씬 더 오랫동안 많은 사람들에 의해 이용된다. 예를 들어 이번 주 이사회 회의를 위해 급하게 만든 지도가 회의 후에도 한참 동안 이곳저곳을 돌아다니면서 사람들이 복사해서 다른 사람과 나눠 갖기도 하고 기록을 위해 서랍에 고이 보관되기도 한다. 다행히 그 지도에 날짜를 기록되어 있다면 나중에 사람들이 꺼내 볼 때 그 지도가 언제 어떤 목적으로 만들어졌는지 비교적 빨리 파악할 수 있도록 해 주고, 지도가 인쇄된 시기를 명확하게 해 줘서 지도에 표시된 내용으로 인한 불필요한 오해를 막아 주는 역할을 한다.

모범 사례 : 날짜를 기록할 때는 자료의 기준 날짜인지 인쇄 날짜인지 혼동될 수 있으므로 날짜 표시 앞에 '인쇄일 : '이라고 표시해 준다.

배치 : 날짜는 메타데이터에 속하므로 다른 지도 주변 요소들과 페이지의 구석에 배치한다.

제작자 정보

제작자(authorship)란 공간 자료를 분석하여 지도를 만들고 모든 지도 요소들을 넣어 지도 디자인을 완성한 사람이나 단체를 의미한다. 여러 사람이 제작했다면 그 사람들의 이름을 모두 넣거나 대표자의 이름을 넣고 단체명을 넣는다. 비슷한 개념으로 로고(logo)가 있지만 로고는 누가 지도를 제작했다는 정보를 의미하는 것은 아니므로 제작자와는 다른 개념이다. 지도 제목 옆에 표시된 로고는 지도 제작에 사용된 자료를 수집한 사람이 누군지, 누가 그 자료를 분석하고 지도를 그렸는지, 어떤 기관의 후원으로 지도가 제작되었는지에 대한 정보를 명확하게 제시하지는 않는다. 이런 정보들은 글 자료 형태의 제작자 표시로 지

제작자 정보가 중요한 이유

에드워드 터프티(Edward Tufte)는 자신의 책 *Beautiful Evidence*에서 저자의 이름이 중요한 이유는 여러 가지가 있다고 말하고 있는데, 글 내용에 대한 책임 소재를 분명하게 하고 내용에 대한 질문이 있을 때 누구에게 해야 하는지와 저자의 평판에 대한 정보를 제공하는 목적 등이 그에 해당한다. 그는 또 "관공서나 회사의 보고서에는 저자가 없는 경우가 많아 저자의 공적이 무시된다. 우리는 정부 부서나 회사가 일을 하는 것이 아니라 사람이 일을 한다는 것을 기억해야 한다. 사람들은 자신의 이름이 저자로 된 작업에 보다 책임감 있게 일하게 된다. 찰스 조셉 미나드(Charles Joseph Minard)는 자신의 거의 모든 작업에 직접 서명을 한 사람이다."[2]라고 말하기도 했다.

도 디자인에 포함시켜야 독자에게 명확하게 전달될 수 있는 것이다. 지도 제작자나 후원자의 정보를 별도의 지도 요소로 디자인에 포함시키지 않고 지도 제목에 표시하는 경우가 꽤 있지만 추천할 만한 방법은 아니다('제목' 부분 참조).

인터넷 지도에는 제작자 정보를 반드시 표시해야 한다. 인터넷 지도에 제작자 정보가 누락되어 있는 경우를 자주 보게 되는데, 그렇게 되면 그 지도를 이용한 보고서나 논문에서 지도 자료의 출처를 표시할 수 없게 되는 문제가 발생한다. 또 제작자의 본명이 아닌 아이디나 별명을 사용하는 것도 좋지 않은 예이다. 제작자 정보를 지도 페이지에 링크된 별도의 페이지에 포함시키면 지도를 보는 이들이 해당 정보를 찾기 어렵다. 인쇄 지도이건 인터넷 지도이건 신뢰할 만한 지도를 만들기 위해서는 반드시 제작자 정보를 포함시켜서 누가 그 지도를 제작하였는지를 알려 주어야 한다.

배치 : 발표용 포스터의 경우 제작자 정보는 제목이나 부제목, 포스터 설명글, 혹은 포스터의 구석 부분 중 한곳에 배치하면 된다. 제작자 정보를 포스터 제목에 넣을 때는 각주 번호를 달고 각주에 저자의 소속기관과 연락처 등을 기입한다. 포스터보다 작은 크기의 지도 디자인에서는 용지의 한쪽 구석에 어두운 색으로 기울임 글꼴을 사용하여 제작자 정보를 써 넣는 것이 가장 바람직하다. 제작자 정보와 같은 메타데이터는 가급적 지도용지의 구석에 작게 배치해서 독자의 시선을 방해하지 않으면서 필요한 경우에만 찾아볼 수 있도록 해야 한다. 인터넷 지도의 경우에도 같은 원칙을 적용하고, 다만 별도의 페이지에 링크를 통해 제작자 정보를 표시할 때는 링크가 명확하게 드러나도록 링크 제목이나 글꼴 색을 지정해 줘야 한다.

스타일 : 제작자 정보는 소속기관, 주소, 전화번호, 이메일, 홈페이지 등 되도록 많은 정보를 담아 주는 것이 좋다. 인쇄 지도의 경우 이 정보들은 각각 쉼표나 세로막대(|) 등으로 나누어 쉽게 볼 수 있도록 한다. 인쇄용 건축 설계 도면을 디자인할 때는 제작자 정보 옆에 감독자나 작업 책임자의 이름을 넣고 그곳에 서명을 받을 공간을 표시하기도 하는데, 지도 디자인에서 같은 방법을 차용하는 것도 지도의 신뢰성을 확보할 수 있는 한 방법이 된다.

축척 표시

축척 표시(scale bars)는 지도상 거리와 실제 거리의 비율 관계를 그림으로 나타낸 것이다. 과거의 지도에서는 '지도의 1센티미터는 실제 거리 200미터를 나타냄'이나 '1cm=200m'처럼 서술형으로 축척을 표시하기도 하였지만, 현대의 지도에서는 대부분 그림으로 축척을 표시한다. 그림 형식의 축척 표시는 종이 지도를 스캔하고 그것을 줄이거나 늘여서 발표 슬라이드에 넣는 등의 복잡한 과정에서도 정확한 축척을 유지할 수 있도록 해 주는 장점을 가진다. 축척 표시는 대부분의 지도에 꼭 포함시켜야 하지만 메르카토르 도법 세계지도와 같이 거리와 면적의 왜곡이 불가피한 소축척 투영 지도에는 넣지 않는 것이 좋다.

모범 사례 : 최근에는 대부분 매우 간결한 축척 표시를 사용한다. 대부분의 경우 시작 지점과 끝 지점의 눈금을 표시하고 그 사이 거리를 나타내는 숫자와 거리 단위만을 표시하는 단순한 축척 표시를 사용한다. GIS를 이용해 제작되는 대부분의 지도에서 축척 표시는 지도상에서 거리를 직접 측정하기보다는 오히려 지도가 보여 주고 있는 지역의 크기를 파악하는 데만 사용하기 때문이다. 눈금 표시를 여러 개 할 필요도 없다. 예를 들어 신문 기사에 넣을 가로세로 10센티미터 크기의 학군 지도를 만든다고 하면, 여러 개의 눈금이 포함된 복잡한 축척 표시 대신에 하나의 선에 시작점과 끝점에 눈금 선을 표시한 단순한 축척 표시만 넣어 주어도 충분하다는 것이다. 다만 마일(mile)과 킬로미터(km)처럼 여러 거리 단위를 표시할 필요가 있는 경우는 축척 표시가 조금 복잡해지더라도 그렇게 하는 것이 다양한 배경을 가진 잠재적인 독자들을 위해서 권장할 만하다. 대부분의 경우에는 단순한 축척 표시가 권장되지만 등산로 지도나 도로 지도 등에서처럼 축척 표시를 이용해 실제 거리를 계산할 필요가 있는 경우에는 축척 눈금이 여러 개 표시된 복잡한 형태의 축척 표시를 사용하기도 한다.

스타일 : 축척 표시는 대부분 검은색이나 진한 회색을 쓴다. 글꼴은 지도에서 사용된 다른 글꼴과 동일한 것을 사용하고, 불가피하게 다른 글꼴을 사용하더라도 지도에 포함된 여타의 글꼴과 유사한 것이어야 한다. 축척 표시의 스타일은 지도용지의 여유 공간 크기에 따라 다양하게 선택할 수 있지만 최근에는 예전 지도에서 주로 사용했던 길쭉한 모양보다는 그림 3.9의 위 그림처럼 축약형의 축척 표시가 자주 사용되고 있다.

두 가지 중 어느 것을 사용해도 무방하지만 가능하면 시각적인 균형이 갖춰진 축약형 축척 표시를 사용하기를 권장한다. 2개 이상의 거리 단위를 동시에 써서 독자들이 지도상에서 거리를 쉽게 유추할 수 있도록 하고 싶은 경우에는 가능한 1~2개의 축척 표시를 서로 가깝게 배치한다(그림 3.10 참조).

그림 3.11처럼 그림 형태의 축척 표시에 비율형 축척(representative fraction)을 같이 기입해 주는 것(예 : 1 : 24,000)도 독자가 축척의 개념을 쉽게 이해하는 데 도움을 줄 수 있는 좋은 방법이다.

흔한 경우는 아니지만 지도의 자료 유형에 따라 면적 형태의 축척 표시도 유용하게 사용될 수 있다. 예를 들어, 인구 밀도 지도는 지도에 표현된 값의 단위가 명/km²과 같이 직접적으로 면적을 반영하고 있다. 따라서 이 경우에는 그림 3.12의 왼쪽처럼 면적형 축척 표시를 사용하는 것이 좋은 방법이 된다. 또한 공간 버퍼(buffer)를 표현한 지도에서는 원형

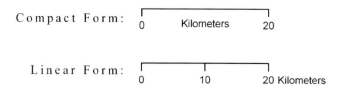

그림 3.9 축척 표시 형태 비교. 위의 축척 표시는 최근에 많이 쓰이는 축약형이고, 아래의 길쭉한 축척 표시는 고전적 형태이다.

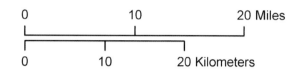

그림 3.10 2개의 축척 표시를 동시에 사용할 때는 가능한 한 서로 가깝게 배치한다.

그림 3.11 그림 형식의 축척 표시에 비율형 축척도 함께 표시한 경우이다.

그림 3.12 면적 축척 표시와 원형 축척 표시

버퍼 축척 표시가 유용하다(그림 3.12 참조). 다만 지도에서 면적형이나 원형 축척 표시를 사용할 때는 일반적인 직선 축척 표시도 함께 넣어서 독자들에게 익숙하지 않은 축척 표시로 인해서 생길 수 있는 혼선을 예방할 수 있다.

페이지 외곽선

페이지 외곽선(page border)은 모든 지도 요소들을 둘러싼 지도 페이지의 가장 바깥쪽 선이다. 지도에 1개의 메인 지도가 있고 다른 모든 지도 요소들이 메인 지도 영역 안에 배치되어 있다면 메인 지도의 테두리 선과 페이지 외곽선은 겹쳐서 하나의 선이 되기도 한다. 지도 배치의 다른 요소들이 메인 지도 영역 밖에 배치되어 있으면 페이지 외곽선은 지도 배치의 모든 요소를 둘러싸는 상자가 된다.

　배치 : 페이지 외곽선은 지도 디자인의 모든 요소와 그 요소들 주위에서 액자와 같은 역할을 하는 여백 공간을 둘러싼 선이다. 여백 공간은 주로 흰색으로 표시하지만 필요에 따라서 지도 디자인의 스타일에 따라서 어울리는 색깔을 선택할 수 있다.

스타일 : 페이지 외곽선은 겹선, 두꺼운 선, 그림자, 둥근 모서리 등 여러 가지 방법으로 그릴 수 있다. 가장 좋은 스타일은 단순한 실선으로 독자들로 하여금 외곽선이 아니라 지도에 집중할 수 있도록 하는 것이다. 다만 인쇄용 지도의 경우에는 인쇄용지의 크기에 따라서 외곽선의 두께를 적절하게 조절해야 한다. 예를 들어, 발표 포스터 인쇄에 자주 사용되는 ANSI-C 용지에 인쇄하기 위한 지도의 경우에는 외곽선의 두께를 3포인트 이상으로 해야 인쇄 지도에서 식별이 용이하다.

구획선

구획선(neat line)은 지도 페이지의 공간 구분을 위해 넣은 실선이다. 필요에 따라서 여러 실선을 나란히 넣어서 사용하기도 하고 상자 형태로 묶어서 사용하기도 한다. 지도 페이지 외곽에 그려서 모든 지도 요소를 둘러싼 상자 형태의 구획선은 페이지 외곽선이라고 바로 앞에서 설명했다. 구획선의 목적은 각각의 지도 요소를 명확히 분리함으로써 보다 깔끔한 지도 디자인을 만드는 데 있다. 구획선 대신에 지도 요소들 사이에 일정 넓이의 여백을 주어 같은 효과를 내기도 하지만, 대부분의 경우 여백보다는 선명한 실선을 이용해서 지도 페이지의 구획을 나누거나 지도 요소 사이를 분리해 주는 것이 보다 깔끔한 느낌을 준다. 대표적인 경우가 큰 용지 크기의 발표용 포스터에서 세로로 긴 구획선을 그려서 포스터 내용의 주요 부분을 구분하는 역할을 하도록 하는 것이다. 단순한 세로 선을 사용하면 직사각형의 상자를 사용할 때보다 깔끔한 느낌을 준다(그림 3.13 참조).

배치 : 지도 배치 디자인에서 구획선을 활용하는 방법에 대해서는 이미 '범례' 부분에서 언급한 적이 있었는데(그림 3.7 참조), 범례의 내용을 다른 지도 요소들과 분리하기 위하여 범례 위아래에 실선을 넣는 방법이었다. 지도를 디자인할 때 이런저런 방법으로 구획선을 활용해 보거나 다른 지도 디자인들에서 구획선을 어떻게 활용하고 있는지를 눈여겨보다 보면 지도 디자인의 품질 향상에 큰 도움이 된다. 구획선은 지도의 내용과는 무관하지만 지도의 디자인 면에서는 가장 큰 역할을 하는 지도 요소들 중 하나이다. 따라서 간단한 구획선 몇 개를 어떻게 효과적으로 사용하는가에 따라서 지도 디자인의 전체적인 품질이 좌

그림 3.13 3개의 지도 요소를 하나로 묶은 구획선 상자 활용법. 같은 목적의 구획선이지만 상단의 구획선 디자인 이 적은 수의 선을 사용하여 시각적으로 더 깔끔한 느낌을 준다.

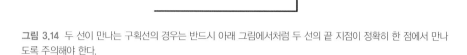

그림 3.14 두 선이 만나는 구획선의 경우는 반드시 아래 그림에서처럼 두 선의 끝 지점이 정확히 한 점에서 만나도록 주의해야 한다.

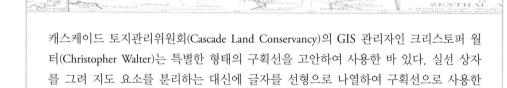

캐스케이드 토지관리위원회(Cascade Land Conservancy)의 GIS 관리자인 크리스토퍼 월터(Christopher Walter)는 특별한 형태의 구획선을 고안하여 사용한 바 있다. 실선 상자를 그려 지도 요소를 분리하는 대신에 글자를 선형으로 나열하여 구획선으로 사용한 것이다. 예를 들어 페이지 외곽선과 범례 사이에 '지도의 범례'라고 길게 쓰거나 범례와 데이터 출처 사이에 '데이터 출처'라고 쓴 긴 문자열을 표시하여 구획선처럼 지도 요소들을 구분하였다.

우되는 경우가 많으며, 반복적인 훈련을 통해서 구획선을 적절하게 활용하는 지도 제작 전문가가 될 수도 있다.

스타일 : 구획선은 밝은 배경의 지도인 경우에는 대부분 검은색이나 진한 회색으로 표시한다. 선의 두께는 구획선이 구분하고 있는 정보의 중요성이나 지도용지의 크기에 따라 달라지며, 단순한 직선이나 상자 모양으로 그린다. 몇 개의 직선을 연결해서 상자 모양으로 만들 때는 지도 제작 프로그램의 스냅핑(snapping) 기능을 이용해서 두 선의 끝 지점이 반드시 한 점에서 정확하게 만나도록 해야 한다. 간혹 두 선의 끝 지점이 정확하게 한 점에 만나지 않아서 그림 3.14(상단)의 예처럼 되는 경우가 있기 때문에 상자 모양의 구획선을 넣을 때는 해당 모서리 부분을 확대해서 확인해 볼 필요가 있다.

구획선이 깔끔하게 표현되지 않는 또 다른 경우는 지도를 인쇄했을 때 구획선이 직선이 되지 않고 층이 져 보이게 되는 경우이다. 특정 소프트웨어에서 선을 그릴 때 시작점과 끝점의 높낮이가 정확하게 일치하지 않으면 중간 부분에 층이 지는 것이다. 따라서 지도 구획선을 디자인할 때는 소프트웨어가 제공하는 눈금자나 안내선 기능을 이용하고, 스냅핑 옵션을 활성화하여 이러한 예기치 못한 상황이 발생하지 않도록 해야 한다.

경위선망

경위선망(graticule)은 지도에 경선과 위선을 그려 넣어서 구형(球形)의 지구가 평면 지도에 어떻게 투영되었는지를 보여 주는 방법이다. 항해 목적의 지도(navigational map)가 아닌 이상 GIS 지도에서 경위선망을 사용하는 경우는 거의 없지만, 세계지도나 대륙 규모의 소축척 지도에서는 축척 표시와 방위표 대신에 경위선망을 이용해서 지도 축척과 방위를 표시하는 것이 가능하다. 특히 빈켈 트리펠 도법(Winkel triple projection) 지도처럼 정각성이 보장되지 않는 지도의 경우(즉 지도의 위쪽이 항상 북쪽을 가리키는 것이 아닌 경우)에 경위선망이 유용하게 사용될 수 있다.

모범 사례 : 분석적 지도의 경우에는 복잡한 경위선망이 지도에 표현된 공간 현상을 이해하는 데 방해가 될 수 있기 때문에 사용하지 않는 것이 일반적이다. 경위선망을 꼭 넣어야 한다면 선을 가늘게 하거나 점선으로 하고, 적은 수의 경위선만 그려 넣어서 시각적으로 너무 복잡하지 않도록 한다. 세계지도에는 적도, 북회귀선, 남회귀선과 본초 자오선의 대표적인 경위선들만 그려 주면 충분할 것이다.

스타일 : 항해도의 경우에는 경위도 정보가 중요하기 때문에 경위선망과 경위도 정보가 잘 드러나도록 표시해야 하지만, 항해도가 아닌 지도에 경위선망을 넣을 때는 옅은 회색이나 점선으로 그리고, 경위선의 수를 줄여서 지도 내용을 이해하는 데 방해가 되지 않도록 하는 것이 일반적이다. 경위선망이 필요한 독자에게는 보이되, 필요 없는 독자에게는 방해

그림 3.15 세계지도나 대륙 규모 소축척 지도에서는 경위선망을 육지 아래에 있는 것처럼 보이도록 그리는 것이 일반적인 방법이다.

그림 3.16 페이지 외곽선 밖이나 지도의 구석에 작게 네트워크 파일 경로를 표시하면 독자의 시선을 분산시키지 않으면서도 지도 자료의 저장 경로를 공유할 수 있다.

가 되지 않을 정도가 되어야 한다. 소축척 지도에서는 경위선망이 바다에서는 선명하게 보이지만 마치 육지 아래로 지나가는 것처럼 보이게 하는 것이 가능하다(그림 3.15 참조).

파일 경로

지도를 만들 때 사용한 자료 파일들과 결과물이 저장된 파일 경로(network path)(예 : C:\프로젝트결과\분석\학회포스터)를 지도의 메타데이터 표시 상자나 지도의 한쪽 구석에 작게 표기하기도 한다. 이렇게 하면 나중에 지도에 사용된 자료가 업데이트되거나 혹은 후임자가 지도를 보고 지도에 사용된 자료를 다른 목적으로 이용하고 싶을 때 유용한 정보가 된다. 파일 경로는 부서 내부용 지도에는 반드시 포함시키는 것이 원칙이지만, 외부 독자를 위한 지도에서는 거의 사용하지 않는다. 하지만 최근에 클라우드 저장소를 통한 자료 공유가 일반화되고 있기 때문에 지도에 파일 경로, 특히 네트워크 경로를 표시해 주는 것이 유용할 수도 있다.

　모범 사례 : 부서에서 진행되는 프로젝트의 복잡성이나 개수에 따라 차이가 있겠지만 인쇄된 지도에 프로젝트가 저장된 파일 경로를 표시하는 것은 지도 자료의 공유와 버전 관리를 위해 큰 도움이 된다.

　스타일 : 파일 경로는 제작자 정보, 날짜 표시 등과 같이 지도 디자인에 필수적인 것은 아니지만 지도를 이해하는 데 도움이 되는 정보에 해당한다. 이러한 정보들은 그림 3.16에서처럼 페이지 외곽선 바로 위나 아래에 작게 표시해서 독자의 시선을 방해하지 않으면서도 필요할 때 찾아볼 수 있도록 하는 것이 좋다.

법적 공지

지도에 표시된 법적 공지(disclaimer)는 관공서나 기업이 지도를 만들 때 지도로 인해서 법적 분쟁이 발생하는 것을 막기 위해 사용된다. 법적 공지는 지도 사용자 중 누구라도 제작자가 의도하지 않은 목적으로 지도를 사용함으로써 발생할 수 있는 법률적인 문제로부터 지도 제작자를 보호하는 역할을 한다. 법적 공지에는 보통 "이 지도의 제작자는 지도에 표현된 자료를 그 상태로만 제공하고 지도에 표현된 자료를 어떻게 사용할지는 독자의 책임이며 그로 인해 발생할 수 있는 피해에 대해서는 지도 제작자에게 법률적 책임을 물을 수 없습니다. 또한 지도에 표현된 공간 객체는 축척에 따라 정확도가 일정하지 않으며, 모든 축척에서 완전하게 표현되지는 않았음을 알려 드립니다."와 같은 문구로 이루어져 있다. 지도에 포함할 법적 공지를 만들 때는 인터넷에 있는 많은 다른 법적 공지들을 참고하여 지도와 관련하여 적절한 표현으로 수정해서 사용하면 되고 반드시 법률적인 자문을 받아서 확정하도록 한다. 소속기관이나 단체에서 사용하는 법적 공지가 있다면 그대로 사용하고 디자인과 스타일만 적절하게 고쳐서 사용한다.

　모범 사례 : 지도 디자인에 법적 공지를 넣을 때는 **법적 공지**라는 제목을 쓸지 아니면 다른 제목을 쓸지 고민될 수 있다. '법적 공지'대신 주의사항(Note)이라는 제목을 대신 달기도 하고 **표준 법적 공지(Standard Disclaimer)**나 지도 제작자의 책임 법적 공지(Disclaimer of Liability)와 같이 법적 공지의 내용을 강조하는 형태의 제목을 사용하기도 한다. 어떤 경우이든 소속 기관 법률 자문 기구의 도움을 받아서 결정하도록 한다.

　스타일 : 인터넷 상호작용 지도는 독자가 지도를 보기 전에 법적 공지 글 상자의 내용을 읽고 '동의'에 클릭해야만 지도 전체를 볼 수 있게 디자인하기도 하는데, 이 경우에는 많은 이용자가 지도를 보기도 전에 지도에 대해 거부감을 느끼거나 내용을 읽어 보지도 않은 채 '동의'를 클릭하게 된다. 그보다는 지도 화면의 한쪽 구석에 법적 공지를 설명하는 글 상자를 넣거나 '지도 설명' 페이지와 같은 링크 페이지에 법적 공지를 자세하게 기술하는 것이 좋다. 인쇄 지도에서는 법적 공지를 작지만 읽기 쉬운 글꼴로 다른 지도 주변 요소들과 함께 지도 영역 주변에 배치할 수밖에 없다. 내용이 많을 수밖에 없는 법적 공지 글 상자를 독자의 시선을 방해하지 않으면서도 다른 지도 요소와 균형 있게 배치하는 것은 쉬운 일이 아니다. 최대한 글꼴 크기를 작게 하고 글자색을 회색으로 처리하며 줄 간격을 최대한 줄여서 법적 공지가 차지하는 공간을 줄여야 한다. 또한 다른 지도 요소들 사이에 두는 것보다는 지도 페이지의 구석 부분에 배치하는 것이 지도 디자인의 균형을 확보하기 좋다.

자료 출처

지도 자료의 출처는 인쇄 지도의 경우 자료 출처(data source) 부분에, 인터넷 지도의 경우 '지도 설명(about)' 링크 페이지나 지도 화면의 한쪽 구석에 표시한다. 자료 출처에는 자료를 제공한 기관이나 기업의 이름, 자료의 공식 명칭이나 짧은 설명과 자료의 작성일자 등을 포함해야 하며 이러한 정보들을 메타데이터라고 한다.

　모범 사례 : 자료 출처의 표기는 거의 모든 지도 디자인에서 필수적인 것이며, 지도의 이력 관리를 위한 목적뿐만 아니라 일반 독자를 위한 정보 제공의 측면에서 매우 중요한 정

High altitude aerial photo courtesy of the U.S.
Geological Survey's Earth Resources
Observation and Science data center

Elevation courtesy of the National Agriculture
Imagery Program; 2006 imagery

그림 3.17 올바른 자료 출처를 표기하는 방법 : 'U.S.'를 제외하고는 모든 축약어를 풀어서 썼다. 이렇게 함으로써 제작자 자신이나 독자들이 명확하게 자료의 출처를 이해할 수 있다.

보가 된다. 자료 출처를 표기할 때는 원칙적으로 축약어를 사용해서는 안 된다. 예를 들어, 자료 출처를 'USGS EROS와 NAIP 2006'과 같이 축약어로 표기하면 제작자와 동료들은 쉽게 이해할 수 있을지 모르지만 일반 독자들은 전혀 이해하지 못할 수도 있다. 따라서 자료 출처를 표기할 때는 기관이나 자료 이름 전체를 표기하고, 축약어를 사용할 때도 이름 전체를 함께 표기하는 것이 일반적이다. 그림 3.17은 보다 바람직한 자료 출처의 예를 들어 놓은 것이다.

스타일 : 자료 출처 표시는 다른 메타데이터 표시와 마찬가지로 다른 지도 요소들을 시각적으로 방해하지 않도록 하면 된다. 지도 배치 디자인에서의 중요도를 놓고 보면 '법적 공지'나 '파일 경로'보다는 더 눈에 잘 띄도록 해야 한다.

자료 출처를 기록하는 데 필요한 항목들은 다음과 같다.

- 자료 날짜
- 기관(회사) 이름
- 인터넷 주소
- 자료 처리에 대한 간단한 설명
- 자료 사용의 한계점(정확도 등)

자료 인용 표시

지도에 외부 자료를 사용할 때는 해당 자료의 출처가 되는 기관으로부터 자료 출처를 알리는 인용 문구를 지도에 표시해야 하는 경우가 있다. "이 자료는 자유롭게 사용할 수 있지만 자료를 사용한 결과물을 공개할 때는 반드시 자료에 대한 인용 문구를 표시해야 한다." 와 같은 크리에이티브 커먼스(Creative Commons)[c] 저작권 동의 문구가 표시된 자료를 사용하여 지도를 제작할 때는 자료 제공 기관이 원하는 자료 인용 표시(data citations)를 반드시 지

c　역자 주 : 저작권의 공유를 목적으로 2001년 설립된 비영리 단체

도에 표시해야 한다. 이는 지도가 내부적으로 사용되든 외부 독자들을 위한 것이든 상관없이 적용되는 것이며, 때로는 자료의 제공기관이 지정하는 인용 표시를 그대로 사용해야 한다. 자료제공 기관이 지정한 인용 표시가 지도의 전체적인 디자인과 어울리지 않는 경우에는 자료제공 기관과 직접 협의하여 지도 제작자가 사용하고자 하는 인용 표시에 대한 자료제공 기관의 동의를 구해야 하며, 자료 저작권을 가진 기관이나 개인이 원하는 방식으로 표기하는 것이 도덕적으로나 법적으로 안전하다.

　모범 사례 : 외부기관이 제공한 자료가 지도 디자인 전체에서 차지하는 중요성이 매우 크다면 자료 인용 표시를 다른 지도 주변 요소보다 눈에 잘 띄도록 하여 중요하게 다룰 필요가 있다.

로고

로고(logo)는 회사 이름이나 브랜드를 그림으로 표현해서 일반 대중이 해당 기업이나 브랜드를 직관적으로 빨리 인지할 수 있도록 하는 것이다. 많은 발표용 지도나 인터넷 지도에서 지도의 제작자나 제작 후원자를 홍보하기 위해 로고를 표시한다. 저자의 개인적 의견으로는 GIS 지도에 사용되는 로고들 대부분이 지도의 전체적인 스타일이나 색상과 충돌하여 지도 디자인의 통일성을 해치는 경우가 많다. 지도 제작자나 제작 후원자에 대한 정보를 반드시 표시해야 한다면 로고보다는 글 상자에 해당 정보를 표기하여 다른 요소들과 어울리도록 적절히 배치하는 것이 더 낫다. 하지만 외부의 압력이나 계약 조건 등에 의해서 어쩔 수 없이 지도 디자인에 로고를 넣어야 하는 경우에는 로고와 다른 지도 요소들 간의 균형을 잘 맞추거나 로고를 흑백으로 처리해서 지도 페이지 한쪽 구석에 배치하는 것이 일반적이다.

　모범 사례 : 로고를 꼭 넣어야 하는데 로고가 아주 중요한 부분이 아니라면 지도의 디자인에 영향을 덜 주고 눈에 덜 띄는 흑백 버전의 로고를 찾아 사용한다. 또한 가능하면 불규칙

지도 디자인에 다양한 요소들을 모두 넣다 보면 오히려 너무 복잡해져서 지도를 망치는 결과를 가져오기도 한다. 하지만 동시에 옛날 지도 제작자들이 가지지 못했던 새로운 아이디어나 신기술을 지도 디자인에 폭넓게 적용해 보는 것도 중요하다.

워커 윌링햄(Walker Willingham)
GIS 분석가, Earth Walker GIS

한 모양보다는 동그라미나 네모 모양의 로고를 사용하는 것이 좋다. 로고는 가끔 다른 지도 주변 요소들과 시각적 균형을 맞추는 데 사용할 수도 있다. 예를 들어 동그란 로고는 동그란 방위표의 반대쪽에 놓아 균형을 맞추고 네모 로고는 네모난 글 상자 아래에 배치하여 시각적 균형을 확보할 수 있다.

배치 : 로고를 배치하기 가장 좋은 장소는 어느 곳이든지 지도를 보는 데 방해되지 않는 곳이다. 보통 오른쪽 아래 구석인 경우가 많다. 로고를 지도 제목 앞이나 좌우에 배치하는 것은 피하는 것이 좋다. 로고를 제목의 한쪽이나 제목이 시작되는 곳에 두면 지도를 설명하는 가장 중요한 정보가 있는 제목 내용에 대한 집중을 방해하고 복잡해 보이게 만든다. 예외적으로 지도 내용이나 제목보다 로고가 더 눈에 잘 띄도록 하는 경우는 마케팅이나 상업 목적의 지도를 디자인하는 것이다. 예를 들어, 스케이트보드 제작 회사가 고객들에게 무료로 배포하기 위해서 시내에서 스케이트보드 타기 좋은 장소들을 표시한 지도를 만든다고 하면 지도 내용 자체보다는 홍보하고자 하는 스케이트보드 브랜드를 표시한 로고가 가장 눈에 잘 띄길 원할 것이기 때문이다. 하지만 이런 특수한 경우를 제외하고 대부분의 지도에서는 로고보다는 지도 내용과 제목에 더 큰 비중을 둔 디자인이 필요하다(그림 3.18 참조).

그래프

그래프(graph)는 데이터 값들을 도표나 다이어그램 형태로 보여 주는 것이다. 그래프는 산포도(scatter plot), 막대그래프(bar graph), 원그래프(pie chart), 도수분포도(histogram) 등 다양한 종류가 있다. 분석 지도뿐만 아니라 일반 지도에서도 그래프를 사용하면 데이터에 나타나는 경향성을 강조하는 데 큰 도움이 된다. 예를 들어, 지역별 범죄율 분포를 나타낸 지도를 디자인할 때 지도의 한 부분에 x축에 범죄율, y축에 경찰서로부터의 거리를 나타내는 산포도 그래프를 추가해 주면 독자에게 지도에 나타난 범죄율 분포와 그 경향성을 더 쉽게 보여 줄 수 있다.

지도에 표현된 데이터가 아니지만 지도 내용을 이해하는 데 도움이 되는 보조 자료를 그래프 형태로 지도 디자인에 포함시킬 수도 있다. 예를 들어, 지역별 인구밀도를 나타낸 지도에 각 지역마다 연령별 인구 구조를 나타낸 막대그래프를 넣으면 인구밀도와 연령별 인구 구조와의 관계를 쉽게 표현할 수 있다.

모범 사례 : 그래프의 내용이 지도에서 표현하고 있는 것과 같다면 그래프의 색상도 지도의 색상과 똑같이 맞춰 줘야 한다. 그래프의 종류는 최대한 단순하면서도 데이터의 경향을 잘 보여 주는 것으로 선택하고 그래프 내용의 중요성에 따라 글 상자나 화살표 등을 활용

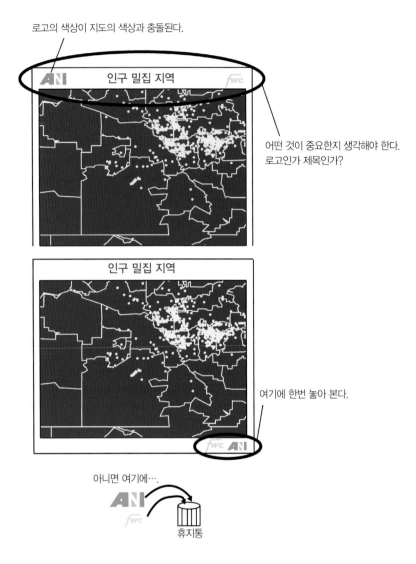

로고의 색상이 지도의 색상과 충돌된다.

인구 밀집 지역

어떤 것이 중요한지 생각해야 한다.
로고인가 제목인가?

인구 밀집 지역

여기에 한번 놓아 본다.

아니면 여기에⋯.

휴지통

그림 3.18 상단 지도는 로고가 제목과 같이 표시되어 시각적 통일성이 없고 복잡해 보인다. 하단 지도처럼 로고를 눈에 덜 띄는 구석에 배치하거나 제거하는 것이 좋다.

하여 적절히 강조해 준다. 그래프 제목이나 설명글로 그래프를 강조할 수도 있다. 원그래 프를 사용할 때는 특히 주의해야 하는데, 원그래프가 여러 색상으로 이루어져 있어 주의를 산만하게 하거나 데이터의 경향성을 파악하기가 어려운 경우가 많기 때문이다. 실제로 4조 각 이상이 표현된 원그래프에서는 각 조각에 숫자 값이 표기되지 않으면 값을 추측하기 어 렵다는 것을 고려해야 한다. 여러 개의 원그래프를 동시에 사용할 때는 각 원그래프에 표 현된 데이터가 서로 다르다거나 모든 원그래프에 같은 데이터를 표현하고 있는데 데이터 범주가 다른 순서로 배열되어 있다든지 하는 경우가 생기지 않도록 주의해야 한다.[3]

배치 : 지도 디자인에 그래프를 배치하는 방법은 여러 가지가 있다. 지도 영역 안에 놓을 수도 있고, 지도 영역 주변에 있는 다른 요소들과 함께 배치할 수도 있다. 배치는 지도 페이지에서 여백 공간이 어디에 얼마나 있는지, 그리고 그래프가 지도와 얼마나 밀접한 관련이 있는지에 따라 결정한다. 지도에 표현된 데이터 색상과 그래프의 데이터 색상이 같다면 그래프는 범례 옆이나 지도와 가까운 곳에 배치하여 독자가 지도 혹은 범례와 그래프를 한 눈에 쉽게 비교할 수 있도록 해야 한다. 그래프가 지도에 표현된 특정 지역이나 특정 개체와 관련된 것이라면 가능한 한 그 지역 혹은 개체와 가까운 곳에 배치하고, 지시선을 이용하여 그래프가 설명하는 곳을 명확히 하도록 한다.

사진

지도에 포함된 사진(photograph)은 독자가 지도의 내용을 실제 세계와 연결하여 쉽게 이해하도록 돕는 역할을 한다. 사진을 지도에 넣을 때는 대부분의 경우 사진이 촬영된 지점이나 사진에 찍힌 대상물의 위치를 쉽게 파악할 수 있도록 배치한다. 인터넷 지도에서는 보통 특정 지점을 클릭하면 그 지점과 관련한 사진이 화면에 나타나도록 하는 것이 일반적인데, 지도와 관련한 여러 사진을 지도의 옆이나 아래에 썸네일(thumbnail) 형태로 작게 배열해 놓고 지도의 특정 지점을 클릭하면 해당 지점에 해당하는 지도만 크게 확대되어 볼 수 있도록 하는 방법도 권장된다.

GIS 지도 디자인에서 사진이 사용되는 경우는 다음과 같다.

- 배를 타고 호수의 수질 자료를 측정하는 장면처럼 데이터 수집 과정을 보여 줄 필요가 있는 경우
- 야생동물 서식지 지도에 해당 동물 사진을 넣는다거나 산불 확산 지도에 불타고 있는 숲의 모습을 보여 주는 사진을 배치하여 현실감을 강화하는 경우
- 도시 내 커피숍 분포 지도에 커피숍 전면의 사진을 추가하여 독자가 쉽게 해당 커피숍을 찾을 수 있도록 하는 경우
- 배수관 분포 지도에 일정 거리마다 배수관의 상태 사진을 추가하여 배수관로를 따라 배수관의 상태를 쉽게 파악할 수 있도록 하는 경우

모범 사례 : 사진이 지도 디자인의 중심이 되어서는 안 되며 독자가 지도를 이해하는 데 도움이 되는 경우에만 지도에 사진을 추가한다. 미국 전역의 다람쥐 분포 지도를 만든다면 각 지역마다 다람쥐의 크기나 생김새가 다르므로 지역을 대표하는 다람쥐 사진을 각 지역에 배치하는 것이 바람직하다. 이때 사용하는 사진은 다람쥐가 충분히 크게 나오도록 하여 독자

가 사진이 제시하고 있는 자료를 쉽고 빠르게 파악할 수 있도록 해야 한다.

배치 : 사진은 지도 디자인의 어디에든 적당한 곳에 배치하면 되지만 지도의 주요 부분이나 제목 등을 가리거나 독자의 시선 흐름을 방해하는 곳에 두지 않도록 한다. 지도의 제목 양쪽 옆에 사진을 배치하는 경우, 독자가 제목과 사진 중에서 어느 것을 먼저 봐야 하는지 혼란스러울 수 있다. 인터넷 지도에서는 지도 화면을 클릭했을 때 사진 화면을 띄우거나 사진을 작게 하여 썸네일 형태로 나열하고 특정 사진을 클릭해서 확대 사진을 볼 수 있도록 한다.

스타일 : 사진이 지도의 특정 지역(혹은 지점)과 관련된 것이라면 지시선을 이용하여 해당 지역을 분명하게 표시한다. 인터넷 지도의 경우에는 마우스가 사진 위에 가면 설명 풍선을 띄우거나 클릭했을 때만 사진을 볼 수 있도록 한다. 지시선이 없는 경우에는 반드시 간단한 설명글을 넣어서 지도가 무엇을 보여 주고 있는지를 기술한다. 예를 들어 항공사진을 삽입하는 경우 사진에 '하늘에서 본 서울' 등과 같은 설명글을 붙이도록 한다. 사진의 제목 혹은 설명글은 지도와 관련된 내용으로 최대한 간결하게 만든다. 배를 타고 호수 수질을 측정하고 있는 모습을 찍은 사진을 넣고는 제목으로 '호수의 물결을 따라 흔들리는 조사선'처럼 마치 고등학교 졸업 앨범에 사용할 법한 설명글을 붙여서는 안 된다.

그래픽

그래픽(graphics) 자료는 스케치, 만화, 삽화, 클립아트 등과 같은 시각 자료를 말한다. 정보 제공 목적이건 아니면 단순히 장식용이건 현대 GIS 지도의 배치 디자인에서 그래픽은 거의 사용하지 않는다. 과거 지도에서는 먼 바다에서 출몰하는 용이나 신, 물뱀, 고문서 그림이나 선장의 초상 등 여러 가지 그래픽이 지도를 장식하기 위해 사용되었다. 현대에 와서도 연구용이나 참조용으로 쓰이는 지도가 아니라 오락 목적으로 만들어진 지도와 같은 경우에는 다양한 장식적 그래픽이 사용되기도 한다.

연구나 참조용 지도라 할지라도 유물 발굴을 위한 고고학 지도나 조경도와 같은 특수한 목적의 지도에서는 다양한 그래픽을 사용하기도 하는데, 이 경우에는 그래픽 자료들이 지도의 내용을 어지럽히기보다는 지도가 보여 주고자 하는 주제의 내용을 부각시키면서도 시각적인 집중 효과를 제공하기 때문이다. 이러한 경우를 제외하고 일반적인 분석이나 정보 제공을 위한 지도에서는 장식적인 그래픽을 사용하지 않는 것이 현대적인 지도 디자인의 경향이다.

모범 사례 : 지도의 주제를 표현하는 데 반드시 필요한 경우나 장식적인 효과가 필수적인 경우가 아니면 장식적인 그래픽은 지도 배치 디자인에서 사용하지 않는 것이 좋다.

배치 : 장식적 그래픽은 필요에 따라서 지도 페이지의 어느 위치에나 배치할 수 있다.

스타일 : 그래픽은 제작자의 판단에 따라 다양한 스타일로 나타낼 수 있다. 다양한 스타일의 장식적 그래픽을 사용하는 것은 지도를 독특하게 만드는 가장 효과적인 방법이기도 하다.

지도 번호

지도 번호(map number)는 여러 장의 지도를 하나의 묶음으로 디자인할 때 각 지도에 붙이는 페이지 번호를 말한다. 일반적으로 지도 번호는 지도 묶음의 총지도 수와 함께 써서 해당 지도가 지도 묶음(혹은 시리즈)의 어느 부분에 해당하는지를 분명하게 해야 한다.

배치 : 지도 번호는 축척 표시, 제작자 정보, 자료 출처 등과 같은 요소와 같은 수준의 중요성을 가지는 것으로 보면 된다. 지도 번호는 일반적으로 다른 요소들과 함께 쓰지만 특별히 중요한 경우에는 지도 페이지의 구석에 큰 글꼴로 삽입한다. 지도 번호를 같은 위치에 계속 넣으면 독자가 지도를 넘기면서 원하는 지도 번호를 찾기에 용이하다. 지도 묶음 형태인 지도 디자인의 경우에는 해당 지도의 위치를 알려 주는 삽입 지도를 추가하는 것이 일반적인데, 이 경우에는 지도 번호와 삽입 지도를 나란히 배치하는 것이 좋다.

스타일 : 지도 번호의 표기법은 다음과 같다.

- 1/10
- 10개의 지도 중 첫 번째
- 지도 번호 1(총 10)
- #1:10
- 1번 지도(총 10개)

자료표

자료표(table)는 데이터를 행과 열의 형태로 나타낸 것이다. GIS는 공간 객체의 지리적인 위치와 형태를 그와 관련한 속성과 함께 관리, 분석하는 도구이다. 따라서 지도를 이용한 시각적 표현만으로는 해당 객체의 속성을 정확히 표현할 수 없다. 예컨대 지도에 도로의 위치를 나타내고 도로를 따라서 각 도로의 이름을 표시할 수는 있지만 도로의 길이나 폭, 상태 등 속성 값을 지도에 모두 나타낼 수는 없다. 필요에 따라서 지도 제작자는 이처럼 지도상 공간 객체들과 관련된 속성 정보들을 별도의 표로 정리하여 지도 디자인에 배치할 수 있다. 그렇게 하면 지도에 너무 많은 기호나 색상, 라벨을 넣어서 지도를 복잡하게 만들지 않고도 지도 사용자에게 정확한 공간 정보를 전달할 수 있다는 장점이 있다.

많은 경우 지도 제작자는 자료를 일목요연하게 요약하여 이해하기 쉬운 지도를 만들지, 가능한 한 자세한 자료를 제공하여 정확성을 확보할지 선택해야 하는 순간에 맞닥뜨리게 된다. 예를 들어, 전국을 대상으로 시·군별 암 환자 수와 평균 암 치료비 분포를 지도로 표현하고자 할 때 가장 쉬운 방법은 전국 시·군의 자료 값을 정렬하여 4~5개의 급간으로 나누고 동일한 급간에 포함된 시·군을 같은 색상으로 표현하여 어느 시·군에서 다른 지역보다 높은 암 환자 발생 건수와 높은 치료비를 보이는지 비교하여 보여 줄 수 있다. 반면에 각 시·군의 암 환자 수와 평균 암 치료비를 오름 혹은 내림차순으로 정렬하여 자료 표를 만들어 지도의 한쪽 부분에 배치하면 지도에 표현된 요약된 분포보다 훨씬 더 자세하고 정확한 정보를 제공할 수 있다. 일반적으로 포스터 크기의 인쇄용 지도에 포함시켜야 할 정보의 양에 대해서는 다양한 의견이 있을 수 있다. 많은 사람들이 학회 발표 포스터와 같은 지도에는 많은 자료를 포함한 표를 넣지 말라고 조언한다. 하지만 이런 조언은 사람들의 자료 해독과 데이터를 통한 패턴 분석 능력을 과소평가하는 것이라 생각한다. 적절한 정렬 형식과 읽기 좋은 방식으로 편집된 표라면 정보가 많더라도 쉽게 이해할 수 있으며, 많은 경우 자세하고 정확한 자료표는 그것을 포함한 지도의 신뢰도를 높여 주는 역할을 하기도 한다.

모범 사례 : 자료표가 같은 공간 객체의 여러 속성 값을 기록한 것이라면 한 지도에 하나의 속성을 표현한 시리즈 지도의 형태로 표현할 수도 있다. 하나의 지도에 부수적인 자료표를 제공할 것인지 그 대신 시리즈 지도를 사용할 것인지는 페이지 공간, 대상 지역의 넓이, 속성 값의 복잡성을 고려하여 결정해야 한다.

스타일 : 자료표는 다양한 스타일로 디자인할 수 있다. 가장 중요한 점은 열과 행의 제목이 잘 보이고 데이터 값이 잘 정렬되어야 하며, 행과 열을 구분하는 선이 자료 값을 읽는 데 방해가 되지 않아야 한다는 것이다. 배치 디자인에서 가장 중요한 요소는 여전히 지도이기 때문에 표에 있는 선 등이 지도를 보는 데 방해가 되어서는 안 된다. 되도록 실선의 사용을 줄이고 여백으로 행과 열을 구분하며 몇 개의 선으로 중요한 것들을 구분하도록 하는 것이 좋다.

표를 더 이해하기 쉽도록 만들기 위해서는 특정 자료 값을 시각적으로 강조하는 방법을 사용할 수 있다. 자료표의 특정한 값이 매우 이례적이지만 눈에 잘 띄지 않는다면 해당 값에 동그라미 표시를 한다거나 진한 글꼴로 강조할 수 있다. 어떤 경우에는 자료 값의 색상을 값의 특성에 따라 다르게 하는 것(예 : 자산은 검은색, 부채는 붉은색)도 독자의 이해를 돕는 데 도움을 줄 수 있다. 자료 값에 따라 숫자의 위치를 약간 변동시키는 방법도 있다. 예를 들어 그림 3.19와 같이 분수계 내에서 불투수면의 면적을 나타내는 표가 있다면 분수

Fish Creek	25	150
Barberville	(340)	180
Granton	50	200
Lakeland	62	250
Upwater	124	320

그림 3.19 자료표에서 분수계 이름과 숫자 값 사이의 간격이 오른쪽 숫자 값(분모)의 크기와 비례하여 커진다. 데이터를 이러한 방식으로 나타내면 분모는 크기순으로 정렬된 데 비해 Barberville의 분자 값(왼쪽 숫자 값)이 유독 크다는 것을 쉽게 알 수 있다. 이러한 특이 값은 동그라미를 그려 강조한다.

계 유역 면적 값(우측 값)이 클수록 불투수면의 면적 값과 분수계 이름 사이의 간격을 크게 하는 것이다. 이런 방식으로 디자인된 자료표를 분수계 면적 대비 불투수면 면적을 나타낸 지도와 더불어 제공하면, 면적으로 표준화된 지도와 원 자료를 동시에 제공하여 독자의 심층적인 이해를 도울 수 있다는 장점이 있다.

저작권 표기

지도 저작권 표기(copyright)에는 지도 레이아웃의 제작자 정보를 제작 날짜와 함께 표시한다. 미국과 같이 저작권 관련 법안이 확립된 국가에서는 일부 정부 문서를 제외하고는 저작권 표기가 없더라도 자동적으로 저작권이 보호되기 때문에[d] 지도에 반드시 저작권 내용을 표기할 필요는 없다.[4] 크리에이티브 커먼스의 사용 허가증은 지도 같은 창작물에 대한 새로운 저작권 부여 방식이며 저작권자에게 표준화된 저작물에 대한 권리를 지정하고 있다.[5]

배치 : 저작권 정보는 보통 메타데이터처럼 눈에 잘 띄지 않는 곳에 배치하며 최소한으로 작은 글꼴을 사용한다.

스타일 : 보통 저작권 표기는 저작권이라는 글과 함께 저자의 이름을 표기하거나 저작권 기호(ⓒ)와 저자 이름으로 표기한다. "모든 저작권은 보호됨(All Rights Reserved)"이라는 문장과 저작권 날짜를 함께 쓰기도 한다. 크리에이티브 커먼스 저작권 표준을 이용한다면 약어인 'CC'와 아이콘, 혹은 저작권에 대한 설명 문장을 표기하는데, 그 스타일은 크리에이티브 커먼스의 설명서나 기업의 경우 전담 변호사의 조언에 따라 정하도록 한다.

---

d 역자 주 : 지도 디자인의 저작권을 보호하기 위해서는 각 국가의 지도 관련 저작권 관련법을 면밀하게 검토하여 법 환경에 맞도록 적용하는 노력이 필요하다.

저작권 함정

저작권 함정(copyright trap, copyright hook)이란 지도의 저자가 지도에 고의로 잘못된 정보를 넣어 놓고 다른 사람이 악의적으로 그 지도를 복사 이용하여 이윤을 추구하려 할 때 법적인 증거로 제시하는 것이다. 지도에 저작권 함정이 없는 경우 지도를 무단으로 복사해서 쓰는 사람이 지도가 같은 것은 우연의 일치라고 주장할 수 있지만, 고의적인 저작권 함정이 있는 경우는 우연성을 주장할 수 없다는 점을 이용한 것이다. 예를 들어 샌프란시스코 지역 철도 지도(Municipal Railway Map)에는 최소한 2개 이상의 가짜 도로(긱 스트리트와 모 스트리트)가 저작권 함정으로 포함되어 있다.[6] 하지만 이러한 저작권의 함정이 뜻대로 작동하고 있는지는 확실하지 않다.[7] 예를 들어 미국 등 몇 나라의 법정에서 저작권 함정 증거를 이용한 저작권 침해 의혹으로 재판이 이루어진 경우가 몇 번 있었다. 미국에서 일어난 한 사건의 경우 대법원의 판결문에서는 "사실들 사이에 있는 (사실인 것처럼 꾸며진) 거짓 정보를 허구라고 규정한다면, 누구도 허위 사실을 복사함으로써 저작권을 침해할 위험을 감수하지 않고는 사실 정보를 복사하거나 재생산할 수 없을 것이다."[8]라고 규정했다. 이 판결은 사실을 나타내는 정보는 저작권의 보호를 받지 않는다는 것을 재확인한 것으로 저작권 하정의 법적인 효력을 전부 인정하지 않는 것으로 보인다. 하지만 저작권 함정은 자신이 제작한 지도가 악의적으로 복사되어 유포되고 있는지 여부를 확인할 수 있는 방법으로 다양한 지도 제작자들에 의해 활용되고 있다.

투영법

지도의 투영법(projection) 정보는 인쇄 지도에서는 지도의 다른 요소들과 함께 페이지 구석에, 인터넷 지도에서는 '지도 설명' 페이지에 메타데이터 형태로 배치한다. 투영법 정보를 제공하는 목적은 독자들로 하여금 지도의 장점과 한계점을 알려 주기 위해서이다. 예를 들어 지도가 람베르트 정각 원추 투영법(Lambert Conformal Conic projection) 기반으로 그려진 것이라면 투영법을 이해하는 독자들은 지도에 표현된 공간 객체들의 실제 모양을 비교하는 것은 가능하지만 면적에는 많은 왜곡이 있기 때문에 면적을 이용한 지역 비교에는 적합하지 않다는 것을 알 수 있다. 독자들이 투영법의 특성을 잘 모르는 경우라면 비슷한 내용을 서술 형태로 지도 디자인에 삽입하면 된다(예 : "이 지도는 면적을 비교하는 데 적당하지 않음").

  모범 사례 : 지도의 예상 독자가 지리학자나 지도학자라면 지도에 투영법 정보를 반드시 포함해야 지도의 신뢰도를 높일 수 있다. 독자가 투영법에 대한 이해가 부족한 일반인이라

면 반드시 지도에 사용된 투영법의 한계와 단점을 설명해 줄 필요가 있다. 따라서 예상 독자가 누구냐에 상관없이 지도의 투영법과 그에 대한 설명을 함께 곁들인다면 모든 독자들에게 좋은 정보를 제공하고 지도의 신뢰도를 높일 수 있다.

배치 : 투영법 정보는 지도 페이지 외곽에 법적 공지, 자료 출처, 데이터 인용, 저작권 표기 등과 같이 배치한다.

삽입 지도

삽입 지도(inset map)는 메인 지도에 비해 일반적으로 8분의 1에서 16분의 1 크기로 작게 만들어 메인 지도와 겹치도록 배치하는 작은 지도이다. 삽입 지도는 크게 두 가지 목적으로 사용되는데, 하나는 메인 지도의 특정 부분을 확대하여 더 상세하게 표현하는 것이고 또 다른 경우는 메인 지도에 표현된 지역의 상대적인 위치를 알려 주기 위한 참조 지도로 사용하는 것이다. 후자의 경우를 삽입 지도, 개관, 위치 지도(locator map) 등의 명칭으로 불린다. 전자의 예는 지도에 표현된 지역 중에서 특히 인구 밀도가 높아서 조밀한 지역만을 확대하여 대축척 지도로 나타내는 것이다. 확대 지도 형태의 삽입 지도를 이용하면 지도에 표현된 데이터들을 모두 적당한 축척으로 표현할 수 있다. 축소 지도 형태의 삽입 지도 사례로는 연구 대상 지역의 하천망 지도에 삽입 지도를 추가하여 전체 하계망에서 연구 대상 지역이 어디에 위치하는지 표시하는 것이다.

모범 사례 : 메인 지도에 표현된 공간 객체들은 삽입 지도에서도 같은 스타일로 표현되어야 한다. 지도의 방향과 방위도 메인 지도와 일치해야 한다. 삽입 지도가 메인 지도의 일부를 확대하여 나타내는 경우는 메인 지도의 확대된 부분을 상자로 표시하거나 음영으로 강

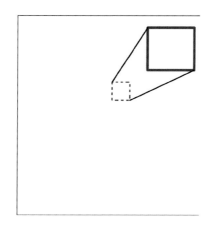

그림 3.20 메인 지도의 일부를 확대하여 나타내는 삽입 지도는 여러 가지 방법으로 메인 지도와 연계할 수 있다. 위 그림의 경우는 메인 지도에서 확대된 부분(점선 상자)과 삽입 지도(실선 상자)가 지시선으로 연결되어 있다.

조하고, 확대된 지역과 삽입 지도를 지시선(ray 혹은 leader line)으로 연결하여 표현한다(그림 3.20 참조).

스타일 : 삽입 지도, 특히 부분 확대를 위한 삽입 지도에는 반드시 메인 지도와 구별되는 별도의 축척 표시를 넣어야 한다. 위치 참조를 위한 삽입 지도의 경우는 대부분 국가나 주 (州) 단위의 소축척 지도이므로 축척 표시를 별도로 해 주지 않아도 무방하다. 위치 참조용 삽입지도에서는 메인 지도에 표현된 지역의 위치를 상자나 음영 등으로 표현하여 그 위치를 쉽게 알 수 있도록 한다.

기타 설명글

기타 설명글(descriptive text)은 위에서 제시된 지도 요소 항목에는 해당되지 않지만 독자가 지도를 이해하는 데 도움이 될 만한 정보를 제공하는 글이다. 특정한 목적으로 디자인된 지도는 다른 일반적인 지도와는 다른 독특한 지도 요소를 포함해야 하는 경우가 자주 있다. 숙련된 지도 제작자는 지도의 목적에 따라 독자가 지도를 이해하는 데 도움을 주기 위해서 어떤 정보들이 포함되어야 하는지를 잘 알고 있다. 예를 들어 스키 마니아들을 위한 스키장 분포 지도에서는 현재 스키 슬로프의 상태를 실시간으로 제공하고 있는 웹사이트의 주소를 지도에 포함시키면 사용자의 편의를 극대화할 수 있다.

스타일 : 포스터 크기의 큰 지도에서는 설명글을 쉽게 읽을 수 있도록 충분히 크게 해야 한다. 즉 글자 크기를 충분히 크게 하여(14~16포인트) 약 0.5미터 거리에서도 읽을 수 있도록 해야 한다(글자 크기에 대해서는 제4장 '글꼴' 참조). 줄 간격도 충분히 크게 하여 독자가 읽기에 편하도록 하는 것이 좋다. 설명글의 제목은 '안내' 혹은 '연구 지역' 등 너무 추상적인 것보다는 '조수간만의 차이'나 '5대호 지역'처럼 구체적으로 정하는 것이 좋다. 드롭캡[e]이나 아이콘 등의 그래픽을 이용하여 주의를 끄는 것도 좋은 방법이다.

✳ 스타일

앞에서 지도 배치 체크리스트와 각 지도 요소들의 세부사항 및 사례들을 살펴보았으므로 지도에 어떤 요소들을 삽입하고 어떤 방식으로 디자인할 것인지에 대한 정보는 충분할 것이다. 그렇다면 지도의 전체적인 스타일(style)은 어떻게 해야 할까? 앞서 '지도 요소 세부사항 및 사례'의 내용이 각 요소들에 대한 세부적인 디자인 요소와 배치 및 모범 사례들을 살펴보았다면 이 부분에서는 전체적인 지도의 스타일에 대해 얘기하고자 한다.

---

e   역자 주 : 첫 글자를 크게 쓰는 기법

균형 잡힌 지도 배치 디자인을 위해서는 우선 지도 제작자가 다른 사람들이 제작한 지도나 여러 예술 작품, 인터넷 사이트 등을 통해 지도 디자인에 대한 영감을 얻고, 지도가 전달하고자 하는 주제에 적합한 구성과 스타일을 적용해야 한다. 다른 지도나 참고 자료를 통해 '영감'을 얻고(물론 배치 디자인이라고 해서 다른 지도와 똑같이 '복사'해서는 안 된다), 지도의 주제에 따라 여러 가지 요소를 이리저리 이동시키면서 지도의 전체적인 배치를 디자인하는 것이다. 다른 지도나 예술 작품에서 얻었던 영감에 의해 지도의 요소들을 배치하겠지만 최종적으로는 참고했던 작품과 너무 비슷하게 해서는 안 된다.[9] 최종 지도의 배치 스타일은 지도의 데이터와 잘 조화되고 독자들의 기대에 부응하고 가장 최신의 지도학적 스타일을 적용해야 한다.

기존에 제작된 다른 지도와 예술 작품, 혹은 인터넷 사이트 등을 통해 지도 배치 디자인에 대한 아이디어를 얻고자 할 때 중점적으로 보아야 할 것은 다음과 같다.

- 전체적인 느낌 : 단순/복잡성, 과학적인 이미지, 코믹한 느낌, 의학적, 고전적 느낌 등
- 색상 : 명도, 패턴, 전체적인 색상의 분포, 지도와 바탕색의 색조, 차트 색상 등
- 요소들의 구성
- 구획선, 상자, 여타 그래픽을 이용한 지도 요소 간 구분 방법
- 글꼴 및 스타일
- 메타데이터의 글꼴, 스타일, 위치
- 인터넷 지도의 요소 : 마우스 동작(이동, 클릭 등) 시 작동 방식

여러 가지 지도나 예술 작품의 스타일에서 좋아하는 부분을 모아 지도 스타일을 구성하는 것도 좋은 방법이다. 반면에 기존의 지도나 예술 작품 대신에 누구를 대상으로 제작하는 지도인지 혹은 어떤 곳에 전시할 지도인지 등의 맥락에 따라 지도 배치 디자인 스타일을 결정하기도 한다.

✦ 맥락

"지도가 전시될 장소는 어디인가?", "지도를 볼 독자는 어떤 사람들인가?" 이 두 가지 질문은 지도를 디자인할 때 지도에 어떤 내용을 담을 것인가를 결정하기 위해 고려해야 할 가장 중요한 질문이다. 이 두 가지 질문 외에 "얼마나 많은 사람들이 볼 것인가?", "지도와 독자 사이의 물리적인 거리는 얼마나 될 것인가?", "지도가 전시된 곳 주변의 환경은 어떤가?" 역시 고려해야 할 질문이다. 포스터 크기의 지도를 디자인할 때 "지도가 어디에

전시될 것인가?"라는 질문이 지도 디자인에서 얼마나 중요한지를 다음의 사례를 통해 살펴보자.

학술발표 대회의 포스터 세션에 전시될 지도인가? 그렇다면 밝은 색의 바탕 지도에 중요한 부분이 원색으로 강조된 지도를 디자인한다. 그러면 전시된 수많은 포스터를 보느라 시각적으로 지친 관람자들의 눈에 쉽게 띌 수 있다. 거기에 더하여 지도 포스터에 그래프 몇 개를 친절하게 넣어 주면 사람들은 그래프를 보면서 자신들이 무언가 열심히 보고 있다는 느낌에 스스로 뿌듯해할 것이다. 그를 통해서 관람자들이 지도를 통하여 1개의 메시지만이라도 얻어서 간다면 지도를 만든 목적을 달성한 것이다(그림 3.21 참조).

지도가 전시될 곳이 하얗게 칠해진 복도 벽면인가? 그렇다면 위의 사례와는 정반대의 전략을 사용하는 것이 좋을 수도 있다. 지도 디자인에 어둡고 짙은 색을 많이 사용하여 배경이 되는 흰색 벽면과 대조를 이루게 하는 것이다. 파란색과 회색은 현대적 감각이며 다른

그림 3.21 시끄럽고 혼잡한 학술발표 대회장의 포스터 세션에서 관람자의 주의를 끌면서 기분을 환기시킬 수 있는 색상 배열을 사용한 지도 디자인의 사례이다.

그림 3.22 어두운 색은 하얀 사무실 벽과 대조를 이룬다.

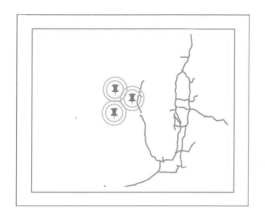

그림 3.23 지도의 객체들을 선명한 보라색, 초록색, 그리고 분홍색으로 표현하여 시각적으로 흥미롭고 재미있는 지도 디자인을 만들 수 있다.

세계에 있는 것 같은 느낌을 줄 수 있어 독자들의 마음을 편하게 할 것이다(그림 3.22 참조).

동료들과 함께 작업해 만든 지도를 삭막해 보이는 사무실의 칸막이 벽면에 붙여서 지나가는 사람들이(직장 상사를 포함하여) 볼 수 있도록 하면 어떨까? 회색의 칸막이에 사탕가게에서나 볼 수 있을 것 같은 밝고 예쁜 색상으로 디자인한 지도를 붙여 두면 지도를 보는 모든 사람에게 잠깐의 휴식과 재미를 줄 수 있을 것이다(그림 3.23 참조). 지도 옆에 진짜 사탕을 좀 놓아 두면 효과가 더 좋을 것이다.

누구에게 보여 주려고 제작하는 지도인지를 확실히 하고, 예상 독자들의 성향에 적합한 스타일로 지도를 디자인한다면 훨씬 좋은 평가를 받을 수 있을 것이다. 지도의 제작자 본인이 의료 부문 전문가는 아니지만 보건 의료 분야의 데이터를 활용해서 의학 학회에서 발표할 지도를 만들어야 하는 경우를 가정해 보자. 그렇다면 이전에 지도를 만들 때와 똑같은 디자인 전략을 적용하기보다는 이전에 개최된 의학 학회에서 발표된 발표 자료 등을 참조해서 의학 분야의 종사자들이 쉽게 이해하는 디자인 방식을 참고하는 것이 현명할 것이다. 지도의 여백 공간에 지도가 표현하고 있는 의료 데이터를 요약한 그래프나 통계 분석 표 등 의학 분야에서 일반적으로 이용하는 시각화 도구를 추가하면 학회 참석자들이 당신이 디자인한 지도를 훨씬 쉽게 이해할 수 있을 것이다. 만약 당신의 지도가 경영 분야의 독자들을 위한 것이라면 경영 분야에서 유명한 책이나 보고서들에서 사용된 디자인 스타일을 참고하는 것이 좋다. 경영 분야에서 활용되는 그래픽들은 대부분 검은색과 흰색 선을 사용하여 단순하게 디자인한 스케치와 다이어그램, 그래프들이다. 이러한 디자인 경향을 지도 디자인에 응용한다면 지도를 통해 독자들에게 좋은 인상을 남기고 지도에 표현된 자료에 대한 신뢰를 얻을 수 있을 것이다.

당신이 사용하고자 하는 지도 디자인이 해당 분야의 독자들이 익숙하지 않은 전혀 새로운 스타일이라면 자칫하면 위험할 수도 있는 모험적인 디자인을 사용할 만한 합당한 이유가 있어야 할 것이다. 당신의 디자인이 해당 분야 지도 디자인에 현대적 감각을 제시하는 획기적인 전환점이 될 것으로 기대된다거나 독자들이 기존의 스타일을 식상하게 생각한다고 판단되어 새로운 디자인 스타일을 과감하게 채택했다면, 독자들에게 당신의 지도가 새로운 스타일을 추구하고 있으며 왜 그러한 디자인을 선택했는지 그리고 독자들은 새로운 스타일에 의해 어떤 것들을 얻을 수 있는지에 대해 친절하게 설명해 주어야 한다.

지도의 주제 또한 디자인 스타일에 영향을 주는 요소이다. 다양한 디자인 아이디어를 활용할 수 있는 사례로는 고고학자들이 유물을 발굴할 때 사용하는 발굴 지도를 생각해 볼 수 있다. 지도 제작자는 GIS를 이용해서 발굴지의 현황 데이터를 관리하고 지도로 나타내고자 할 것이다. 아마도 큰 용지 가운데 부분에 전체적인 발굴 지역의 예전 모습을 보여 주는 메인 지도를 배치하고, 그 주변에 그래픽 같은 보조 요소들을 배치하여 메인 지도에 표시된 각 장소들을 보충 설명할 것이다. 그래픽은 메인 지도와 가까워질수록 점점 희미하게 만들어 시각적으로 분리시키거나 오래된 사진과 같은 느낌을 주도록 디자인할 수도 있다. 발굴 지점의 현재 모습이나 과거의 추정되는 모습을 펜으로 그린 스케치를 메인 지도 주변에 배치하는 것도 아주 효과적일 수 있다.

✻ 배열

일단 지도의 스타일과 내용이 결정되면 각 지도 요소의 배치, 디자인, 그리고 전체적인 배열(arrangement)은 쉬워진다. 인쇄용 지도와 인터넷 지도 등 모든 지도에서 배열을 위해서 가장 먼저 할 일은 지도 디자인 구상도[f]를 통해서 독자들이 지도에서 가장 먼저 보아야 할 요소를 결정하는 것이다. 그다음에는 각 지도 요소들을 어디에 배치할 것인지, 얼마나 자세히 나타낼 것인지를 결정한다. 그리고 마지막으로 지도를 만들고 주변의 피드백을 통해 수정하는 과정을 만족할 만한 지도가 될 때까지 반복해야 한다.

지도 디자인 구상도에 대해 설명하기 전에 우선 지도 배치 디자인의 종류, 전형적인 지도 요소 구성법, 그리고 몇 가지 주의사항에 대해 먼저 설명할 필요가 있겠다. 첫째로 유의할 점은 선택된 지도 유형에 따라서 지도 요소의 배열 방식이 달라진다는 점이다. 예를 들어 보고서 중간에 들어가는 지도나 인터넷 사이트에 포함된 지도, 발표용 슬라이드 자료에

---

[f] 역자 주 : '지도 디자인 구상도'는 원문의 'emphasis map'과 'wireframe'을 번역한 것으로 간단한 스케치를 통해 지도 요소들의 배열을 디자인해 보는 시안을 지칭한다. 저자는 인쇄용 지도를 위한 지도 배치 디자인 스케치를 emphasis map이라고, 동일한 용도이지만 인터넷 지도를 위한 스케치를 wireframe이라고 지칭했다.

보고서에 포함된 지도

A4용지의 보고서에 포함될 지도를 디자인할 때 지도가 페이지 전체를 채울 수 있을 정도로 크지 않다면 되도록 2~3개의 지도를 나란히 넣어서 좌우의 여백 공간을 최소화하는 것이 좋다. 병렬로 배치할 지도가 마땅히 없는 경우에는 지도 영역 옆에 글이 배치되는 '어울림' 형식을 이용하여 글과 지도를 배치하는 것이 좋은데, 이런 방식은 신문이나 잡지에서 많이 사용하는 방식으로 시각적으로 정돈된 느낌을 준다는 장점이 있다(그림 3.24 참조). 보고서에 지도를 넣는 경우는 보고서 페이지를 대략적으로 6등분(가로 2×세로 3)했을 때 크기 정도로 지도를 디자인하여 넣는 것이 이상적이며, A4용지에서 이 크기는 가로, 세로 약 8센티미터 정도가 된다. 이처럼 작은 보고서용 지도를 디자인할 때는 가능한 한 대축척의 단순한 지도를 사용하도록 주의해야 한다.

포함된 지도와 같은 경우에는 지도 요소들의 배치 디자인이 별로 중요하지 않다는 것이다. 이들 지도의 경우에는 일반적으로 지도에 간단한 제목과 범례, 축척만이 표시되는 경우가 대부분이고, 심한 경우는 그런 지도 요소들도 생략되고 보고서 내용이나 발표자의 설명으로 대체되는 경우가 많기 때문이다.

따라서 지도 요소의 배열은 대형 인쇄용 지도나 상호작용 기반의 복잡한 인터넷 지도 디자인에서 매우 중요하게 작용하는 고려 요인이다. 포스터와 같은 대형 인쇄용 지도에서 찾아볼 수 있는 전형적인 지도 배치 디자인에는 다음과 같은 것이 있다.

- 메인 지도 하나가 용지의 3분의 2를 차지하고 나머지 공간에 여타 지도 요소들을 조밀하게 배열하는 경우
- 시계열 지도와 상자로 묶어 놓은 지도 주변 요소
- 동일한 지역에 대한 다양한 데이터를 보여 주는 여러 개의 지도 조합
- 지면의 대부분을 차지하는 대축척 지도와 지도의 여백 공간에 배치된 범례와 지도 주변 요소
- 학회 발표용 포스터에 다른 발표 내용과 함께 포함된 작은 크기의 지도

상호작용 기반 인터넷 지도들에서 전형적으로 나타나는 배치 디자인은 다음과 같다.

- 화면 전체를 채우는 큰 지도와 마우스 클릭을 이용한 상호작용
- 제목이 포함된 지도와 클릭, 화면 이동 등 상호작용을 위한 주변 요소
- 지도와 다양한 주변 요소가 포함된 지도로, 각 주변 요소들을 클릭할 때 다양한 지도

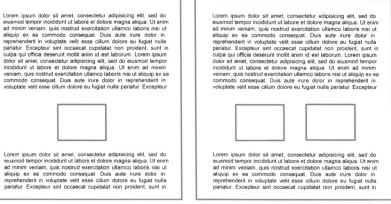

나쁜 예   좋은 예

가장 좋은 예

그림 3.24 보고서 속 지도의 배치

관련 상호작용이 가능한 경우

- 오른쪽의 지도 영역과 왼쪽의 지도 레이어 선택 영역이 병렬 배치된 경우(흔히 볼 수 있지만 추천하지는 않는다.)

끝으로 주의사항을 얘기하자면 이 책에서 제시하는 지도 디자인 가이드라인과 다양한 사례들은 (다른 지도학 도서에서 제시하는 가이드라인 및 사례와 마찬가지로) 지도 디자인을 위한 창조적 영감을 학습하는 데 유용한 것이며, 지도 제작자들은 궁극적으로 이러한 방법들과 개인적인 영감을 활용하여 작성하고자 하는 지도의 독특한 데이터, 주제, 매체 형태 등의 조건에 따라 적절한 디자인을 작성해야 할 책임을 가진다.

지도 디자인 구상도

지도 디자인 구상도는 독자들의 시선이 지도의 어디에서 어디로 이동하는지를 고려한 개략적인 지도 배치 구상도를 말한다. 지도 디자인 구상도(emphasis map)는 배치 구상을 스케치한 것을 웹 디자인 분야에서 통칭하는 용어로 이 책에서는 인쇄용 지도를 위한 지도 디자인 구상도의 의미로 사용한다. 와이어프레임(wireframe)은 같은 의미이지만 인터넷 지도에 적용되는 개념에 해당된다. 두 용어와 지도 디자인 구상도라는 개념은 지도 제작자가 구상한 독자의 시선 흐름을 말하는 것이다. 예를 들어, 독자들이 먼저 지도의 제목을 본 후 지도를 보기 원한다면 지도 제작자는 지도의 제목을 크고 진한 글꼴로 만들고 반면에 지도 영역은 비교적 옅은 색깔의 외곽선과 상대적으로 밝은 색상 배열로 디자인할 것이다. 마찬가지 이유로 독자들의 시선이 가장 나중에 도달하기를 원하는 지도 주변 요소들은 작은 글꼴과 옅은 색깔로 눈에 덜 띄도록 하는 것이다.

본격적인 지도 작업을 시작하기 전에 10분 정도 시간을 내서 연필로 지도의 디자인 구상도를 스케치해 보는 습관을 기르는 것이 좋다. 그를 통해 지도 디자인의 세부적인 측면에 매몰되기 전에 지도의 제작 목적에 부합하는 지도 디자인을 구상해 볼 수 있다. 지도 제목을 어디에 배치할지 혹은 지도 영역을 얼마나 강조해야 할지 고민하고 지도 디자인 구상도를 반복해서 수정하는 데 쓰는 시간을 아까워해서는 안 된다. 경험 많은 지도 제작자일수록 지도 디자인 구상도 스케치에 더 많은 시간을 할애한다는 점을 기억할 필요가 있겠다. 계획 단계에서 더 많은 시간을 쓸수록 최종 결과물의 품질이 좋아진다는 사실을 잊지 말자. 지도 디자인 구상도를 스케치할 때는 컴퓨터 대신 종이와 연필을 이용하는 것이 가장 효과적이다. 빠른 스케치와 수정이 가능하기 때문이다. 다만 디자인 구상도를 모형(mock-up)[g]의 형태로 다른 사람들에게 보여 주고 설명을 해야 할 필요가 있을 때는 그래픽 프로그램이나 CAD 프로그램을 이용하여 스케치를 디지털 형태로 바꿔서 보여 주는 것이 도움이 된다.

그림 3.25의 지도 디자인 구상도를 보면 지도 제작자가 지도 요소들의 배치를 위해 이미 상당 시간 고민한 흔적을 볼 수 있다. 구상도 스케치 시점까지 지도 요소들을 어디에 배치할지 결정하지 못했다면 배치 구상도 대신에 '제목=1순위, 지도 영역=2순위, 주변 요소=3순위'와 같이 글로 지도 디자인 구상을 써 볼 수도 있다.

지도 디자인에서는 지도 제목이 시각적으로 가장 두드러지도록 하는 것이 일반적이지만, 때때로 지도 제작자는 제목 대신에 지도 영역이 시각적 위계(visual hierarchy)에서 가장 상위 요소가 되어 가장 눈에 잘 띄도록 하고 지도 제목은 지도 영역을 먼저 훑어본 다음에

g 역자 주 : 제품의 평가를 위한 실제 제품의 모형

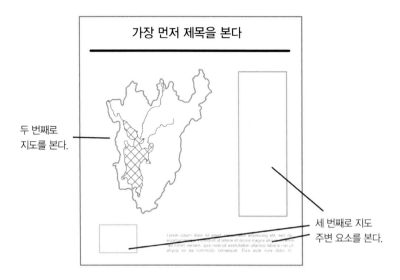

그림 3.25 인쇄용 지도를 위한 지도 디자인 구상도의 예이다. 큰 글꼴과 진한 색깔로 표시된 지도 요소는 지도 제작자가 독자들이 지도에서 가장 먼저 보기를 원하는 부분이다.

볼 수 있도록 지도를 디자인하기도 한다. 이외에도 다른 디자인 구상도 가능하지만 일반적이지는 않다. 기존의 웹사이트에 인터넷 지도를 추가하는 경우에는 창의적인 디자인을 적용할 수 있는 여지가 적고 시간이 부족한 경우가 많으므로 지도를 삽입할 웹사이트의 디자인과 조화를 이루도록 지도를 디자인하는 것이 중요하다.

디자인 구상도 스케치가 완성되면 지도 계획 단계가 끝나는 것으로 이제 각 요소들을 배치하는 과정이 시작된다. 지도 페이지에 지도 요소들을 하나씩 배치하면서 지도 전체의 느낌이 어떻게 완성되어 가는지를 주의 깊게 살펴야 한다. 지도 요소를 추가하고 나서 지도가 너무 복잡해졌다면 해당 요소가 꼭 필요한지를 다시 검토해 보고, 꼭 필요한 요소라면 시각적으로 눈에 덜 띄도록 하여 지도 디자인의 복잡성을 줄여야 한다. 불필요한 복잡성이 바람직하지 않다는 것이 자명한 사실이라 하더라도 간단한 지도가 무조건 좋다는 원칙이 너무 강조되어서는 안 된다. 여기에 대해서는 다음 절에서 설명한다.

✤ 단순성과 복잡성

발표용 슬라이드 자료와 보고서에 포함된 지도의 경우에는 단순성(simplicity)이 가장 중요한 미덕이다. 발표 자료나 보고서에 들어갈 지도를 디자인할 때는 다른 슬라이드나 보고서의 다른 페이지에서 사용한 것과 유사한 색깔을 사용하여 색상의 연속성을 유지해야 세련된 보고서나 발표 자료를 만들 수 있다. 그 외의 경우에 큰 용지나 화면을 채우면서 조화로운 지도를 디자인하기 위해서는 어느 정도의 복잡성(complexity)이 필수적이다. 지도의 주제가 되는 레이어가 적절히 강조되어 있다면 다소 복잡한 배경 데이터가 포함되어 있다고 하더라도 독자로 하여금 지도와 관련한 다양한 정보를 얻고 지도에 표현된 데이터를 이해하는 데 도움을 줄 수 있다. 따라서 지도의 목적에 부합된다면 매우 복잡한 정보라도 지도에 포함시키는 것을 주저하지 말아야 한다. 논리적이고 통일된 방식으로 적절히 디자인된다면 복잡한 지도는 오히려 더 좋은 작품이 되며 많은 사람들이 이용할 것이다.

많은 경우 가독성(readable)과 단순성(simple)의 개념이 혼동되어 사용된다. 하지만 지도의 경우 중요한 정보가 적절히 강조되고 배경 요소들이 잘 정리되어 있다면, 단순하지 않더라도 읽기 쉬운 지도를 만들 수 있다. 지도 제작에서 단순성이 자주 강조되는 이유는 지도를 잘 이해하지 못하는 비전문적인 대중과 지도를 꼼꼼히 살펴볼 시간이 없는 직장 상사를 위해 지도를 쉽게 만들어야 하는 경우가 많기 때문이다. 그러나 USGS(미국 지질조사국)가 제작하는 표준 지형도의 경우와 같이[h] 도로, 하천, 도시, 학교, 산책로 등의 세부적인 사항에 셀 수 없이 많은 등고선이 포함되어 매우 복잡하지만 고등학교 교육을 받은 사람이라면 대부분 이해할 수 있고 동시에 다양한 정보를 제공하는 지도도 있다는 것을 기억할 필요가 있다. 물론 지도를 복잡하게만 하고 전혀 효과가 없는 요소는 과감하게 제거해야 한다. 지도에 흔하게 포함되지만 독자에게 실제적인 도움을 주지 못하고 지도를 복잡하게 만드는 자료 중에서 대표적인 것으로는 주제도에 배경 이미지로 포함된 음영기복도(hillshade)나 소축척 항공사진 레이어를 들 수 있다.

메인 지도가 표현하는 지역의 위치를 표시한 삽입 지도의 경우는 앞서 설명한 보고서에 포함된 지도의 경우와 같이 공간적 제약으로 인해서 단순성이 강조되는 경우이다. 메인 지도에 표현된 영역을 소축척으로 축소하여 삽입 지도로 표시해야 하므로, 메인 지도에 표현된 데이터와 기호를 그대로 사용하지 않고 일반화하여 단순화된 형태로 표현해야 한다. 예를 들어 메인 지도가 개발구역 구분을 나타내는 지도라면, 삽입 지도는 메인 지도를 그대로 축소한 작고 복잡한 지도 대신 메인 지도가 나타내는 지역의 외곽선만을 표시하는 단순한 지도를 사용하면 된다는 것이다.

삽입 지도와 같은 예외적인 경우를 제외하고 지도 제작에서 어느 정도의 복잡성이 필요한 이유는 지도를 통해서 독자들에게 더 많은 정보를 제공하기 위해서이다. 직장 상사가 당신에게 이번 주말에 있을 야유회를 위해 회사에서 야유회 장소까지 가는 길을 보여 주는 지도를 만들어서 모든 직원들에게 나누어 주라고 지시했다고 하자. 가장 쉽고 단순한 지도는 회사 위치와 야유회 장소를 표시하고, 회사에서 출발하여 야유회 장소로 가는 가장 빠

---

h 역자 주 : 우리나라의 경우 국토지리정보원에서 제작하는 1 : 50,000 혹은 1 : 25,000 지형도가 이에 해당된다.

른 길 하나만 그리는 것일 것이다. 그런데 어떤 직원이 갈림길에서 길을 잘못 들었다면 어떻게 할 것인가? 아마도 당신이 만든 지도는 제쳐 두고 상세한 도로 지도를 보고 당신이 지도에서 표시한 도로로 찾아가기 위해 무진장 애를 써야 될 것이다. 너무 단순한 지도를 만들어서 지도를 보는 사람을 바보 취급하고 싶지 않다면, 조금 복잡하더라도 자세한 도로 지도를 메인 지도로 하여 배경에 표시하고 당신이 선택한 최단 경로를 그 위에 추가로 표시하거나 삽입 지도로 추가하여 다양한 정보를 제공하는 것이 효과적일 것이다.

지난 10여 년 동안 제작된 많은 쌍방향 인터넷 지도들은 일반적인 GIS 프로그램의 사용자 인터페이스처럼 지도의 좌측에 레이어 선택 도구가 있었다. 전문적인 사용자의 경우는 이러한 복잡한 인터페이스를 통해 본인이 원하는 다양한 형태의 지도를 직접 실시간으로 만들어 볼 수 있지만 대부분의 일반 사용자들은 단순한 인터페이스를 통해 특정 주제에 대한 단순명료한 지도를 선호하는 경향이 있다. 따라서 전문가가 아닌 일반인 사용자를 위한 인터넷 지도 서비스라면 복잡한 사용자 인터페이스 대신 주제별로 지도를 만들고 개요 페이지에 썸네일 형태의 지도와 설명을 제공하여 사용자 편의성을 확보하는 것이 좋다.[10]

지도 요소들을 추가하고 배열할 때 염두에 두어야 할 마지막 두 가지 원칙은 여백(및 주변 요소)의 디자인과 요소들의 전체적인 균형이다.

✦ 지도 주변 요소 배치

인쇄 지도의 가장자리에 배치된 지도 설명이건 인터넷 지도의 상하단 혹은 좌측에 배치된 선택 메뉴나 버튼이건 간에 지도 주변 요소(margin)는 지도 페이지와 통합되어 지도와 매끄럽게 연결되도록 배열되어야 한다. 지도 영역과 주변 요소들 사이에 두껍고 진한 색의 선을 넣어서 단절을 강조하지 말고, 대신에 얇은 공백을 배치해서 지도 요소 사이의 구분만 명확하게 하면 되는 것이다. 주변 요소들의 스타일(글꼴과 색상) 역시 메인 지도 영역에서 사용된 스타일과 비슷한 것을 사용하여 요소들 간의 통합성을 확보해야 한다.

전통적인 건축 도면에서는 메타데이터와 같은 주변 요소들을 큰 상자로 둘러싸 용지의 아래쪽이나 오른쪽에 배치하는 것이 일반적인 방식이다(그림 3.26 참조). 이러한 디자인 방식은 여러 장의 도면을 보관하는 넓은 서랍에서 도면들을 들춰 보면서 특정 도면을 찾는 데 매우 유용한 방법으로, 인쇄 지도에서 주변 요소들을 배치할 때 활용할 만한 방식이다.

용지의 한쪽에 주변 요소들을 몰아서 배치할 때는 주변 요소 영역을 몇 부분으로 나누어서 요소들을 분류, 배치하기도 한다. 그림 3.27의 사례는 용지의 아래쪽에 영역을 세 부분으로 나누어 주변 요소를 나누어 배치하는 형태를 보여 주고 있다.

그림 3.26 주변 요소는 일반적으로 지도용지의 아래쪽이나 오른쪽에 배치된다.

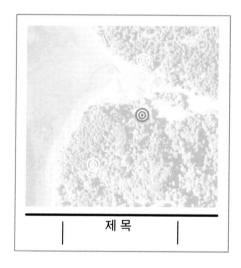

그림 3.27 지도 영역 아래에 주변 요소를 나누어 배치하는 방식. 주변 요소 영역은 3개의 부분으로 나누어져 있다. 부분들 사이는 그림에서처럼 직선이나 상자를 그려 넣어 나누기도 하고 흰 여백으로 나누기도 한다.

부유형 주변 요소(floating margin element) 혹은 **통합형 요소**(integrated element) 배치 방식도 사용할 수 있다. 통합형 혹은 부유형 지도 요소는 지도 주변 요소를 지도 영역 직사각형의 바깥이 아니라 지도 영역 내부의 비교적 중요하지 않는 부분(흰 여백이나 육지 지도의 바다 영역과 같이)에 배치하는 방식이다. 이런 방식의 배치 디자인은 **인포그래픽**(infographic)의 한 형태라 할 수 있으며, 인포그래픽은 그래픽(지도를 포함하여)의 각 요소들이 잘 보이고 쉽게 이해될 수 있도록 통합적으로 그룹화 혹은 배열하여 지도 혹은 그래픽에 제시된 시각적 정보를 효과적으로 전달하는 기법을 말한다. 다양한 지도 주변 요소 배치 방법들 중에서 통합형 요소 배치 방법은 단독 지도의 배치 디자인에서 주로 사용하고, 시계열 지도와 같은 시리즈 형태의 지도를 디자인하는 경우에는 전통적인 형태의 상자형 주변 요소 배치 방법을 사용하는 것이 일반적이다.

균형

지도의 균형(balance)은 지도가 한쪽으로 치우치지 않도록 하는 것(물론 가장 중요한 사항이 지만)에 대한 것만을 말하는 것은 아니다. 균형은 색상과 선의 굵기 등에서 조화뿐만 아니라 지도 페이지의 각 부분이 서로를 보완하도록 하여 지도 디자인이 전체적인 통일성을 갖도록 하는 것까지 포함하는 개념이다. 균형은 글꼴 통일하기, 반도(半島)를 표현하는 지도의 경우 빈 공간을 다른 요소들로 채워 무게 중심을 맞추기, 여백 공간의 적절한 사용 등을 통해 구현할 수 있다(학창 시절 미술 선생님께서 그림을 그릴 때는 스케치북 화면 전체를 사용하라고 말씀하시던 것을 기억하라. 선생님께서 또 꾸짖으실지도 모르지만 인쇄용 지도에서 적절한 여백의 배치는 디자인적 효과가 꽤 좋은 편이다).

실선 대신에 흰색 여백을 이용해서 공간을 구분할 때는 요소 간 정렬과 시각적 균형에 유의해야 한다. 이는 '지도 주변 요소 배치' 부분의 그림 3.27을 확대하여 보여 주고 있는 그림 3.28에 잘 표현되어 있다.

스타일 측면에서 내용의 균형 또한 중요한 고려사항이다. 최종 지도의 스타일이 결정되면 그 스타일에 적합한 통일된 글꼴, 색상 배열 및 요소 배열 방식을 적용해야 한다. 어떤 글꼴을 사용하느냐에 따라 지도의 스타일이 완전히 달라진다는 것이다(그림 3.29 참조). 올바른 글꼴 선택에 대해서는 제4장 '글꼴'에서 자세히 설명하도록 하겠다.

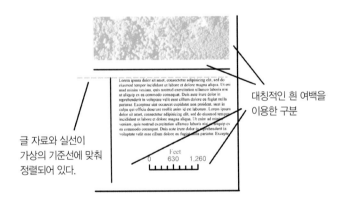

그림 3.28 모든 흰 여백은 지도 요소들 사이에 대칭적인 크기로 배치하여 균형을 잡아야 한다. 그래픽 프로그램에서 제공되는 눈금자/눈금선이나 안내선을 이용하여 세심하게 배열하여 시각적 균형이 확보되도록 해야 한다.

Contemporary   Casual

Historic   Formal

그림 3.29 사용된 글꼴에 따라 지도 디자인의 스타일이 크게 달라진다.

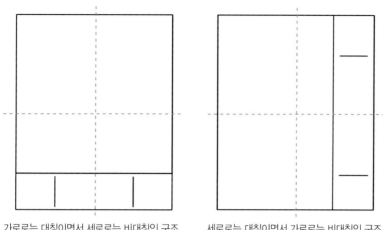

가로로는 대칭이면서 세로로는 비대칭인 구조　　　세로로는 대칭이면서 가로로는 비대칭인 구조

그림 3.30 지도 요소를 배치할 때 페이지의 가로 혹은 세로 방향을 따라 대칭이 되도록 한다.

　그래픽의 모양이나 색깔을 이용해 시각적인 균형을 맞추는 작업도 필요하다. 예를 들어 페이지의 한쪽에 큰 방위표가 들어가면 그 반대편에 로고를 배치함으로써 시각적인 균형을 맞출 수 있다. 여기에 더하여 방위표가 흑백이면 로고도 흑백으로 하여 시각적 균형을 맞추고, 동시에 로고가 너무 두드러져 보이는 효과를 방지할 수 있다.

　현대적인 지도 배치 디자인은 지도 요소들의 대칭 배치와 비대칭 배치를 동시에 활용한다. 예를 들어 지도의 주요 요소들을 배치할 때 주요 요소들은 세로로는 비대칭적으로 배치하고, 대신 기타 요소들은 가로로 대칭적으로 배치하는 것이다(그림 3.30 참조).

　그렇다면 어떤 부분을 대칭으로 디자인할 것인가? 지도 디자인의 모든 단계에서와 마찬가지로 예술적인 영감과 여러 번의 반복된 실험을 통해 가장 보기 좋은 배치를 찾아내는 것은 지도 제작자의 창의성을 키우고 시각적으로 균형 잡힌 지도를 만들어 내는 데 필수적인 작업이다.

주

1. 셰릴 루-리엔 탄(Cheryl Lu-Lien Tan)의 **월스트리트 저널** 2011년 8월 25일자 기사 "Prepping Food for the Eyes" 중에서
2. Edward Tufte, *Beautiful Evidence*, Cheshire, Conn.: Graphics Press LLC, 2006, 133.
3. 파이차트(원그래프)가 어디에 유용하고 어떤 경우에 적합하지 않은지 등에 관한 정보는 스티븐 퓨(Stephen Few)의 온라인 보고서를 참고하라. S. Few, "Save the Pies for

Dessert," *Perceptual Edge Visual Business Intelligence Newsletter* (2007년 8월), http://www.perceptualedge.com/library.php (2013년 10월 7일 접속).

4. Title 17, U.S.C. §101, et seq. 참조. 이 내용은 정보제공 목적을 위한 것이며 법률 자문으로서의 효력은 없다.

5. 크리에이티브 커먼스(Creative Commons)에 대한 더 자세한 사항은 http://www.creative-commons.org 참조.

6. C. Squatriglia, "Mapmakers' Sleight of Hand: Cartographers put 'Bunnies'on the Map, Tricking Copycats, Sometimes Tourists," *San Francisco Chronicle*, 2001년 8월 12일자.

7. Mark Monmonier, *How to Lie with Maps*, 2nd ed., Chicago:University of Chicago Press, 1996.

8. *Nester's Map & Guide Corp. v. Hagstrom Map Co.*, 796 F. Supp. 729 (E.D.N.Y. 1992).

9. 지도 창작물은 미합중국 저작권법에 의해 보호되어 있다.

10. 브라이언 티머니(Brian Timoney)의 블로그 : "Why Map Portals Don't Work," *MapBrief* (2013년 2월), http://mapbrief.com/2013/02/05/why-map-portals-dont-work-part-i/ (2013년 10월 7일 접속).

⤳ 더 읽을 거리

Cairo, Alberto. *The Functional Art: An Introduction to Information Graphics and Visualization (Voices That Matter)*. Berkeley, CA: New Riders, 2012.

Few, Stephen. *Information Dashboard Design*. Sebastopol, CA: O'Reilly Media, Inc., 2006.

Robbins, Naomi. *Creating More Effective Graphs*. Hoboken, NJ: John Wiley & Sons, Inc., 2005.

Yau, Nathan. *Visualize This: The FlowingData Guide to Design, Visualization, and Statistics*. Indianapolis, IN: Wiley Publishing, Inc., 2011.

⤳ 연습 문제

1. 좋은 지도 제목의 요소는 무엇인가? 지도 제목의 좋은 예를 들어 보라.

2. 색채 대비란 무엇인가?

3. 경위선망은 무엇인가? 지도 제작자들이 지도에 경위선망 표시하는 이유를 두 가지 이상 제시하라.

4. 삽입 지도의 두 가지 종류는 무엇인가? 각각을 한두 문장으로 설명하라.

5. 저작권 함정이란 무엇인가? 당신이 제작하는 지도에 저작권 함정을 넣거나 넣지 않기로

결정한다면 각각에 대한 이유는 무엇인가?

6. 지도에 로고를 표시했을 때 발생할 수 있는 문제에는 어떤 것들이 있는가?

7. 데이터 출처의 인용 표시를 할 때는 약자로 하는가, 전체 표기로 하는가?

8. 균형 잡힌 지도 배치 디자인을 위한 요소들은 무엇인가?

9. 지도에 축척 표시를 생략하는 경우는 언제인가?

10. 지도 디자인 구상도란 무엇이며 지도의 디자인 과정 중 어느 시점에 작성하는가?

⤳ 실습

1. 자료표를 지도 페이지에 적절하게 삽입하는 것은 쉽지 않은 일이다. 자료표를 적절히 디자인, 배치한 지도의 사례를 인터넷 검색으로 찾아본다. **인포그래픽**과 **지도**라는 용어를 사용해서 검색하면 좋은 자료를 찾는 데 도움이 될 것이다. 글꼴, 숫자 정렬, 셀 스타일, 표 배치 등의 관점에서 당신이 찾은 사례를 간략하게 설명하고 디자인 사례의 어떤 측면이 당신의 호감을 이끌어 내고 있는지에 대해서 이야기해 본다.

2. 지도 디자인의 단순성과 복잡성에 대한 짧은 에세이를 작성한다. 아주 단순한 지도 디자인, 매우 복잡한 디자인, 중간 정도 복잡한 지도 디자인의 사례를 각각 하나씩 제시하고 각각의 장단점에 대해서 기술한다.

3. Natural Earth Data 사이트(http://www.naturalearthdata.com)의 다운로드 페이지를 방문하여 다운로드할 수 있는 데이터 하나(예 : 1:50m Admin 0-Countries)를 선택하고, 해당 데이터에 대한 자료 출처 표기를 작성해 본다. 자료 출처 표기에는 데이터 이름, 다운로드한 인터넷 주소, 다운로드 날짜 등을 포함해야 한다. 적절한 출처 표기를 위해서는 Natural Earth Data 홈페이지의 about 페이지에서 이용 약관을 찾아보는 것이 도움이 될 것이다.

GIS
Cartography

글꼴

> 지도학의 가장 중요한 요소는 가장 미묘한 것, 즉 색상과 글꼴 같은 것들이다.
>
> IT 전문가 매튜 길모어(Matthew Gilmore)
>
> 워싱턴 시 소비자 및 규제 업무부

글꼴 이론(font theory)을 제대로 익히면 남들보다 돋보이는 지도 전문가가 될 수 있다. 지도에 들어갈 내용에 적절한 글꼴을 사용하는 것이 당신의 지도를 보다 전문적으로 보이게 만든다는 사실을 알아야 한다. 지도에 표현될 자료를 기호화할 때 다른 작업에 집중하느라 데이터 라벨링(labeling) 작업을 프로젝트의 막바지에 시간에 쫓겨 급하게 해 버리면 이전 작업이 아무리 완벽하더라도 기껏해야 평범한 지도밖에 만들지 못한다. 지도 라벨과 지도 페이지에 들어가는 여러 글 자료에 기본형 글꼴을 사용하거나 Times New Roman이나 Arial과 같은 평범한 글꼴을 선택하는 것은 지도를 평범하게 보이도록 만드는 지름길이기 때문이다.

전문적이고 특별한 지도를 만들기 위해서는 글꼴 이론과 글꼴을 변형하는 기술에 대한 공부가 필요하다. 지도학자 중 일부는 글꼴 이론을 상당히 어렵게 배웠다. 체계적인 과정 없이 여러 해 동안 여기저기서 강의를 듣거나 시각 디자인 관련 자료들을 통해 지도 제작에 필요한 글꼴 관련 정보들을 익혔기 때문이다. 그러다 보니 지도학에 적용되는 부분을 찾아서 익히기 위해서 글꼴 이론의 상세한 부분까지 훑어보는 것이 지리 전문가, 특히 지리 분석가들의 시간을 낭비하는 것처럼 여겨지기도 했다. 이 장의 목적은 초보자의 영역에서 벗어나서 전문가 수준의 지도를 제작하기 위해 필요한 글꼴 이론을 제공하는 것이며, 따라서 지도에 적합한 글꼴 이론 부분에 대해 중점을 두고 있다 이를 통해 지도와 관련 없는 글꼴 이론들을 배우느라 시간을 낭비할 필요 없이 훌륭한 지도를 만들기 위해 필요한 글꼴 관련 정보들을 제공할 것이다.

전체적으로는 우선 다양한 글꼴 범주들에 대해서 그리고 그 각각이 어떤 용도에 적합한지를 배우고, 보편적으로 사용되는 글꼴들에 대한 기초 지식을 배울 것이다. 그다음으로는 글꼴의 다양한 변형을 통해 내용을 강조하거나 덜 중요해 보이도록 하고, 또 시각적 연속성을 확보하는 등 다양한 효과를 얻는 방법에 대해 기술한다. 글꼴의 선택과 변형에 대한 내용 뒤에는 글꼴이 적용된 글 자료의 배치에 대한 설명하고, 마지막으로 특수한 글꼴들을 사용해 보거나 혹은 본인만의 글꼴을 만들어 사용하고자 하는 이를 위해 도움이 될 만한 자료의 목록을 정리하여 포함했다.

✦ 올바른 글꼴 선택

저자는 글꼴(font)이라는 단어를 'Futura', 'Arial'과 같은 이름을 갖는 글자 디자인의 의미로 사용했다. 글꼴은 많은 사람들이 일반적으로 글자의 모양을 구분할 때 사용하는 단어가 되었지만, 좀 더 정확한 용어는 서체(typeface)이다. 전통적인 의미에서 서체는 Futura처럼 글자의 스타일 그룹 이름을 지칭하는 반면에, 글꼴은 'Futura 12포인트 이탤릭체'와 같이 특정한 옵션이 적용된 서체를 지칭하는 것이었다. 글꼴은 컴퓨터 화면이나 인쇄물에서 글 자료가 표시되는 형식을 지칭하는 구체적인 의미였으나, 최근 들어서는 '서체'라는 용어가 가진 의미를 포괄하는 용어로 사용되고 있다.

지도 속의 라벨을 포함해 지도 페이지 여러 부분에 사용되는 글꼴을 선택할 때는 레이아웃의 형식, 라벨이 지시하는 사상(feature), 글 자료의 용도 등 여러 요소를 고려해야 한다. 글꼴은 서체 스타일과 글자의 높이, 넓이, 획의 굵기 등의 글꼴 속성에 따라 달라진다. 각 글꼴의 형태는 비록 같은 범주의 서체라 하더라도 매우 다양할 수 있으며 따라서 지도를 디자인할 때는 사용된 글꼴들이 결과물에서 어떻게 보이는지를 주의 깊게 고려해야 한다. 어떤 글꼴을 사용하는지의 선택은 당신이 만든 지도가 다른 사람들이 만든 것과 구분되어 고유하게 보일 수 있도록 하는 방법이며, 따라서 단순히 기본 옵션들만 선택하지 말고 본인만의 전문적인 기술을 추가한 것으로 보이게 하는 좋은 방법이다.

이 장에서는 글꼴들을 세리프, 산세리프, 장식체, 필기체 등 네 가지 유형으로 분류하여 설명한다. 장식체와 필기체 글꼴은 본질적으로 세리프, 산세리프 범주에 포함될 수 있지만, 여기서는 그 글꼴들이 일반적인 세리프나 산세리프 글꼴들과는 미적 측면에서 매우 다르기 때문에 별도로 구분하여 설명했다.

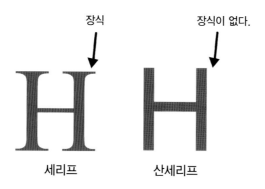

그림 4.1 '장식'의 유무는 세리프 글꼴과 산세리프 글꼴을 구분하는 기준이다.

세리프와 산세리프

세리프(Serif) 글꼴과 산세리프(Sans-serif) 글꼴의 차이를 알 필요가 있는데, 왜냐하면 그 차이에 대한 이해가 지도의 목적에 맞는 글꼴을 선택하는 데 중요한 영향을 미치기 때문이다. 우선 세리프 글꼴이 무엇이고 산세리프 글꼴이 무엇인지 살펴보자. 간단하게 말하면 세리프 글꼴은 '장식(doohickey)'을 포함하고 있고 산세리프 글꼴은 포함하고 있지 않다는 것이다(그림 4.1 참조). 좀 더 학술적으로 설명하면 *Sans*은 라틴어 *sine*(~없이)에서 유래했고, *serif*(짧은 선)은 네덜란드어 *schreef*(획 긋기) 또는 중세 네덜란드어 *shriven*(쓰기) 또는 라틴어 *scribere*(쓰기)에서 유래되었다. 글꼴은 대게 이 두 가지 글꼴 그룹 중 하나에 포함된다.

동일한 글꼴 그룹에 속하더라도 개별 글꼴은 상당히 다를 수 있음을 명심하자. 지도나 레이아웃에 사용할 글꼴을 선택할 때는 주요 글꼴들에 대한 표본 텍스트들을 비교해 보는 것이 좋다. 그림 4.2의 예들은 (다음 절에서 설명할) 각 글꼴의 다양한 특성들을 보여 주는 기본적인 설명이다. 사례 글꼴들은 모두 12포인트 크기로 각 글꼴의 서체 스타일, 글자 높이, 선 굵기를 쉽게 비교해 볼 수 있다. 글꼴 이름은 MS 윈도우에서 사용하는 이름을 기본으로 표시하였고 유사한 맥(Mac)용 글꼴이 있는 경우는 괄호 안에 추가로 표시했다. 이외에도 유상으로 구매하거나 무상으로 배포되는 다양한 글꼴이 있으며, 특히 인터넷 지도를 위해서 사용할 수 있는 오픈소스 글꼴도 많이 제공되고 있다.

장식의 유무는 거리와 해상도 같은 조건에 따른 글 자료의 가독성과 관련이 있다. 글꼴에 있어서 글자들 사이의 식별 용이성을 뜻하는 텍스트 가독성(legibility)에 있어서 세리프 글꼴은 가까운 거리에서 보는 해상도 높은 인쇄물에서 가독성이 높은 것으로 평가된다. 텍스트 가독성의 차이는 사례를 통해 가장 잘 설명될 수 있다.

그림 4.3은 *Illustration*이라는 단어를 세리프체와 산세리프체 두 가지로 보여 주고 있다. 눈에 띄는 점은 산세리프체를 사용했을 때는 앞 세 글자('Ill')가 같은 모양으로 보여 식별

세리프 글꼴

Baskerville*	Mapping
Bodoni MT	**Mapping**
Bookman Old Style	Mapping
Courier New (Courier)	Mapping
Garamond	Mapping
Georgia	**Mapping**
Palatino Linotype (Book Antiqua)	Mapping
Times New Roman (Times)	Mapping

산세리프 글꼴

Arial (Helvetica)	**Mapping**
Century Gothic	Mapping
Comic Sans MS	**Mapping**
Gill Sans MT	Mapping
Impact	**Mapping**
Lucida Sans Unicode (Lucida Grande)	**Mapping**
Tahoma (Geneva)	**Mapping**
Trebuchet MS	**Mapping**
Verdana	**Mapping**

그림 4.2 일반적으로 이용되는 글꼴 목록이다. 왼쪽에 글꼴의 이름이, 오른쪽에 그 글꼴로 표시된 '*Mapping*'이라는 단어가 표시되어 있다. 어떤 글꼴을 사용할지 결정할 때 참고할 수 있다.

Illustration　　Illustration

세리프　　　　　산세리프
(Times New Roman)　　(Arial)

그림 4.3 단어 'Illustration'을 세리프 글꼴과 산세리프 글꼴로 각각 표시했다.

하기 어렵다는 것이다. 따라서 가까이에서 읽게 되는 글 자료에는 세리프 글꼴을 사용하는 것이 적합하다는 것을 알 수 있다. 예전에는 모니터 해상도가 낮아서 인터넷 지도에서는 산세리프 글꼴만을 사용하는 것이 일반적이었다. 그러나 요즘은 대부분의 디지털 장비들이 과거보다 해상도가 높아져 산세리프와 세리프 글꼴 모두 쉽게 식별할 수 있다. 이제 인터넷 지도에서 어느 종류의 글꼴을 사용할 것인가는 해상도보다는 지도 제작자의 선호도에 따라 결정되는 것이다.

다만 포스터에 들어가는 제목과 같이 짧은 문구는 멀리서 볼 때도 읽기 쉽도록 산세리프 글꼴을 사용하는 것이 좋다. 저자 자신도 이 규칙을 처음 들었을 때 실제로 먼 거리에서 산세리프 글꼴이 가독성이 더 높은지를 확신할 수 없었다. 그래서 100포인트 크기의 동일한 문구를 세리프 글꼴인 Times New Roman과 산세리프 글꼴인 Arial 글꼴로 인쇄해서 먼 거리에서 얼마나 쉽게 읽히는지 비교해 보았다. 확실히 약 2미터(6피트)보다 먼 거리에서는 Arial 글꼴이 Times New Roman 글꼴보다 훨씬 더 쉽게 읽을 수 있다는 것을 확인할 수 있었다. 의심되면 직접 실험해 보길 바란다.

Georgia 글꼴(세리프)과 Verdana 글꼴(산세리프)들은 디지털 디스플레이를 위해 특별히 만들어진 글꼴이다. 두 글꼴은 각각 1993년과 1996년에 카터앤콘타이프(Carter & Cone type) 사의 매튜 카터(Matthew Carter)가 디자인하여 마이크로소프트 사에 납품했다. 컴퓨터 모니터는 픽셀(pixel)이라는 작은 정사각형을 단위로 이미지를 보여 주기 때문에 저해상도 장비에서 글꼴이 삐뚤삐뚤하게 나타날 수 있다. Georgia와 Verdana 글꼴은 그런 문제가 없도록 특별히 고안된 글꼴로서 어떤 형태의 인터넷 지도에도 무난하게 사용할 수 있다.

Verdana는 제작사 주변의 산뜻한(verdant) 환경과 프로젝트 책임자의 딸 이름 'Ana'를 조합하여 만든 이름인데, 작은 글꼴로도 컴퓨터 화면에서 매우 잘 읽힌다는 장점을 가지고 있다.[1] 넓은 폭의 글자와 자간 간격, 그리고 소문자 알파벳이 상대적으로 크게 디자인되어 가독성이 높다. 알파벳들은 서로 쉽게 구분될 수 있도록 디자인되어 있다. 특히 대문자 'I'는 소문자 'l'과 쉽게 구분될 수 있도록, 산세리프 글꼴임에도 불구하고 세리프 글꼴처럼 장식을 사용하고 있다. 다른 글자들은 "텍스트는 'ff'와 'fi'처럼 붙어 있는 알파벳도 겹치지 말아야 한다."와 같은 일반적인 글꼴 디자인 요건들에 따라 디자인되었다.

Georgia 글꼴은 보기 좋고 가독성이 높아 최근 10여 년 동안 매우 인기 있는 글꼴이 되었다. 재미있는 사실은 이 글꼴의 이름이 "외계 우주선이 조지아 주에 착륙했다."는 내용의 타블로이드지 머리기사에서 유래했다는 것이다. Verdana 글꼴과 마찬가지로 작은 글꼴로도 가독성이 높고, 소문자가 상대적으로 크게 디자인되어 있다. 또한 컴퓨터 화면상의 가독성에 있어서 Times New Roman 글꼴보다 우월하며 이탤릭체도 매력적으로 표현하는 것으로 평가된다. Georgia 글꼴에 대해 한 가지 주의해야 할 점은 지도 라벨에 아라비아 숫자들이 들어갈 때는 이 글꼴이 적합하지 않다는 것인데, 이는 아라비아 숫자들의 높낮이가 일정하지 않게 표시되기 때문이다(그림 4.4 참조).

높낮이가 일정하지 않은 Georgia 글꼴의 아라비아 숫자 표기는 보통의 영어 알파벳 소문자 표기에서 나타나는 일반적인 특징과 같은 것이다. 이 때문에 어떤 이들은 Georgia 글꼴의 아라비아 숫자들이 높이가 동일한 것으로 표시되는 다른 글꼴의 아라비아 숫자들보다 읽기 쉽다고 말하기도 한다(이것은 알파벳 소문자가 높낮이가 달라서 대문자보다 읽기 쉽다고 말하는 사람들과 같은 논리이다). 그러나 일반적으로 아라비아 숫자로만 구성된 지도 라벨이라면 Georgia 글꼴이 적합하다고 할 수는 없다. 예를 들어, 인터넷 지도상의 산(山) 높이를 라벨로 표시할 때는 Verdana 글꼴을 사용하는 것이 가독성을 위해 추천할 만할 것이다. 대신 문장 중간중간에 들어가는 아라비아 숫자들의 경우에는 Georgia 글꼴이 더 적합할 것이다.

$$123456789$$

그림 4.4 Georgia 글꼴로 숫자를 표시하면 높낮이가 일정하지 않다.

장식체 글꼴

지리와 지도제작 분야에서 전문가들이 사용하는 글꼴은 일반적으로 세리프와 산세리프 글꼴로 구분할 수 있지만, 이외에도 몇 가지 글꼴 유형이 있다. 장식체(decorative) 글꼴은 그 자체로 역사상의 특정한 시점이나 장소, 사람 또는 특정 주제를 연상하게 하는 글꼴을 말한다. 어떤 글꼴을 보고 중세의 기사나 켈트 족의 역사, 드넓은 우주나 공상과학 소설 등을 연상하게 하는 것이다. GIS 지도에서 장식체 글꼴이 사용되는 경우는 지도가 표현하는 주제와 일치하는 느낌을 글 자료로 표현할 때로, 분석적 측면이 강조되는 지도에서는 거의 사용되지 않는다. 분석적 분야의 지도에서는 세리프나 산세리프 형식의 표준 글꼴을 사용하는 것이 일반적이다.

분석적 목적의 지도라고 해서 항상 표준 글꼴만을 사용해야 하는 것은 아니다. 오래된 서부 영화에서 나온 카우보이들이 방문했던 마을들의 실제 위치를 표시한 지도를 제작할 필요가 있을 수도 있다. 이것은 확실히 전통적인 분석 지도라 할 수는 없다. 이때가 바로 당신이 오래전에 무료 사이트에서 다운로드해서 갖고 있지만 아직 사용해 보지 못한 Wild West 글꼴을 사용할 수 있는 기회가 될 것이다. 하지만 명심해야 할 것은 이 글꼴은 제목과 부제목 같은 짧은 글 자료에만 사용해야 한다는 것이다. 긴 문단에 장식체 글꼴을 사용하면 가독성을 떨어뜨려 독자의 이해 속도를 현저하게 느리게 할 것이기 때문이다.[2] 그림 4.5[3]에 있는 글꼴과 같은 장식체 글꼴들은 온라인에서 다양하게 찾아볼 수 있다. 상세한

Olde English

OUTER SPACE

THE WILD WEST

그림 4.5 장식체 글꼴의 세 가지 사례[3]

내용은 이 장의 끝 부분의 '참고 자료' 절에서 확인할 수 있다.

필기체 글꼴

필기체(script) 글꼴[또는 수기(handwriting) 글꼴]도 어느 정도 장식적인 형식의 글꼴이다. 장식체 글꼴처럼 긴 문장에서는 가독성이 떨어지기 때문에 짧은 글 자료를 표현할 때만 적용해야 한다. 필기체 글꼴들은 글자 끝의 꼬부라짐, 서예체, 또는 필기체처럼 화려한 장식을 포함하고 있어서 단순한 세리프나 산세리프 글꼴보다 우아하고 공식적인 느낌을 부여한다.

필기체 글꼴들은 만(灣), 바다, 해협(海峽), 강과 같은 수역(水域, body of water)의 이름을 표기하기 위해 자주 사용되므로 장식체 글꼴보다는 GIS 사용자에게 더 익숙하고 유용한 글꼴이다. 또한 라벨이 많이 표기된 지도에서 서로 다른 유형의 지도 사상들을 구분하기 위해 사용되기도 한다. 그리고 앞서 언급한 Wild West 글꼴의 경우처럼 지도 레이아웃 디자인의 제목이나 작은 글 상자에 필기체 글꼴을 사용하는 것이 적합한 또 다른 상황이 있을 수 있다. 전형적인 GIS 분석가들에게는 생소한 일이 되겠지만 공원과 해변 등과 같이 어떤 도시에서 결혼식 장소로 자주 사용되는 모든 지역을 표시하는 지도를 만드는 경우를 생각해 보자. 전통적으로 청첩장에 필기체 글꼴이 사용되었음을 고려해 볼 때 결혼식 장소 지도의 지명 표기 및 제목과 부제목에 필기체 글꼴을 사용하는 것은 아주 자연스러운 일일 것이다.

컴퓨터의 운영체제에는 상당수의 필기체 글꼴들이 포함되어 있으며 또한 온라인에서도

The Freestyle Script

An elegant script called Exmouth

An elegant script called CommScriptT T

그림 4.6 필기체 글꼴의 세 가지 사례[4]

다양한 필기체 글꼴을 찾아볼 수 있다. 그림 4.6은 흔히 사용되는 필기체 글꼴 몇 가지를 보여 주고 있다.[4]

글자 높이, 폭, 획 굵기

각각의 글꼴은 고유의 글자 높이(letter height), 폭(width), 획 굵기(line thickness)를 가지고 있다. 예를 들어 Bookman Old Style 글꼴은 Garamond 글꼴보다 높고 넓은 글자에 획이 굵은 글꼴이다. 이것은 알파벳 대문자와 (h와 k같이) 삐침이 올라간 소문자, (a와 e같이) 낮은 소문자, (g와 j같이) 삐침이 내려간 소문자 모두에 동일하게 적용된다(그림 4.7 참조).

이와 유사하게 Arial 글꼴과 Times New Roman 글꼴도 글자 높이가 서로 다른데, 비율로 봤을 때 100포인트의 Times New Roman 글꼴이 96포인트의 Arial 글꼴과 거의 같은 높이이다. 따라서 지도를 고치면서 글꼴을 바꿀 경우에는 전과 동일한 가독성을 확보하기 위해 글꼴의 크기를 바꿔야 할 필요가 있을 수 있다는 것을 명심해야 한다. 예를 들어, 8포인트 Arial 글꼴의 도시 라벨을 같은 크기의 Times New Roman 글꼴로 수정하면 수정된 라벨이 너무 작을 수도 있다는 것이다. Times New Roman 글꼴을 사용하려면 동일한 가독성을 위해 9포인트나 10포인트의 크기로 증가시켜야 할 것이다.

대부분의 글꼴에서 각 알파벳은 그 형태에 따라 고유의 높이/폭 비율을 가지고 있지만, 몇몇 글꼴에서는 모든 알파벳이 같은 폭을 갖기도 한다. 이러한 글꼴들을 모노타입(monotype) 글꼴이라고 한다(세리프, 산세리프와 무관하게). Courier 글꼴은 세리프 글꼴 중 대표적인 모노타입 글꼴이다(그림 4.8 참조).

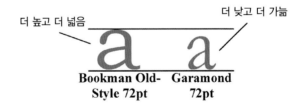

그림 4.7 두 글꼴은 동일한 크기일 때도 글자 높이와 폭에 있어서 상당한 차이를 보이고 있다.

그림 4.8 Times New Roman 글꼴과 비교한 Courier New 글꼴. Courier New 글꼴은 모노타입 글꼴로 모든 알파벳이 같은 폭을 가진다.

```
433509        433509
256798        256798
613257        613257
659310        659310
  Times       Courier
New Roman       New
```

그림 4.9 아라비아 숫자가 여러 개 겹쳐 있는 여러 자리 수를 표시할 때는 Courier New 글꼴과 같은 모노타입 글꼴을 사용하는 것이 가독성을 더 높여 준다. (다음 장인 제5장 '색'에서 색깔의 숫자 코드들은 모두 Courier New 글꼴로 표기되어 있다.)

Courier 글꼴은 구식 타자기로 작성된 문서를 연상하게 하여 지루하거나 조금 못생긴 모양으로 생각될 수도 있지만, 이 글꼴은 지도 레이아웃에 많은 숫자 값이 들어간 자료표를 넣을 때 매우 유용하다. 모든 아라비아 숫자의 폭이 같고 각 숫자 사이에 충분한 여백이 있기 때문에 다른 글꼴의 숫자보다 훨씬 읽기 쉽다는 장점을 가지고 있다(그림 4.9 참조).

획의 굵기 또한 글꼴을 선택할 때 고려해야 할 요소 중 하나이다. 모든 글꼴은 글자를 구성하는 획의 굵기가 달라서 독자들에게 완전히 다른 느낌을 줄 수 있기 때문이다. 그림 4.9의 사례에서 볼 수 있듯이 Times New Roman 글꼴이 Courier New 글꼴보다 훨씬 두꺼운 획 굵기를 가지고 있다.

✦ 글꼴 조정

지금까지 글꼴들 사이에 글자 높이, 폭, 획 굵기가 얼마나 다양한 차이가 있는지 살펴보았다. 그러한 기본적인 글꼴 특징에서 시작하여 각 글꼴의 가독성을 증가시키거나 감소시키는 방법으로 지도에 사용되는 글 자료를 표현하기에 적합한 글꼴을 만들 수 있다. 우선 가장 쉽게 그 목적을 달성할 수 있는 방법은 글자 포인트의 크기를 바꾸는 것이다. 그다음으로 글자 간 여백, 자간(字間) 조정, 이탤릭체 변환, 글자색 변환 등 몇 가지 다른 기술들이 있는데, 우선 포인트 크기에 대해 살펴보고 다른 옵션들에 대해서도 살펴보도록 하자.

포인트 크기

앞서 같은 포인트 크기(point size)라도 글꼴마다 글자 크기가 조금씩 다르다는 것을 설명했다. 거기에 더하여 지도에 사용된 글 자료의 중요도와 독자의 눈과 자료와의 물리적 거리에 따른 글꼴 선정 지침이 필요하다. 예를 들어, 일반적으로 독자가 눈앞에 두고 읽게 되는 A4용지 인쇄물에서는 본문 글은 10~14포인트, 제목처럼 강조가 필요한 글자들은 14~20

포인트 글꼴을 사용하는 것이 권장된다. 실제 인쇄물에서 1인치, 즉 25.4밀리미터는 72포인트 정도이며, 포인트(pt)라는 크기 단위는 전자출판(DeskTop Publishing, DTP)에서 일반적으로 사용되는 단위이다.

$$1인치 = 25.4mm = 72포인트(pt)$$

글자 높이 1인치는 H나 I처럼 대문자 알파벳의 높이와 g나 y와 같이 삐침이 내려간 소문자 알파벳의 하단선 사이의 총 길이이다(그림 4.10 참조).

시선 거리(viewing distance)가 글꼴 크기를 결정하는 주된 변수이므로 두 가지 주된 시선 거리에 대해 살펴보자. 우선 앞에서 언급한 사례처럼 눈과 지도의 거리가 0.5미터 정도로 가까운 경우이다. 시선 거리와 관련하여 레이아웃의 크기가 아니라 포인트 크기에 대해 이야기하고 있는 것에 주목하자. 큰 지도이건 작은 크기의 지도이건 보고서에 포함된 지도의 글 자료는 같은 글꼴 크기로 해야 하는데, 두 가지 모두 동일한 거리에서 읽을 수 있어야 되기 때문이다. 이 정도 가까운 시선 거리에서도 6포인트보다 작은 글꼴 크기의 글 자료는 가독성이 떨어지기 때문에 사용해서는 안 된다. 어느 글꼴을 사용하는가에 따라서 약간의 차이가 있겠지만 본문은 12~14포인트, 제목은 16~20포인트 크기의 글꼴을 사용하는 것이 가장 무난하다.

학회 발표장의 포스터 세션이나 사무실 게시판에 전시하는 포스터 크기의 지도 출력물의 경우는 시선 거리가 비교적 멀다. 이 경우의 실제 시선 거리는 얼마나 될까? 인터넷 검색으로 알아본 바로는 포스터를 디자인할 때 약 2~3미터 거리에서 읽을 수 있을 정도의 크기로 하라고 추천하고 있다. 학회장에서 포스터를 보고 있는 사람들의 사진을 본 적이 있는가? 개인적인 경험에 의하면 대부분의 사람들은 포스터를 볼 때 대략 팔 길이 정도의 거리, 즉 1미터 이내의 거리에서 읽고 있었다. 이는 포스터 제작자가 글자 크기를 충분히 크게 하지 않아서 사람들이 포스터의 글자를 읽기 위해 어쩔 수 없이 훨씬 가까운 거리에서 포스터를 보고 있는 것이거나 그게 아니라면 그 거리가 포스터를 읽기에 좀 더 자연스러운 거리이기 때문일 것이다. 나는 후자일 것이라고 생각하는데 그 이유는 너무 멀리 떨

그림 4.10 글꼴의 포인트 크기는 삐침이 내려간 소문자의 하단선과 대문자의 상단선 사이의 거리이다. 포인트 크기가 같더라도 글꼴마다 알파벳 글자 높이가 상이하므로 글자 크기는 조금씩 달라진다.

어진 거리에서 포스터를 바라보는 경우에는 복도를 막고 다른 사람들의 통행을 방해하게 되거나 때로는 다른 사람들이 당신과 포스터 사이를 지나다니거나 해서 포스터 관람을 방해하는 경우가 자주 발생하기 때문일 것으로 짐작할 수 있다.

시선 거리가 예상보다 가깝다고 해서 포스터의 글 자료에 무조건 작은 글꼴을 사용해야 한다는 것은 아니다. 원한다면 포스터 내용의 본문이나 지도 라벨에 작은 글꼴 크기를 사용할 수 있다. 하지만 여기서 '시간'이라고 하는 다른 요소를 고려해야 한다. 대형 포스터는 특정 주제에 대해 간략한 개요를 보여 주는 것이다. 따라서 사람들이 수많은 포스터를 모두 보기 위해서 개별 포스터 앞에 머무르는 시간이 짧다는 사실을 기억해야 한다. 포스터 내용의 본문과 지도 라벨의 글꼴 크기는 작게 해도 괜찮지만 포스터나 지도의 제목과 부제목처럼 중요한 내용은 1미터 이상의 먼 거리에서도 쉽게 읽을 수 있도록 충분히 큰 글씨 크기를 사용해야 한다는 것이다. 제목과 같은 내용들이 쉽게 읽히고 사람들의 관심을 모아야 비로소 포스터의 내용을 자세히 읽어 보기 위해 사람들을 포스터 가까이 오도록 할 수 있기 때문이다.

학회 발표용 포스터와 같은 용지 크기지만 설계 도면과 같은 대형 출력용 지도는 완전히 반대의 목적을 가지고 있다. 설계 도면과 같은 경우는 포스터와는 달리 시선 거리가 가깝다는 것을 전제로 하여 작성한다. 그것을 대형 용지에 출력하는 이유는 단지 필요한 모든 정보를 작은 용지에서는 모두 표현할 수 없기 때문이다. 그런 경우에는 라벨, 범례, 설명글 등 본문 글자뿐 아니라 제목이나 부제목도 A4용지와 같이 작은 크기의 용지에서 사용하는 작은 크기의 글꼴을 사용해도 무방하다. 이들 지도나 도면들은 학회장에서 잠깐 지나가며 살펴보는 것이 아니라 시간을 두고 상세하게 검토하고 해석된다는 것을 전제로 제작하는 것이기 때문이다.

시선 거리에 따라 포인트 크기를 어떻게 결정해야 하는지 구체적인 가이드라인이 궁금할 것이다. 저자가 다양한 글꼴 크기에 대한 여러 가지 추천 사례를 살펴보았지만 모두가 달랐으며 적합한 실험을 거쳐서 그런 결론을 얻었는지도 의심스러웠다. 그래서 시간을 두고 다른 포인트 크기의 여러 가지 글꼴을 출력해서 벽에 붙이고 벽으로부터 거리를 바닥을 표시해서 여러 사람들과 여러 번 측정하여 실험한 결과 GIS 지도의 디자인에 적합한 글꼴 크기 가이드라인을 얻을 수 있었다.[5]

다양한 크기의 출력 용지와 다양한 시선 거리에서 여러 글꼴의 가독성을 실험한 결과 지도 디자인에 포함될 글 자료 작성에 적용할 수 있는 글꼴 크기 도표를 작성했다. 가장 보편적으로 사용되는 두 가지 글꼴인 Times New Roman(세리프) 글꼴과 Arial(산세리프) 글꼴을 시선 거리와 글 자료 유형에 따라 도표로 구성했다. 연구결과에 따르면 3미터 이내의 거

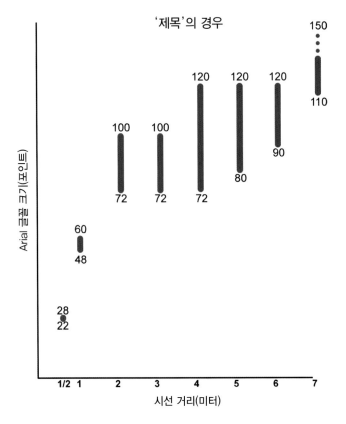

그림 4.11 '제목'의 경우 시선 거리에 따른 추천 글꼴 크기. 3미터 거리에서 읽도록 계획된 지도에서 Arial 글꼴을 사용할 경우 72~100포인트 크기의 글꼴로 제목을 표기하도록 한다.

리에서는 글꼴 자체의 크기 차이(같은 포인트 크기라도 글꼴마다 조금씩 크기가 다르다는 것) 가 가독성에 별로 영향을 주지 않았다. 3미터 이상의 먼 거리에서는 작은 크기의 글꼴인 Times New Roman 글꼴로 Arial 글꼴과 동일한 가독성을 얻기 위해서는 글꼴 크기를 조금 더 크게 해야 한다는 것을 발견했다. 그림 4.11, 그림 4.12, 그림 4.13은 글꼴 크기와 가독 성 간의 상관관계에 대한 실험결과이다. 기억해야 할 것은 이 실험결과를 지도 디자인 작 업을 위한 가이드라인으로 사용할 수는 있지만, 이 결과는 주관적이고 지도 제작의 목적과 같은 다양한 요인에 따라서 유동적으로 적용해야 한다는 사실이다. 그 때문에 도표의 추천 글꼴 크기의 범위가 상당히 크게 제시된 것이다. 글꼴 크기를 얼마로 해야 할지 잘 모르겠 다면, 당신이 선택한 글꼴들을 몇 가지 다른 크기로 출력해서 벽에 붙이고 원하는 시선 거 리에서 가독성이 어떻게 달라지는지 직접 실험해 볼 것을 추천한다.

이들 그래프에 따르면 먼 시선 거리에서 읽는 포스터에서는 본문 글 자료는 최소 18포인 트, 제목은 90~120포인트, 지도 라벨과 캡션에 대해서는 그 사이 크기 글꼴이 적합하다. 메타데이터 형태의 글 자료, 즉 일반 청중에게는 보일 필요가 없는 파일 경로, 법적 공지와

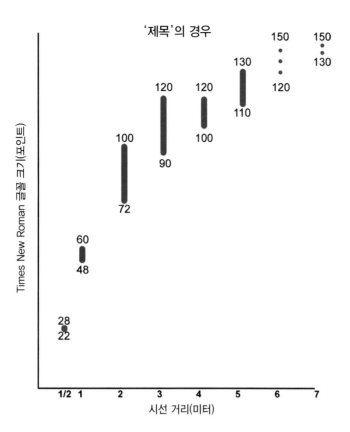

그림 4.12 '제목'의 경우 시선 거리에 따른 추천 글꼴 크기. 3미터 거리에서 읽도록 계획된 지도에서 Times New Roman 글꼴을 사용할 경우 90～120포인트 크기의 글꼴로 제목을 표기하도록 한다.

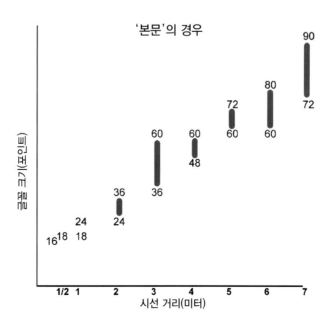

그림 4.13 '본문'의 경우 시선 거리에 따른 추천 글꼴 크기. 대부분의 글꼴에 대해 동일하게 적용할 수 있다.

같은 글 자료는 12 ~ 14포인트의 작은 글꼴을 사용해도 무방하다.

기타 글꼴 조정

앞에서 글꼴 종류와 글꼴 크기에 따라 지도와 레이아웃에 들어가는 글 자료의 가독성이 어떻게 달라지는지를 알아보았다. 이 절에서는 글 자료의 글꼴을 조정하는 다른 방법들을 살펴볼 것이다. 지도의 레이아웃을 디자인하거나 지도에 라벨을 추가하거나 범례를 수정하는 등의 작업에서 글꼴을 변경하는 것은 지도 제작자의 디자인 의도에 따라서 다양하게 적용할 수 있다. 우선 글 자료를 강조하기 위한 여러 가지 방법이 있다. 가장 간단하게 제목이나 지도 라벨을 강조하여 표현할 수 있는 방법은 글자 사이의 간격을 조정하는 것이다. 흔히 자간 혹은 글자 간격(character spacing, letter spacing, tracking)이라 불리는데, (Courier 글꼴과 같은) 폭이 넓은 글꼴을 사용했을 때 얻는 효과와 유사하지만 모든 글꼴에 사용할 수 있다는 장점이 있다(그림 4.14와 4.15 참조).

기울임 글꼴(이탤릭체)은 지도 라벨이나 제목을 표기할 때 다른 글 자료와 구분되게 하는 방법이다. 이탤릭체는 원래 같은 글꼴이라도 조금 작게 보이도록 하여 글꼴이나 글꼴 크기를 바꾸지 않고도 작은 공간에 넣을 수 있도록 고안되었다. 지도 라벨에서 이탤릭체를 사용할 때는 하천이나 바다 같이 특정한 지도 사상들의 이름을 표기하기 위해 사용된다. 이탤릭체는 제목을 부제목과 구분할 때 사용할 수도 있고, 지도 주변 요소의 글 자료처럼 눈에 덜 띄도록 해야 하는 경우에도 사용할 수도 있다(그림 4.16과 4.17 참조). 반대로 긴 문장 속에서 한 단어나 글자를 강조할 필요가 있을 때도 이탤릭체를 사용할 수 있다. 이탤릭체를 사용할 필요가 있을 때는 일반 글꼴을 이탤릭체로 바꿔 사용하기보다는 가급적 이탤릭체 전용 글꼴(true italic font)을 사용하는 것이 좋다. 당신이 사용하고자 하는 글꼴 유형에 이탤릭체 전용 글꼴이 없다면 어쩔 수 없이 글꼴 옵션의 이탤릭체 옵션을 적용하여 사용해야겠지만 바람직한 것은 아니다.

굵은(bold) 글꼴은 일반적으로 제목이나 도시 이름과 같이 중요한 지도 사상의 라벨에 사용된다. 지도 사상을 중요도에 따라 여러 수준으로 구분할 수 있다면 굵은 글꼴은 그중에서 가장 중요한 사상을 더 강조하기 위해 사용한다. 예를 들면, 도시들을 표시한 지도에서 주요 도시들의 이름은 굵은 글꼴로 표기하고, 덜 중요한 도시들은 일반 글꼴로, 기타 소도시들은 더 작은 크기 글꼴로 표기하는 것이다. 굵은 글꼴을 사용한다고 해서 가독성이 높아지는 것은 아니라는 것을 기억해 두어야 한다. 즉 22포인트 굵은 글꼴은 22포인트 보통 글꼴과 같은 시선 거리에서 동일한 가독성을 가진다는 것이다.

글 자료 밑줄 표시는 GIS에서 거의 사용되지 않는다. 지도 라벨에 사용되지도 않고 제목을 제외한 어떤 글 자료에서도 일반적으로 사용되지 않는다. 제목과 부제목 표기에 간혹 사용되기도 하지만 제목이나 부제목을 강조하기 위해서는 단순한 밑줄보다 글 상자에 그림자 표시나 여백 조정 등 다른 기법을 적용하는 것이 일반적이다.

그림 4.14 오른쪽 지도는 자간을 확대해서 'Pacific Ocean'이라는 라벨이 넓은 바다 영역에 길게 표시되도록 했다.

그림 4.15 아래 지도에서는 자간을 확대해서 위 지도보다 주(州) 이름 라벨을 강조하고 가독성을 높였다.

The Many Places of Roy Rogers
Cities and Towns in Roy Roger's Westerns, Scaled by Number of Movie Mentions

그림 4.16 부제목에 이탤릭체를 사용하여 제목과 구분하고, 상대적으로 덜 중요하다는 의도를 전달할 수 있다.

PetersonGIS

그림 4.17 지도 레이아웃의 가장자리에 들어가는 주변 요소 글 자료는 이탤릭체를 사용하여 눈에 덜 띄도록 할 수 있다.

    자료 출처나 법적 공지 표기에서는 *DISCLAIMER*나 대문자 약어와 같이 대문자로만 구성된 단어가 사용되는 경우가 많다. 대문자로 표기된 글 자료는 같은 크기 글꼴의 소문자 표기에 비해 지나치게 강조되는 경향이 있다. 이런 경우에는 글꼴 크기를 약간 줄여서 눈에 덜 띄도록 하면 된다. 본문이 16포인트 크기 글꼴이라면 대문자 단어는 14포인트 크기 정도로 줄여서 표기하는 것이다. 본문의 글자가 더 작다면 그와 비례해서 대문자 글 자료의 글꼴 크기도 더 작게 하면 된다(예 : 보통 글자가 10~12포인트라면 대문자 단어는 1포인트 작게 표기하는 것이다). 16포인트 글꼴의 본문과 14포인트의 대문자 단어를 같이 사용한 사례들을 그림 4.18에서 볼 수 있다.

표준적인 규칙

지명과 같은 지도 라벨 표기에는 일반적으로 적용되는 몇 가지 전통적인 규칙이 있다. 이 책에서 언급한 다른 지도 제작 규칙처럼 항상 따라야 하는 규칙은 아니지만 당신이 그 규칙들을 따르지 않기로 결정한다면 그에 합당한 이유를 제시할 수 있어야 할 것이다. 따라서 그런 결정을 내리기 전에 그 표준 표기 규칙들이 어떤 내용인지 살펴보는 시간은 가져야 한다.

    강, 하천, 대양, 호수 등과 같은 수문 사상(hydrographic feature)의 라벨은 필기체 글꼴이나 이탤릭체를 사용해 표기한다. 바다 이름과 같이 전체를 대문자로 표기하는 경우를 제외하더라도 라벨의 첫 글자는 항상 대문자로 한다. 라벨의 글자 색은 사상을 표현하는 푸른 계통의 색깔보다 더 짙은 색을 사용하며, 호수 같은 다각형 수체(水體)의 경우에는 흰색 글자로 라벨을 표기하기도 한다. 흰색 글자의 라벨을 사용할 때는 굵은 글꼴을 사용하거나 배경이 되는 사상의 색을 진하게 하여 라벨 글자와 배경 간에 충분한 시각적 대조가 이루어지도록 해야 한다.

빨간색 표기는 지도 사상이 상대적으로 나쁘거나 부족하다는 것을 표시하기 위해 사용한다. 특정 지도 사상이 매우 중요한 경우에도 빨간색 라벨을 사용하여 강조하기도 한다. 반대로 녹색은 일반적으로 선함, 자연친화적, 또는 덜 중요한 느낌을 주는 지도 사상에 붙이는 라벨에 사용된다. 자연 공원, 숲, 산지와 같은 자연 지역의 라벨에는 갈색과 초록색 계열의 글자가 일반적으로 사용되는데, 종종 회색이나 검은색이 사용되기도 한다. 표고점이나 등고선 같은 고도 관련 라벨에는 갈색이 주로 사용된다.

산맥과 같은 산지 지형은 이탤릭체나 필기체가 아닌 글꼴의 대문자로 라벨을 붙이고 자간을 확대해서 라벨이 지형의 전체 영역에 넓게 걸치도록 표기한다. 마을이나 도시 이름은 전체를 대문자로 하거나 첫 글자를 대문자로 하여 표기한다. 인구 규모가 크거나 중요도가 높은 도시는 전체를 대문자로 표기하는 것이 일반적이며, 도시 이름에는 이탤릭체를 사용하지 않는다.

라벨의 글 자료와 지도 기호 사이의 간격은 범례나 지도 라벨 표시 모두에서 글꼴 크기의 절반으로 한다(그림 4.19).

(태평양과 같이) 매우 넓은 지역을 지칭하는 라벨을 표기할 때는 자간을 확대하는 것이 보통이지만, 자간이 글꼴 크기의 4배 이상이 되지 않도록 주의해야 한다. 자간이 너무 크면 개별 글자가 서로 떨어져 있어 한 단어로 보이지 않을 수도 있기 때문이다. 자간을 확대할 경우에는 세리프 글꼴이 가독성이 더 높다는 것도 기억해 두는 것이 좋다. 세리프 글꼴들에 있는 장식이 독자의 시선을 다음 글자로 유도하는 작용을 하기 때문이다.

DISCLAIMER: Joe County does not . . .
versus
DISCLAIMER: Joe County does not . . .

United States Geological Survey (USGS) data were downloaded in 2008
versus
United States Geological Survey (USGS) data were downloaded in 2008

그림 4.18 대문자 단어만 글꼴 크기를 줄여 표기한 사례. 대문자 단어가 상대적으로 크고 중요해 보이는 문제를 없애고자 할 때 유용한 방법이다.

그림 4.19 라벨의 글꼴이 20포인트 크기인 경우 라벨과 기호 사이의 간격은 그 절반 크기인 10포인트로 한다. 이 규칙은 지도 라벨과 범례에 모두 적용할 수 있다.

GIS 소프트웨어들이 고도화되면서 라벨 배치 도구들도 많이 개발되고 있지만, 지명 라벨들을 지시하는 지도 사상 위나 옆에 정확히 위치시키는 것은 여전히 어려운 작업이다.[6] 자동으로 텍스트 라벨들을 배치하는 소프트웨어 도구들의 성능이 최근 상당히 개선되기는 했지만, 자동화 도구를 이용해서 지명 라벨을 배치한 후에도 모든 라벨들이 실제로 당신이 원했던 위치에 배치되어 있는지, 실수로 삭제된 라벨은 없는지, 겹쳐져서 읽기 힘든 라벨은 없는지, 지도 외곽에 있어서 잘려 나간 라벨은 없는지 확인하는 것은 여전히 시간과 노력이 많이 소요되는 작업이다. 개별적인 확인을 통해 누락된 라벨이 있거나 중요한 지도 사상이나 다른 라벨과 중첩되어 있거나 혹은 페이지의 가장자리에 있어서 잘려 나간 라벨이 있으면 개별 라벨을 수작업으로 옮겨야 하는 것이다. 추후 수작업이 필수적이고 초기 세팅이 힘들다는 문제가 있지만 대량의 지명 라벨을 배치할 때는 자동화 도구가 매우 유용한 것은 부정할 수 없다.[7]

다행히 지도 제목, 설명글 상자, 법적 공지와 같이 지도 배치 디자인에서 글 자료를 배치하는 작업은 지명 라벨 배치에 비해 단순한 편이다. 지도 배치 디자인에서 글 자료를 배치할 때 적용되는 규칙은 다음과 같다.

- 모든 글 자료는 주변의 다른 글 자료, 지도, 여타 구분선 같은 것들과 동일 선상에 배치하여 정렬되었는지 확인한다.
- 포스터의 글 자료의 문단 설정에서는 배분 정렬(justified alignment)을 사용하지 않도록 한다. 배분 정렬된 글 자료는 한 행에 포함된 단어들을 문단의 좌/우 끝에 붙여서 정렬하는데, 그러다 보면 단어 사이 혹은 글자 사이에 상당한 여백을 만들게 된다는 문제가 있다. 배분 정렬된 글 자료는 빨리 읽기가 힘들기 때문에 대신 왼쪽 정렬을 사용하도록 한다. 왼쪽 정렬된 글 자료는 우측은 단어 길이에 따라 가지런하지 않게 정렬되지만 좌측 가장자리는 가지런히 정렬되고 글자 간격이 일정하게 유지되기 때문에 가독성이 높다.
- 대형 용지의 포스터 디자인에서는 본문을 줄 간격을 충분히 크게 하여 읽기 쉽도록 한다(다음 글 상자 참조).
- 글 자료가 길 때는 단락으로 구분한다. 조경에서 쓰는 용어 중에 3개의 법칙("어떤 식물을 심더라도 2그루나 4그루보다는 3그루를 심는 것이 보기 좋다.")이라는 것이 있는데 글 자료 배치에서도 적용해 볼 수 있다. 글 자료를 페이지 전체에 펼쳐서 배치하거나 단락 하나로 묶지 말고 3개 정도의 단락으로 나눠서 각 단락에 소제목을 쓴다든가 단락 간 여백을 주어 분리 배치하는 것이다. 꼭 3개 단락이 아니라도 가능하면 짝수 개

학회 포스터를 실눈 뜨고 보는 사람들

1단계(하수) : 포스터의 글 자료가 너무 다닥다닥 붙어 있어서 읽을 수가 없잖아! (아니면 공짜로 주는 술을 한 잔 해서 그런가?)

2단계(중수) : 읽어 봐도 뭔 소리인지 하나도 모르겠네!

3단계(고수) : 내가 실눈 뜨고 포스터를 뚫어져라 읽는 걸로 보이겠지. 이래야 공짜로 주는 음료수 한 잔이라도 얻어먹지!

   학회 포스터를 만드는 당신이 열심히 하면 1단계(하수)는 쉽게 제압할 수 있고, 경우에 따라서 2단계(중수)까지도 막을 수 있을 것이다. 하지만 3단계(고수)는 어쩔 수 없으니 포기하는 게 현명하다.

보다는 홀수 개의 단락으로 나누어서 구분되어 보이도록 하는 것이 좋다. 이렇게 구분된 단락들을 지도 페이지의 하단이나 오른쪽에 나란히 배열하는 것이다.

✥ 글 배치 방향

지도에 지명 라벨이나 다른 글 자료를 배치할 때 어쩔 수 없이 수평으로 배치하지 못하고 다른 방법을 찾아야 하는 경우가 생길 수 있다. 예를 들어, 파일 경로(예 : C : \지도\학회 포스터\) 같은 지도 주변 요소를 배치하는데 용지 공간이 없어서 지도 페이지의 측면을 따라 수직으로 구겨 넣지 않으면 안 되는 경우가 생길 수도 있는 것이다. 또는 지도에서 위쪽으로 흐르는 하천을 따라 하천 이름 라벨을 넣어야 하는 경우도 있다. 이런 경우에 글 자료를 어느 방향에 따라 배치할 수 있을지를 보여 주는 것이 그림 4.20의 도표이다. 가독성이 높은 글 배치 방향은 진한 색으로 표기되어 있고, 옅은 색일수록 가독성이 낮아 선호도가 떨어지는 글 배치 방향이다.

   그 외에도 몇 가지 기억할 만한 경험 규칙들이 있다. 지도 영역의 외곽에 있는 지명 라벨의 경우에는 지도의 중심 방향을 향하도록 방향을 배열한다는 것이 그런 규칙 중 하나인데, 막상 그 규칙을 적용하려고 하면 애매한 경우가 많다. 예를 들어 지도의 오른쪽 상단에 남북 방향으로 흐르는 강이 있다고 하자. 이 경우에는 그림 4.20의 가독성 규칙과 글 자료가 지도의 중심을 향하도록 한다는 경험 규칙이 상충하게 되는 것이다. 최선의 방법은 두 가지 방법을 모두 시도해 보고 가장 보기 좋은 것을 선택하는 것이다. 당신이 지도화하고

그림 4.20 방향에 따라 지명 라벨이나 지도 다른 글 자료의 가독성을 표시한 그림이다. *Mapping*이라는 단어의 색상이 짙을수록 가독성이 높은 방향이다.

자 하는 데이터의 특성과 지도 배치 디자인 아이디어에 따라서 상황에 가장 잘 맞는 방향을 선택하는 것이 필요하다.

지도 라벨의 배치와 방향 규칙들은 그림 4.21에 설명되어 있다. 하천의 라벨은 하천선 아래보다 위에 배치하는 것이 좋고, 가능하면 페이지의 중심을 향하도록 한다. 지명 라벨이 다른 지도 사상과 겹칠 때는 라벨에 후광 효과(halo)[a]를 주어서 읽기 쉽도록 한다. 후광은 가능한 한 작게 하며 후광의 색은 주 배경색과 최대한 비슷하게 한다. 강, 운하, 만(灣) 등의 수문 사상의 라벨은 이탤릭체나 필기체로 표기한다. 인쇄 지도에서 지도 제목은 왼쪽 상단처럼 찾기 쉬운 곳에 배치한다.

일반적으로 글자에 후광 효과를 쓰면 글꼴 디자인을 상당 부분 손상시키는 것으로 알려져 있다. 그럼에도 불구하고 지도 제작자들이 후광 효과를 사용하는 경우는 글 자료를 강조할 필요가 있거나 지도가 너무 복잡하고 짙은 색이어서 글 자료의 가독성을 높일 필요가 있기 때문이다.

어쩔 수 없이 후광 효과를 사용하게 되더라도 너무 큰 후광을 적용해서는 안 된다. 너무 큰 후광을 사용하면 글꼴이 가진 고유의 간격, 모양, 일관성, 높이, 수직 강조, 획 끝의 형태, 획의 기울기 등의 디자인 요소를 감추는 부작용이 발생하기 때문이다. 다른 규칙들과 마찬가지로 적절하게 사용되었을 때는 후광 효과가 지명 라벨을 겹치는 도로, 나무, 등고

a   역자 주 : 글자의 획 주위를 다른 색으로 채우는 방법

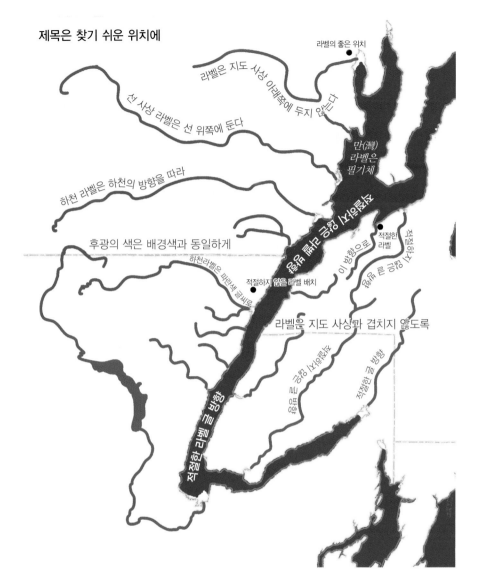

제목은 찾기 쉬운 위치에

그림 4.21 지명 라벨과 제목을 표기할 때 적용할 수 있는 배치 및 글 방향 규칙

선과 같은 지도 사상으로부터 분리되어 읽기 쉽도록 해 주지만, 맹목적으로 사용하면 오히려 가독성이나 지도의 완성도를 떨어뜨릴 수도 있다.

　그림 4.22~4.26은 후광 효과가 실제 지도에서 어떻게 나타나는지를 보여 주는 사례들이다. '핀치 크리크(Finch Creek)'라는 하천 주변의 식생 고도를 LiDAR로 측정한 결과를 지도화한 것인데, 다양한 후광 효과에 따라서 지명 라벨의 가독성이 어떻게 달라지는지를 비교하여 보여 주고 있다. 지명 라벨을 디자인할 때는 후광 효과를 적용하기 전에 가능하면 글꼴을 크게 하거나 글자 색을 바꿔 라벨을 가독성을 확보하는 방법을 먼저 고려해야 한

그림 4.22 후광 효과를 적용하지 않은 경우. 가독성이 낮다.

그림 4.23 하천 이름을 강조하기 위해 후광 효과를 크게 적용한 경우. 지도를 많이 가려 시각적 효과를 저해한다.

그림 4.24 작은 후광을 적용한 경우. 대부분의 경우 그림에서처럼 흰색의 기본 후광을 사용하는데, 시각적인 가독성이 낮다.

그림 4.25 지명 라벨 주변과 같은 색(이 경우 녹색)의 후광을 사용하면 글 자료의 가독성을 높이면서 지나친 강조 효과를 막을 수 있다.

다. 그 방법이 효과가 없어서 꼭 후광 효과를 써야 한다면 그림 4.22~4.26에서 제시한 기법을 사용하도록 한다.

글꼴, 글꼴 강조 기법, 글꼴 크기, 글 방향에 관한 규칙들을 잘 적용하면 독자가 쉽게 이해할 수 있고 보기에도 아름다운 지도를 디자인할 수 있다. 적절하게 디자인된 글 자료 혹은 지도 라벨을 사용하면 GIS 소프트웨어가 제공하는 기본 옵션을 사용하여 지도를 제작했을 때보다 훨씬 고품질의 지도를 만들 수 있도록 해 준다는 것이다. 실제로 최근 연구에

그림 4.26 그림 4.25의 경우처럼 지명 라벨에 지도 주변 색과 같은 색의 후광을 사용하면 지도가 표현하고 있는 자료(식생 고도) 값을 왜곡하여 전달하는 문제가 발생할 수 있다. 지도 자료의 정확도를 해치지 않고 지도 라벨의 가독성을 높이기 위해서는 지도를 조금 투명하게 (혹은 흐리게) 하여 지도와 라벨 사이의 형상−배경 대조(figure-ground contrast)를 높이는 방법을 사용할 수도 있다. 지도 제작자는 지도 자료의 왜곡을 최소화하는 디자인 옵션을 사용해야 한다.

따르면 미적으로 매력적인 것들이 그렇지 않은 것보다 기능적으로도 훨씬 더 효과적이라고 한다.[8] 당신이 다음에 지도를 디자인할 때는 이 점을 꼭 명심하기 바란다!

연습 문제

1. 산세리프 글꼴과 세리프 글꼴의 차이는 무엇인가?
2. 필기체 글꼴은 어떤 경우에 사용하는가?
3. 당신이 주변 지역의 지도를 만든다고 할 때 어떤 지도 사상들에 지도 라벨을 붙일지 3개만 선택하라. 이 장에서 제시한 지도 라벨 규칙을 적용하여 그 세 가지 사상을 지칭하는 라벨을 어떻게 디자인할 것인지 서술하라. 각각의 글꼴 유형(이탤릭체, 세리프, 산세리프 여부), 글꼴 색, 자간 등을 구체적으로 기술하라.
4. 수직 정렬된 숫자 값을 표기하기 적합한 글꼴 유형은 무엇인가? 그리고 알파벳 글 자료와 같은 문장에 포함된 숫자 값에 적합한 글꼴 유형은 무엇인가?
5. 글자 사이의 간격을 어느 정도로 하였을 때 문장을 어려움 없이 읽을 수 있는가?
6. 하천에 이름 라벨을 붙일 때 적용되는 세 가지 지도학 규칙을 나열하라.
7. 글 자료의 후광에는 어떤 색을 사용해야 하는가?
8. 1인치 글자 높이를 포인트(pt) 크기로 환산하면 얼마인가?
9. 도시와 마을에 이름 라벨을 붙일 때 적용되는 표준을 설명하라.
10. 시선 거리가 길 때 가독성이 가장 높은 글 자료 형태는 무엇인가?

참고 자료

Dafont.com은 다양한 고유 글꼴을 무상으로 제공하는 사용자 공동체 사이트이다. http://www.dafont.com.

Font List에서는 글꼴 목록을 클릭하면 각 글꼴의 표본을 볼 수 있다.
http://www.fonts.com/fontlist.

FontStruct에서는 개인 글꼴을 만들어 볼 수 있고 또 다른 사람이 만든 글꼴을 다운로드할 수 있다. http://www.fontstruct.com.

Linotype은 다양한 독창적이고 상표권이 붙은 글꼴을 유료로 제공한다.
http://www.linotype.com.

WhatTheFont에 캡처 혹은 스캔한 그림 파일을 올리면 그 그림에서 어떤 글꼴이 사용되었는지를 알려준다. http://www.myfonts.com/WhatTheFont.

✧ 주

1. 글꼴(서체)의 이름은 제작자의 딸 이름을 따라 명명하는 전통이 있는데, 간혹은 딸의 이름을 글꼴의 이름을 따라 짓기도 한다고 한다. 이 내용을 확인해 준 매튜 카터에게 감사한다(Matthew Carter, Re: Georgia Name, E-mail to Gretchen Peterson, 2008년 6월 29일).

2. A. Z. Zineddin, P. M. Garvey, R. A. Carlson, and M. T. Pietrucha, "Effects of Practice on Font Legibility," *Perception and Performance 4, Human Factors and Ergonomics Society Annual Meeting Proceedings* (2007): 1717-1720.

3. Wild West Shadows font, 2001, West Wind Fonts, http://moorstation.org/typoasis/designers/westwind/ (2013년 10월 8일 접속); Dieter Stefman, Olde English font, 2006, http://www.dafont.com/olde-english.font (2013년 10월 8일 접속). Outer Space 글꼴은 온라인에서 찾을 수 없었다.

4. Freestyle 필기체 글꼴은 MS 윈도우와 함께 제공된다. Manfred Albracht, CommScript font, http://desktoppub.about.com/library/fonts/hs/uc_commscript.htm (2013년 10월 8일 접속). Exmouth font, Prima Font, http://desktoppub.about.com/library/fonts/hs/uc_exmouth.htm (2013년 10월 8일 접속).

5. 실험에 참가하고 결과를 검토해 준 남편에게 특별한 감사를 보낸다.

6. H. Freeman, "Automated Cartographic Text Placement," *Pattern Recognition Letters 26*, no.3 (2005): 287-297.

7. 미카엘 미구르스키(Michal Migurski)의 다이모(Dymo)는 지도 라벨 배치 자동화 도구 중 대표적이다.

8. D. A. Norman, *Emotional Design*. Cambridge, MA: Basic Books, 2004, 17-20.

색

지도 디자인에서 색(色, color)은 케이크에 입힌 장식과 같다. 케이크의 장식이 케이크의 가장 중요한 부분이기는 하지만 맛있게 구워진 케이크 없이 장식만으로는 그 존재 이유가 없다. 지도의 경우에도 담겨진 의미가 명확하지 않은 지도는 아무리 훌륭한 색으로 장식하더라도 아무 의미가 없다. 지도 디자인에서 적절하고 보기 좋은 색을 선택하는 것이 중요하긴 하지만 색의 선택이 지도 디자인에서 가장 중요한 요건은 아닌 것이다. 이렇게 이야기하는 이유는 지리 자료의 분석에만 익숙한 사람들이 예술적 영역인 지도 디자인 작업을 할 때 미적 측면에 너무 매몰되어 두려움을 느끼는 것을 방지하기 위해서이다. 지도 디자인에서 색의 선택이 부차적인 문제라고 생각하면 거꾸로 편안한 마음으로 색상 선택과 관련한 작업을 쉽게 할 수 있다는 기대를 할 수 있는 것이다. 물론 이렇게 말한다고 해서 당신이 지도 디자인 과정에서 색상 선택의 중요성을 무시해도 된다는 것을 뜻하는 것은 아니다. 지도 디자인에서는 올바른 색의 선택과 지도 자료의 적절한 표현 모두가 중요하다. 케이크의 비유를 다시 들자면 예쁜 장식을 입히지 않은 케이크는 재미가 없다고 말할 수 있다.

다음과 같은 질문으로 지도의 색상에 대한 논의를 시작해 보자. 당신이 본 가장 유명한 지도를 떠올렸을 때 가장 기억에 남는 것이 그 지도의 색상인가? 아니라면 그 지도에서 가장 잘 기억나는 것은 무엇인가? 지도가 전달하고자 한 메시지, 잘 정돈되어 표시된 지도 사상들, 깔끔하게 제시된 다양한 정보, 아니면 바다에 그려진 용(龍)인가? 미국에서 가장 널리 사용되고 완성도를 인정받고 있는 지도 중 하나는 미국 지질조사국(USGS)이 제작하는 지형도(topographic map)이다. 나도 USGS 지형도를 많이 보았지만 그 지도들을 떠올리면 갈색 등고선과 녹색으로 그려진 몇몇 사상들 외에는 어떤 사상에 어떤 색이 사용되었는지 기억나지 않는다. 나는 구글 지도(Google map)를 거의 매일 사용하지만 구글 지도의 인터페이스가 무슨 색인지도 모르겠다.

결국 색상은 잘 만들어진 지도에 부가적인 정보를 주는 역할을 하는 것이다. 물론 구글 지도가 조잡한 색상들로 디자인되었다면 지금과 같은 인기를 끌지 못했을 수도 있다. 지도에서 색상의 목적은 독자가 의미 있는 추론을 할 수 있도록 지도 기호를 이해하는 데 도움을 주는 것이다. 색상은 그 자체로 GIS 지도의 목적이 되는 것은 아니다. 색상이 어떤 변수를 나타내는 데 사용될 때도 그 변수를 시각화하는 수단을 제공하는 것일 뿐이다. 예를 들어 분수계(watershed) 지도를 만든다면 각 분수계 내의 식생 넓이에 따라 어떤 분수계는 녹색으로, 다른 분수계는 검은색으로 표현하여 분수계별 식생의 양을 비교해 보여 줄 수 있다. 이런 지도에서처럼 색상이 단순히 장식적인 역할이 아니라 변수의 양을 비교하는 정보를 제공한다는 측면에서 중요하다 하더라도 지도가 전달하고자 하는 메시지는 여전히 각 분수계에 얼마나 많은 숲이 존재하는가 하는 것이지, 어떤 예쁜 색이 사용되었는가는 아니다.

색상은 보조적인 정보이므로 색상의 선택이 잘못되었다고 해서 지도가 꼭 완전히 쓸모없는 것이 되는 것은 아니다. 일반적인 지리학도와 같이 색상 이론에 대한 기본적인 지식이나 여러 색깔이 내포하는 의미에 대한 지식이 없는 사람들도 지리적 정보를 전달하기 위해 다양한 지도를 제작할 수 있다. 물론 시각적으로 조금 조잡해 보일 수는 있겠지만 말이다. 지리 정보를 효과적으로 전달하는 지도가 꼭 예술적이어야 할 필요는 없는 것이다. 하지만 잘못된 색상 배열을 사용하면 대부분의 경우는 독자의 이해를 방해하는 결과를 초래하게 된다는 점을 지적하지 않을 수 없다. 전문적이고 시선을 집중시키면서 동시에 지도가 표현하는 메시지를 잘 전달하는 지도는 분석적 내용과 동시에 예술적 디자인이 뒷받침되어야 한다.

잘못된 색상 선택이 지도의 이해를 저해하는 경우는 어떤 것들이 있을까? 한 가지 경우는 뒤의 '5단계 음영 규칙' 부분에 설명되어 있는데, 같은 색상에 너무 많은 음영을 적용하여 표현한 지도의 문제점에 대해 설명하고 있다. 이런 경우에는 독자가 범례의 색상과 지도의 색상을 짝 지우는 것을 어렵게 하여 지도의 해독을 저해한다. 구글 지도의 사례에서 언급했듯이 조잡한 색상을 사용한 지도는 지도 사용자들이 사용을 꺼릴 수도 있다. 구태의연한 색상을 사용하면 지도가 표현하고 있는 자료가 시의성이 떨어진다는 느낌을 주어 지도의 신뢰도를 떨어뜨릴 수 있다. 결국 적절한 색상이 사용되지 않으면 여러 측면에서 지도의 가치가 떨어질 수 있다는 것이다.

주의사항 : 심미적인 지도를 제작하는 일은 어느 정도는 예술의 영역이며 또한 그렇기 때문에 어쩔 수 없이 개인적인 취향을 반영한다. 지도 제작을 연습할 때나 지도 제작자로서 경력을 쌓는 과정에서 당신은 그 한계를 자주 경험하게 될 것이다. 지도를 제작할 때 두 시

간 정도를 투자해서 인터넷 사이트를 참조하거나 당신의 예술적 취향, GIS 소프트웨어에서 제공하는 기본 색상 배열 등을 이용해 지도의 색상을 선택한다고 하자. 그 지도를 친구나 직장 상사에게 보여 주며 피드백을 요청하면 대부분은 특정 지도 사상에는 분홍색을 사용하지 말아야 하는 이유나 지도의 사용된 빨간색이 왜 적절하지 못한지 등에 관한 점일 것이다. 지도에 사용하는 색상의 선택이 개인 취향을 반영하는 것이기 때문에 대부분의 사람들은 다른 사람들이 제작한 지도의 색상에 대해서 비판적일 수밖에 없다. 색상에 대한 비판이 지도를 평가하는 데 있어서 지리 전문가가 아닌 사람들이 할 수 있는 가장 쉬운 일 중의 하나이기 때문이다. 당신이 선택한 색상으로 결코 모든 사람을 만족시킬 수는 없지만 색상에 관한 기초 이론을 익히고 이러한 개념을 지도에 적용하는 데 충분한 시간을 사용하고 조금의 행운이 따라 준다면 지도 색상에 대한 비판을 지도에 대한 전체 논의의 3분의 1 정도로 줄일 수 있을 것이다. 그 정도의 평가라면 당신의 지도 색상 선택은 성공적이라고 할 수 있을 것이다.

지도 초안을 직장 상사나 고객에게 보여 줄 때

검토, 피드백, 최종 허가를 위해 지도를 제시할 때는 당신이 왜 지도를 그렇게 만들었는가에 대한 이유를 명확하고 자신 있게 설명할 수 있어야 한다. 만일 당신의 지도가 이전 방식과는 다른 현대적 스타일을 적용한 것이라면 그 이유를 먼저 설명해야 한다. 전통적인 의 방식과 다른 새로운 스타일에 대해서 대부분의 사람들은 익숙하지 않은 것에 대한 거부감을 드러낼 것이기 때문이다. 지도를 보거나 제작하는 일을 자주 하는 사람들은 10년 전의 지도 스타일이 아직도 그대로 적용되어야 한다고 생각하는 경향이 있다. 그들은 지도를 만드는 작업이 관련 기술의 발전이나 색상 트렌드의 변화처럼 지속적으로 발전하고 있다는 사실을 깨닫지 못하고 있을 것이다.

따라서 당신이 왜 지도를 그런 스타일로 디자인했는지에 대한 이유를 먼저 설명해 주어야 한다. 예를 들어 당신이 제작한 지도가 다른 지도 제작자들이 흔히 이용하는 점진적 색상 변화 기법(gradient-color scheme) 대신에 점지도(혹은 점묘도, dot map) 형태라면 당신이 제작한 지도에서 점지도 방식이 왜 다른 방식보다 지리 사상을 더 잘 표현하고 있는지에 대해 설명할 수 있어야 한다. 당신의 지도에서 어떤 글 자료의 글꼴에 (분홍색과 같이) 일반적이지 않은 색상을 사용했다면 그 이유를 충분히 설명해야 한다. 많은 색상을 시도해 보았으며 분홍색이 멀리서도 그 글을 잘 읽을 수 있도록 충분한 시각적 대비를 만들 수 있는 유일한 색상이었음을 제시하거나 또는 이와 비슷한 합당한 이유를 제시할 수 있어야 한다.

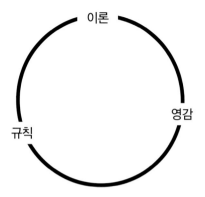

그림 5.1 색상의 동심원은 색상 개념을 구성하는 세 가지 개념적 구성을 보여 준다. 삼각형 대신에 원으로 그려진 이유는 삼각형은 애정관계에서 삼각관계처럼 부조화를 상징하는 반면에 원은 통합의 상징이기 때문이다. 따라서 세 가지 구성 개념이 서로 보완적으로 작용할 때 당신이 제작한 지도의 색상이 지도를 미적으로 완성도 높은 지도로 만들어 줄 것이다.

이제 지도에 사용된 색상에 대한 비판에 적절하게 대처하기 위해서는 색상 이론을 충분히 학습하고 GIS 지도에 그 이론들을 어떻게 적용할지를 배워야 한다. 이 장은 지도 색상의 가장 중요한 세 가지 측면, 즉 이론, 규칙, 영감에 대한 부분으로 구성되어 있다. 이 세 가지 개념 사이에는 계층이 존재하지 않으며, 중요성 역시 동등하다. 이 개념들의 관계는 그림 5.1의 색상의 동심원(Circle of Color Love)에 설명되어 있다.

✸ 색상 이론

색상 이론(color theory)은 아이작 뉴턴이 1666년에 고안한 색상 고리(color wheel)에 기초하고 있다. 초등학교나 중등학교 교과과정에서 어떤 경로로든 색상 고리를 접한 적이 있을 것이다. 당신이 본 색상 고리가 어떤 것이든 간에 기본적으로는 3개의 기본 색상, 3개의 2차 색상, 6개 3차 색상으로, 총 12개 색상으로 구성되어 있다. 그림 5.2는 전형적인 색상 고리의 형태 중 하나이다. 인터넷을 검색해 보면 지도 색상표 선택을 위해 사용할 수 있는 유용한 색상 고리 도구를 쉽게 찾을 수 있다. 대표적인 인터넷 색상 고리의 출처는 이 장 뒷부분의 '참고 자료' 절에 정리해 두었다.

지도에 사용할 색상을 선택하기 위해 색상 고리를 활용하는 방법에는 여러 가지가 있는데, 이를 **색상 조화**(color harmony)라고 한다. 색상 조화는 색상 고리상에서 색상의 위치를 바탕으로 색상을 조합하는 방식을 말하며, 크게 유사색, 보색, 다채색, 중성색으로 구분된다.

유사색(analogous color) 조합은 서로 비슷한 색상의 조합으로 색상 고리에서 인접한 위치에 있는 색상의 조합이다. 이러한 색상들로 구성된 색상표는 지도 디자인에 조용하고 안정

그림 5.2 이 색상 고리는 원의 중심부에 3개의 기본 색상(노란색, 파란색, 빨간색), 중심부를 둘러싸고 3개의 2차 색상, 그리고 바깥 부분에 6개의 3차 색상이 표시되어 있다.

적인 효과를 준다. 예를 들어 밝은 녹색과 파란색의 색상 구성은 기본도(reference map, 예 : 지형도) 디자인에 많이 사용되며 적절히 사용되면 매우 차분한 시각적 느낌을 준다.

보색(complementary color) 조합은 색상 고리에서 서로 반대편에 위치한 색상들의 조합이다. 전통적인 보색 조합으로는 빨간색과 녹색, 파란색과 주황색, 노란색과 보라색 등이 있다. 이러한 색상 조합은 생동감 있는 색상 배열로 주의를 환기하는 효과가 있지만, 지나치게 화려해 보일 수 있다는 것을 주의해야 한다. 예를 들어 많은 패스트푸트 식당의 간판이 소비자들의 주의를 끌기 위해 보색 조합을 사용하고 있다. 보색 조합은 단계구분도(choropleth map)나 밀도 지도(heat map, 혹은 열지도)와 같은 지도에 흔히 사용된다. 보색 조합이 색의 명/채도와 조합하여 '짙은 빨강-옅은 빨강-옅은 녹색-짙은 녹색' 순서로 사용되는 경우는 분기형 색상 배열(diverging color scheme)이라고 한다. 보색 조합은 지도에서 시각적 대비 효과를 확보하기 위해 주로 사용되는데, 예를 들어 녹색 배경에 빨간색 선을 사용하면 지도에서 시각적 대비를 쉽게 확보할 수 있다.

다채색(polychrome color) 조합은 색상 고리 여기저기에 위치한 많은 색을 조합하여 사용한다. 다채색 조합을 색상 간의 충돌 없이 사용하기 위해서는 많은 시행착오와 경험, 또는 다른 예술 작품으로부터의 영감(이 장의 후반부에 설명될 개념) 등에 기초하여 주의 깊게 색상을 선택해야 한다. 다채색 조합은 일반적으로 동시에 여러 레이어(layer)를 표현해야 하는 지도에 일반적으로 사용되는데, 이것이 여러 레이어를 적절히 구분하는 유일한 방법이기도 하다. 다채색 조합은 하나의 레이어에 있는 여러 사상들을 구분하여 표현하기 위해서도 사용된다. 다채색 조합에서는 다양한 색상을 사용하지만 기본적으로 색상 간의 시각적인 조화를 확보해야 한다. 적절한 다채색 조합을 찾기 위해서는 다양한 회화 작품이나 색상 조합 안내서 등과 같은 참고 자료를 활용하여 이미 검증된 색상 조합을 사용하는 것이 좋다. 다채색 조합을 사용할 때는 크기가 작은 지도 사상에 강한 색상을 사용하는 것이 색상 조화를 달성하는 방법 중 하나이다. 지도 전체에 적은 수의 밝은 색상을 사용하는 것도 효과적일 수 있다.

중성색(neutral color) 조합에는 검은색, 회색, 흰색처럼 원색이 아닌 색상의 조합을 말하지만, 때로는 채도가 낮고 색상이 옅은 베이지색(beige)과 회갈색(taupe)이 포함되기도 한다. 중성색 조합은 흑백 프린터로 출력해야 하거나 흑백으로 복사해야 하는 보고서 지도나 인쇄물 디자인에 사용되며, 컴퓨터 화면 출력을 기본으로 하는 인터넷 지도 디자인에는 거의 사용되지 않는다. 중성색 조합에 대해서는 뒤의 '회색 톤의 부활' 부분에서 좀 더 논의할 것이다.

인터넷 지도에서는 16진법(HEX) 체계를 이용해서 색상을 정의하는 반면, 인쇄 지도는 여러 가지 다른 색상 정의 체계를 사용한다. 대부분의 GIS 소프트웨어는 색상 정의를 위해 여러 가지 색상 정의 옵션을 제공한다. GIS나 다른 그래픽 디자인 소프트웨어에서 제공하는 색상 정의 체계로는 빨강 · 녹색 · 파랑(RGB), 16진법, 색상 · 채도 · 명도(HSV), 청록색 · 자홍색 · 노랑색 · 검은색(CMYK), CIELAB 체계 등이 있다.

✦ RGB

RGB는 빨강(Red), 녹색(Green), 파랑(Blue)의 머리글자를 의미하는 것으로 빨간색, 녹색, 파란색 빛의 강도를 조합하여 컴퓨터 화면이나 컬러 TV 화면에 다양한 색상이 나타나도록 하는 방법이다. 빨간색, 녹색, 파란색의 세 가지 색상을 빛의 삼원색이라고 하는데, 이 세 색상의 빛이 더해져서 다른 색을 만들어 내는 기법으로 가산적 색상 체계(additive color system)라 한다. RGB 체계에서 모든 색상은 세 가지 기본 색상 각각에 대해 0~255의 값이 지정되는 방식으로 만들어진다. 빨강을 전부(255) 사용하고 녹색과 파랑을 전혀 사용하지 않으면 '255 0 0'의 RGB 값을 가지게 되어 빨간색이 되는 것이다. 숫자가 작아질수록 각 색상의 밝기가 줄어든다. 그래서 '150 0 0'은 여전히 빨간 계통의 색이지만 '255 0 0'보다는 어두운 빨간색이 되는 것이다. 세 숫자의 조합을 이 책에서는 RGB 값(RGB triplet)이라고 부른다. 그림 5.3은 RGB 값과 그에 해당하는 색상들을 보여 준다.

```
R:255      R:212      R:  0
G:255      G:212      G:  0
B:  0      B:212      B:255
```

그림 5.3 노란색, 연회색, 파란색에 해당하는 RGB 값

대부분의 GIS 소프트웨어에서 작성한 지도를 그림 파일로 저장하면 그림 파일의 색상은 RGB 체계로 정의된다. 하지만 대부분의 프린터에서는 RGB 체계가 아닌 CMYK 체계를 기반으로 하기 때문에, 지도 인쇄를 위해서는 색상 체계의 변환이 필요하다는 사실을 기억할 필요가 있다. 어떤 색상들은 색상 체계 변환 과정에서 미묘하게 달라 보일 수도 있으므로 인쇄를 위한 지도일 경우에는 CMYK 체계로, 컴퓨터 화면 출력을 위한 지도의 경우에는 RGB 체계로 색상 체계를 지정해야 한다. CMYK 체계에 대해서는 16진법 체계와 HSV 체계 다음에 자세히 설명한다.

16진법 체계

16진법(hexadecimal, HEX) 체계는 숫자 값을 10 대신 16단위로 표현하는 방식이다. 16진법의 숫자 값은 0~9의 아라비아 숫자와 더불어 A~F의 알파벳을 조합하여 표현된다. 16진수(hex)는 색상 코딩 외에도 다양한 컴퓨터 프로그래밍 목적을 위해 사용되지만, 특히 인터넷 지도에서는 대부분 RGB 체계의 파생인 16진법 색상 체계를 사용하기 때문에 중요하다. RGB 체계에서 색상이 세 가지 숫자의 조합인 RGB 값으로 정의되는 반면 16진법 체계는 세 쌍의 숫자/알파벳 조합으로 색상을 구성한다.

HTML에서는 '#' 표시 다음에 16진수 값을 넣어서 #83F52C(녹색)와 같이 색상을 지정한다. 앞서 언급한 대로 16진법 체계는 RGB 체계에서 유래한 것이다. 차이는 RGB 체계는 3개의 세 자리 10진수 쌍으로 색상을 표현하고 16진법 체계는 3개의 두 자리 16진수 쌍으로 색상을 표현한다는 것이다. 결국 빨간색, 녹색, 파란색 각각이 256가지 색상 값을 가지는 것은 동일한데, RGB에서는 0~255의 10진수 값, 16진법에서는 00~FF(255의 16진수)의 16진수 값이 사용된다. RGB 체계에서는 한 가지 색상을 지칭하기 위해 9개의 숫자를 사용해야 하는 데 비해 16진법 체계에서는 '#' 기호를 포함하여 7개의 숫자(알파벳 포함)로 같은 색상을 표현할 수 있다는 장점이 있기 때문에 컴퓨터 코딩에서 많이 사용된다. 16진법 체계에서 녹색을 표현하려면 '#00FF00'를 사용하면 되는데, 이 값은 RGB 체계에서 '0

#00FF7F   #800000   #808080

그림 5.4 녹색, 고동색, 진회색의 16진법 색상 체계 코드 값

H:100   H:100   H:100
S:100   S: 30   S:100
V:100   V:100   V: 30

그림 5.5 음영으로 구분된 다양한 녹색 계통 색상의 HSV 값. 색상은 100으로 동일한 녹색 계통임을 나타내고 있으며, 채도는 30부터 100까지, 명도도 30부터 100까지 변화를 주었다. 채도 값이 클수록 진한 녹색이 되며, 명도 값이 크면 밝은 녹색을 띠고 명도 값이 작으면 검은색에 가깝다.

255 0'과 같은 의미가 되는 것이다. 10진수 255는 16진수 'FF'와 동일하며, 10진수 '0'은 16진수 '0'이다. 16진수 값은 00, 33, 66, 99, CC, FF 순서로 커진다. 그림 5.4는 16진법 색상 체계의 사례를 보여 주고 있다. 16진법 색상 체계에 대한 보다 자세한 자료는 '참고 자료' 부분에 정리해 두었다.

✦ HSV

색상(Hue), 채도(彩度, Saturation), 명도(明度, Value)의 HSV 체계는 색상을 지정하기 위해 3개의 숫자 값을 사용한다는 면에서 RGB 체계와 유사하다. 각 숫자 값은 색의 기본 요소, 즉 색상, 채도, 명도를 나타낸다. 색상은 1~360의 값을 가지며, 채도(색의 회색 톤 강도)는 1~100의 값을, 명도(색의 흰색톤 강도)는 1~100의 값을 갖는다. 채도 값은 색상 순수한 정도를 백분율로 나타낸 것으로, 100은 100%의 순수한 색상을 의미하며 0은 0%로, 회색을 의미한다. 명도 값은 색상의 밝기를 나타내며, 100은 100% 밝기를, 0은 0%로, 검은색을 의미한다(그림 5.5 참조). 녹색이든 빨간색이든 색상은 유지한 채 채도와 명도를 조절해서 다양한 색을 만들어 보고 싶은 경우에 쉽게 사용할 수 있는 색상 체계이다.

✦ HSL

색상(Hue), 채도(Saturation), 밝기(Lightness)의 HSL 체계는 색상은 HSV와 같지만 나머지

두 부분이 조금 다른 기준을 사용한다. HSL이나 HSV 체계는 색상을 바꾸지 않고 **명도**와 **채도**를 조정하여 색을 지정하고자 할 때 유용한 색상 체계이다. RGB나 CMYK 체계에서 명도나 채도를 조정하려면 세 숫자 값을 모두 바꿔야 하고 그러다 보면 색상도 바뀌게 되지만, HSV나 HSL 체계에서는 색상은 고정한 채 명도나 채도를 수정할 수 있다. 또한 이 체계들은 RGB 체계에 비해 가시광선 스펙트럼 내의 모든 색을 보다 완전하게 표현할 수 있다는 장점을 가지고 있다.

✴ CMYK

청록색(Cyan), 자홍색(Magenta), 노란색(Yellow), 검은색(Black)의 CMYK 색상 체계는 GIS 소프트웨어의 색상 정의 옵션에서 RGB와 함께 가장 자주 사용되는 색상 체계이다. *K*는 원래 *key*를 뜻하는데, 이 용어는 인쇄할 때 잉크 비용을 줄이기 위해 청록색, 자홍색, 노란색의 세 가지 잉크와 함께 검정 잉크를 같이 '배열해서(keyed)' 사용하는 것에서 유래된 것이다. 그래서 'K'를 CMY 색상 체계로 부르기도 한다. CMYK 체계는 흰 종이에 물감을 덧칠해서 색을 만들어 내는 것과 동일한 원리이다. 흰 종이에 물감을 칠하면 종이에서 반사되는 빛의 파장을 흡수해 버리기 때문에 결과적으로는 조금씩 어두워지게 된다. 따라서 CMYK 체계는 **감산적 색상 체계**(subtractive color system)로 분류된다.

CMYK 색상을 정의하는 숫자 값들은 백분율로 표시된다. C, M, Y, K 모두 100이면 검은색이고, 모두 0이면 흰색이 된다. 그림 5.6은 CMYK 색상의 사례이다.

당신이 사용하는 GIS 소프트웨어에 CMYK 옵션이 제공되고 지도 화면의 색상과 인쇄된 지도의 색상을 일치시킬 필요가 있다면 CMYK 체계를 사용해야 한다. 하지만 CMYK 옵션을 사용한다고 해도 지도를 그림 파일로 저장하는 과정에서 다시 RGB 체계로 자동으로 바뀌는 경우가 있기 때문에 항상 주의를 기울여야 한다. 제작한 지도를 오프셋 인쇄와 같이 대량 인쇄하는 경우에는 특히 주의해야 한다. 만약 소프트웨어가 지도를 그림 파

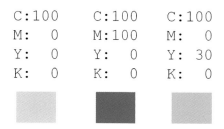

그림 5.6 CMYK 색상 체계 사례

일로 저장할 때 RGB 체계로 자동 변환한다면 지도를 인쇄하기 전에 어도비 일러스트레이터(Adobe Illustrator)나 어도비 아크로뱃(Adobe Acrobat) 같은 그래픽 소프트웨어를 사용해서 색상 체계를 다시 CMYK 체계로 바꿔 주어야 한다. 그 방법이 여의치 않을 때는 RGB 체계와 CMYK 체계 간의 색상 변환표를 참조하여 수동으로 색상 값을 지정하는 방법을 사용해야 한다.

✵ CIELAB

또 다른 색상 모형으로 CIELAB, Lab 또는 CIE(L*, a*, b*)로 불리는 색상 체계가 있다. 이들은 RGB나 CMYK와 달리 가시광선 스펙트럼의 모든 색을 표현할 수 있다고 하는 모형인데, 일부 가시광선 스펙트럼 밖의 색상을 포함하기도 한다. L, a, b 3개의 축을 사용하여 3차원 모형으로 색상을 정의하며, L은 색에 적용된 밝기를 의미한다.

GIS 분야에서는 CIELAB 색상 모델이 많이 사용되지 않지만 그래도 개념적이나마 알고 있는 것이 도움이 될 것이다. 그림 5.7에서 CIELAB 색상 값 정의에 대한 몇 가지 사례를 볼 수 있다.

✵ 규칙

색상 고리의 개념과 다양한 색상 체계를 이해하고 난 뒤에는 몇 가지 중요한 색상 규칙(color rule)에 대해 알아야 한다. 색상을 선택하고 결합하는 것이 매우 주관적인 것이기 때문에 색상 선택에 적용해야 하는 규칙들이 있다는 것이 다소 이상하게 들릴 수도 있다. 하지만 지도를 통한 효과적인 의사소통을 위해 지리 전문가들이 이해해야 할 아주 중요한 규칙이 있다. 두 가지 가장 중요한 규칙으로는 형상-배경 관계와 시각 인지 법칙이다. 형상-배경 관계를 우선 논의하고, 그다음에 5단계 음영 규칙, 점진적 색상 배열, 색상 의미, 색상

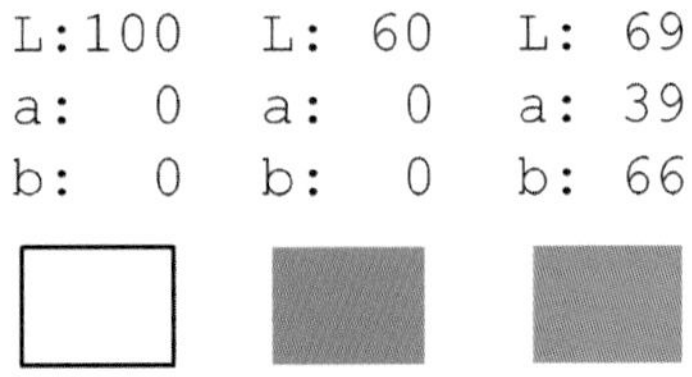

```
L:100    L: 60    L: 69
a:  0    a:  0    a: 39
b:  0    b:  0    b: 66
```

그림 5.7 CIELAB 색상 정의 사례들로, 밝기 값(L)이 큰 것부터 중간 것(흰색부터 회색)으로 변화를 나타내고 있으며, a와 b 값이 커지면 회색이 어떻게 변하는지 보여 주고 있다.

혼합 착시 효과, 색상 대비, 양(quantity), 색약(색맹)인을 위한 색상 선택을 포함하는 일련의
시각 인지 법칙들을 설명하고자 한다.

형상-배경 관계

형상-배경(figure-ground) 관계의 관점에서 **형상**(figure)은 전경이자 지도의 초점에 해당하며
배경(ground)은 형상 외의 지도 배경을 의미한다. 예를 들어 갈라파고스 섬의 지형도에서
섬은 형상에 해당하고 주변의 바다는 배경에 해당한다. 하지만 지도가 갈라파고스 섬 주변
바다의 수심에 대한 것이라면 바다가 형상이 되고 섬이 배경이 될 것이다.

　게슈탈트(gestalt)는 다른 사물들과 구분되어 인지되는 사물들(물리적·생물학적·심리학적
현상)의 집합을 설명하는 용어로, 1900년대 초 독일의 심리학자에 의해 고안된 개념이다.
이 개념은 그래픽 디자인에 적용되었을 때 이미지 연속성(image continuity), 폐합성(closure),
유사성(similarity), 형상-배경 관계를 포함하는 다양한 개념으로 구분된다. 이 책에서 주된
관심은 형상-배경 관계의 게슈탈트 개념에 있으며, 이는 특정 지도 사상과 그 배경을 쉽게
구분하도록 하는 인지적인 방법을 말한다. GIS 지도들은 일반적으로 특정 지도 사상들을
다른 사상들로부터 구별하고 강조하여 표현하는 것을 목적으로 하는데, 형상-배경 관계
개념을 적용하면 육지와 물, 도시를 표현하는 점과 주변 지역, 분수계와 숲 등과 대조 관계
를 떠올리면 된다.

　지도에서 특정 지도 사상을 강조하는 데는 여러 가지 방법이 있다. 가장 쉬운 방법은 두
사상 사이의 경계선을 강조하는 것이다. 가장 전통적인 사례는 육지와 물이 만나는 경계선
을 짙은 파란색으로 표현하는 것이다. 이때 경계선은 물과 구분되도록 보다 어두운 파란색
을 사용해야 한다. 또 다른 사례로 주요한 지도 사상을 배경과 구분하기 위해 대비되는 색

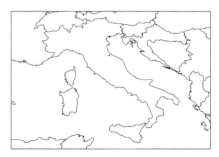 

그림 5.8 왼쪽 지도는 해안선만이 실선으로 표시되어 지도 사상들 간의 시각적 대비를 충분히 보여 주지 못하고
있다. 오른쪽 지도는 육지와 바다를 잘 구분하고 있으며 이를 위해 색상 대비와 바다-육지 경계선 강조를 모두 사
용하고 있다. 해안선의 강조를 위해서는 짙은 파란색이 많이 사용되지만, 이 경우에는 육지와 바다 모두 짙은 색을
사용하고 있어 흰색의 해안선이 더 효과적이다. 형상-배경 대비를 위한 색상 조합으로는 회색과 파란색, 밝은 파
란색과 어두운 파란색, 밝은 녹색과 어두운 녹색 등이 많이 사용된다.

그림 5.9 바다와 육지 사이의 시각적 대비를 위해 해안선 주위에 바렴무늬(또는 페이드아웃)를 사용했다.

상을 사용하거나(그림 5.8 참조) 지도 사상들의 경계선을 따라 바렴무늬(vignettes, 띠무늬라 부르기도 한다)를 사용하기도 한다(그림 5.9 참조). 바렴무늬 기법은 고지도(historic map)에서 흔히 발견할 수 있다. 지명 라벨도 형상-배경의 관계를 이용해 강조할 수 있다. 예를 들어 검은색 지명 라벨 주위의 후광 효과는 지도에서 라벨이 배경으로부터 떠올라 보이도록 하는 일반적인 기술이다(글자 후광에 대해서는 제4장 '글꼴'에서 이미 논의했다). 이러한 기법들의 목적은 지도 객체 사이에 충분한 시각적 대비를 제공하는 것으로 독자가 무엇이 무엇인지 정확히 구분할 수 있도록 하는 것이다.

지도의 특정 객체를 강조하기 위한 더 극단적인 방법으로는 지도상의 개별 객체에 3차원 효과를 주어 떠올라 보이게 하는 방법이 있다. 하지만 이 기법을 2차원 지도에 적용하면 강조된 객체가 지도의 일부분을 가리게 된다는 단점이 있다. 예를 들어 어느 주(州)의 연구 지역을 표시하는 참조 지도를 작성하면서 해당 주를 강조하기 위해 3차원 효과를 적용하게 되면 해당 주가 강조되어 시각적 대비가 좋아지지만 주변 주들이 흐려지고 가려진다. 그럼에도 불구하고 연구 지역을 쉽게 파악하도록 하는 데 효과적이어서 자주 사용된다. 이 기법은 다양한 경우에 활용되는데 참조 지도 그래픽이나 보고서 표지, 아이콘 등에 많이 사용된다. 또 인터넷 지도에서도 마우스 커서가 특정한 지역 주변에 가면 해당 지역이 3차원으로 '돌출(pop out)'되도록 하여 사용자가 쉽게 그 지역을 선택(클릭)하도록 할 수 있다. 앞서 말한 것처럼 돌출된 부분이 배경의 다른 지점들을 가리게 되는 부작용이 있으므로 이 기법은 지도 데이터의 정확성이 중요한 분석 형태의 지도보다는 그래픽 형태의 지도에만 적용하는 것이 좋다.

5단계 음영 규칙

지도를 보는 사람들이 당신이 제작한 지도를 전혀 이해하지 못하거나 잘못 이해했다면 그 지도는 실패한 지도이다. 이러한 재앙을 막기 위해서는 먼저 시각적 인지 법칙 중 첫 번째 규칙인 5단계 음영 규칙(five-shade rule)을 이해해야 한다. 사람의 눈은 동일한 색상에 대해 다섯 가지 음영만 구분할 수 있다. 이 규칙을 지도 제작에 적용하면 다음과 같다. 어떤 변수의 지리적 변화를 표현하기 위해 어떤 색상의 채도 변화를 사용한다면 수치 데이터를 다섯 가지 이하의 범주로 분류해야 한다. 또한 특수한 경우가 아니라면 지도의 특정 목적에 사용한 것과 동일한 색상의 음영은 다른 목적으로 지도 디자인에 사용해서는 안 된다.

그림 5.10의 왼쪽 지도는 단계구분도에서 너무 많은 음영을 사용했을 때 나타날 수 있는 문제를 보여 주고 있다. 스페인의 특정 지역 인구를 구분하기 위해 지도상의 색상과 범례의 색상의 맞추어 보면 왼쪽 지도는 별로 도움이 되지 않는다. 다섯 단계 음영만을 사용한 오른쪽 지도가 여덟 단계 음영을 사용한 왼쪽 지도보다 훨씬 구분하기 쉽다. 물론 이 규칙을 적용한다는 것은 데이터를 작은 수의 집합으로 구분해야 하고, 따라서 세부내용 손실이 발생한다는 것을 의미한다. 만약 5개 집합 이상을 반드시 사용해야 한다면 여러 색상을 사용하거나 색상에 음영과 빗금과 같은 패턴을 동시에 적용하는 색상 배열을 사용해야 한다. 패턴을 사용하면 지도가 너무 복잡해질 수도 있기 때문에 가능한 한 패턴은 지도상의 아주 작은 지역에 해당하는 사상들에만 적용해야 한다. 또한 만약에 그림 5.10의 지도에 도시들의 위치를 나타내는 점이나 지명 라벨을 추가한다면 단계구분도에서 사용된 색상 배열의 색과 유사한 색을 사용하지 말아야 한다.

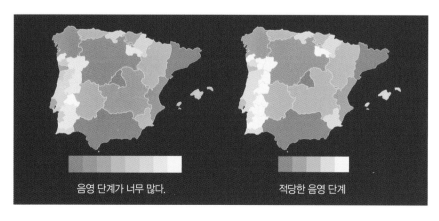

음영 단계가 너무 많다.　　　　　　　적당한 음영 단계

그림 5.10 왼쪽 지도에서는 지도 자료의 전반적인 경향을 볼 수는 있지만 지도의 색과 범례의 색을 짝지어 개별 값을 유추하기 힘들다. 오른쪽 지도는 동일한 데이터를 조금 더 단순화하여 표현한 것으로, 전반적인 경향과 각 지역이 범례의 어느 범주에 속하는지를 쉽게 파악할 수 있다.

유사한 색을 지도의 다른 사상들에 동시에 사용해서는 안 된다는 것은 지도 영역에 해당하는 말이며, 전체 지도 페이지 배치 디자인에 적용되는 것은 아니다. 지도의 지도 사상에 사용된 것과 같은 색을 지도 제목이나 외곽선, 배경색 등 지도 주변 요소에 사용하는 것은 지도의 색상 배열을 강조하기 위해 좋은 방법이다. 이를 색상 반복(color echoing)이라 부르는데, 지도를 일관되게 보이도록 지도 한 부분의 색상을 페이지 디자인의 다른 부분에 반복해서 사용하는 것을 의미한다.

점진적 색상 배열

점진적 색상 배열은 단계구분도(choropleth map)에 많이 사용되는 색상 배열이다. 일반인에게는 생소한 용어지만 단계구분도는 아주 일반적인 지도 형식으로, 어떤 지역에 대해 특정 변수 값이 어떻게 분포, 변화하는가를 색상을 사용해서 표현하는 법이다. 예를 들어 어떤 국가의 범죄율 분포 지도는 노란색부터 빨간색까지의 색상 배열을 사용해서 표현될 수 있는데, 노란색은 낮은 범죄율의 시·군을, 밝은 빨간색은 중간 범죄율의 시·군을, 어두운 빨간색은 높은 범죄율의 시·군을 나타내는 식이다. 세 가지 다른 색상을 사용하여 어떤 변수를 보여 줌으로써 지도를 간단히 훑어보고도 다음과 같은 내용을 파악할 수 있다. "내륙 지역이 해안 지역보다 범죄율이 높은가?", "범죄의 핫스팟 또는 집중 지역이 어디인가?", "우리 고향도 핫스팟에 속하는가?" 이와 같은 지리 자료는 밀도 지도(heat map, 열지도) 형태로 표현되기도 하는데, 밀도 지도는 단계구분도와 같이 점진적 색상 배열로 데이터 값의 분포를 표현하지만 시·군과 같은 구역 경계를 무시하고 범죄율 같은 밀도 값을 연속면으로 표현한다는 차이가 있다. 공간을 행정구역 경계로 구분하지 않은 연속된 데이터를 적용하는 알고리즘을 사용하여 보다 정확한 핫스팟 위치를 표현할 수 있다는 장점이 있다.

단계구분도와 밀도 지도 모두는 색상의 채도나 명도의 변화를 이용해 변수 값의 차이를 표현한다. 이와 같은 색상 배열을 점진적 색상 배열(color gradient) 또는 색상 램프(color ramp)라고 한다. 점진적 색상 배열에서 어떤 색상을 사용할 것인가는 지도 데이터 변수가 무엇인가에 따라 결정한다. 예를 들어 지도화할 변수가 가구 소득이라면 돈과 관련이 있기 때문에 밝은 녹색부터 어두운 녹색까지의 녹색 변화를 사용하는 것이 좋다.[a] 밝은 녹색부터 어두운 녹색까지의 점진적 색상 배열과 같이 단일한 색상을 사용한 배열을 단색 배열(single-hue gradient)이라고 한다. 여러 색상을 사용한 다색 배열(multi-hue gradient)를 사용한 단계구분도의 간단한 사례는 시도별 대학 수영 프로그램 지도와 같은 경우이다. 대학 수영 프

a 역자 주 : 달러 지폐가 녹색이라는 점을 고려한 것이다.

로그램이 많은 시도들은 어두운 파란색으로, 대학 수영 프로그램이 조금 있는 주들은 밝은 파란색으로, 대학 수영 프로그램이 없는 주들은 흰색 또는 검은색으로 표현할 수 있다.

점진적 색상 배열을 적용한 색상 배열은 지도화할 변수의 데이터 값이 많으면 복잡해진다. 단계구분도나 밀도 지도는 아니지만 점진적 색상 배열을 사용하는 고도 지도(elevation map)는 색상 배열이 얼마나 복잡해질 수 있는지를 보여 주는 좋은 사례이다(그림 5.11 참조).[6] 이 사례에서 지도 변수의 강도(고도)의 변화는 색상과 채도의 변화로 표현된다. 문제는 이 지도에 너무 많은 고도 값들이 있어서 이를 정확하게 표현하기 위해서는 많은 색이 필요하다는 것이다(하나의 색상에 대해 다섯 가지의 음영 이상은 사용하지 말아야 한다는 앞서 논의한 다섯 가지 음영 규칙을 회상해 보자). 고도 지도에서 사용하는 색은 특정한 고도에 대해 우리가 연상하는 색과 연결할 수 있도록 해야 한다. 즉 가장 높은 고도에 사용된 흰색은 정상에 덮인 눈을 연상하게 하고 저지대의 녹색은 목초지나 농지를 연상하게 한다. 이것은 고도 지도에 대한 일반적으로 사용되는 색상 배열이며 **고도별 색조**(hypsometric tinting)라 부른다.

행정구역, 우편번호 구역, 국가, 분수계 등 사전에 정의된 공간 구획에 따라 변수의 변화를 표현하는 주제도를 단계구분도라 부른다. 단계구분도를 만들 때 발생할 수 있는 함정 중의 하나는 사용된 데이터를 잘못 표현하기 쉽다는 것이다. 지역 전체의 변수 변화를 보여 주고 싶지만 구획이 이미 나눠져 있기 때문에 변수 값도 구획된 지역 단위로밖에 표현할 수 없다. 이때는 표현하는 구획에 대해 변수들을 표준화(normalize)하는 작업이 필요하다. 예를 들어 미국 각 카운티의 사슴 개체 수 지도를 작성한다고 하면 카운티별 사슴 개체 수를 해당 카운티 면적으로 나누어 표현한 지도와 카운티별 사슴 개체 수를 그대로 표현한 지도는 상당히 다를 것이다. 이 경우에는 카운티 면적으로 개체 수를 나눈 지도가 사슴 개

해발고도(피트)

1   12,000

그림 5.11 고도 지도에서는 고도 값의 범위가 크기 때문에 고도 값들을 색상과 채도의 변화 모두를 사용하여 표현한다. 저고도 지역은 밝은 녹색으로 시작해서 고도가 증가하면서 점점 어두워지며, 중간고도 지역은 밝은 오렌지색으로 시작해서 고도가 증가함에 따라 점점 어두워지도록 색을 배열한다.

체 수 밀도를 표현하는 지도로 카운티들 간의 비교에 보다 더 적합한 지도이다. 면적이 아닌 인구수를 이용해 표준화해야 하는 경우도 많은데, 구획 간의 인구 격차가 매우 크기 때문에 단위 인구당 변수 값으로 표준화하지 않으면 인구 밀도 지도와 별 차이가 나지 않아 해당 변수의 지역적 차이를 표현하기 어렵기 때문이다. 인구에 의해 표준화되지 않은 신문 구독률 지도는 인구가 많은 지역에서는 구독률이 높게 그리고 인구가 낮은 지역에서는 구독률이 낮게 나타나 인구 밀도 지도와 거의 똑같아 보이게 된다. 따라서 지도가 무언가 의미 있는 것을 보여 주기 위해서는 인구에 의해 데이터를 표준화가 필요하며, 이를 통해 구독률이 실제로 어디가 가장 높고 낮은지 잘 표현할 수 있을 것이다.

물론 변수 값을 직접 표현한 지도를 만들지, 면적 · 인구 등으로 표준화된 변수를 표현한 단계구분도를 만들지 여부는 지도의 목적에 따라 신중하게 결정해야 한다. 예를 들어, 지역별 주택 수를 보여 주려고 한다면 표준화하지 않은 숫자들을 보여 줘야 한다. 하지만 실제로 보여 주고자 하는 것이 지역별 주택 밀도라면, 주택 수를 면적으로 표준화해야 한다. 대개의 경우 단계구분도를 작성할 때는 데이터를 표준화하여 표현하는 것이 유리하다.

점지도, 점진적 기호, 기타 고급 기술들

점밀도 지도(dot density map)는 데이터를 표준화하지 않고도 지도 사상들의 밀도를 잘 표현할 수 있기 때문에 단계구분도를 대체할 수 있는 좋은 기법이다. 독자들은 변수가 어떻게 분포하는지 잘 파악할 수 있으며, 특히 축척을 유동적으로 조정할 수 있는 인터넷 지도에서는 좀 더 많은 정보를 제공할 수 있다는 장점이 있다. 예를 들어 인구 지도는 각 카운티의 인구 1만 명을 하나의 점으로 표현할 수 있으며 이때 점들은 카운티 경계 내의 어딘가에 위치하게 된다. 독자들은 색상 범례 대신 각 카운티 내의 점의 개수를 이용하여 인구 분포를 살펴볼 수 있게 된다. 물론 하나의 점이 인구 몇 명을 표현하는지를 나타내기 위한 범례는 여전히 필요하지만, 독자들은 단순한 범례를 한 번만 보고도 인구 분포를 파악할 수 있기 때문에 단계구분도에서처럼 지도와 범례를 번갈아 가며 색상을 비교해 보는 것에 비해 훨씬 효율적이다. 최근에는 전산기술과 인터넷의 발달로 인터넷 지도에서 점과 인구를 일대일 비율로 인구 분포를 나타낼 수도 있을 정도로 정확한 인구 분포 지도 제작이 가능해졌다. 점지도의 다른 사례들에 대해서는 제6장 '지도 객체 기호화'의 토양 부분을 참고하라.

지도 사상의 변수 값 변화를 표현하는 또 다른 방법은 변수 값에 맞게 기호의 크기를 변화시키는 것이다. 보통은 도시 분포와 같은 점형 레이어에 적용되지만 일부 선형 레이어에서도 사용된다. 대표적인 점 사상의 사례로 도시를 들 수 있는데, 대도시들은 큰 사각형으로, 소도시들은 작은 사각형으로, 중간 규모 도시들은 그 중간 크기로 표현할 수 있다. 도로와 같은 선 사상은 교통량에 따라 두께를 달리하여 표현할 수 있다. 이 방법은 기호의 크기를 달리 한다는 점에서 점지도와는 다른데, 점지도에서는 동일한 크기의 점들을 이용하며 점의 개수로 변수를 표현하는 것이다. 점진적 기호(graduated-symbol) 지도를 만들 때 주의할 것은 3개 이상의 크기 기호가 필요한 경우에는 원을 사용하는 것을 피해야 한다는 것인데, 이는 사람의 눈은 원 크기의 작은 변화를 잘 인식하지 못하기 때문이다.[1] 대신 사각형, 삼각형, 기타 모양의 기호를 사용하는 것이 좋다.

　최신의 몇몇 인터넷 지도들은 복합적인 기술을 적용하기도 하는데, 대표적으로 점지도에 일정한 범위에 있는 점들을 묶어서 점 사상의 숫자를 포함하는 점진적 기호를 동시에 표현하는 기법이 있다. 이를 **점 군집 표지**(marker cluster)라 부르며 리플릿(Leaflet)이라는 자바 스크립트 라이브러리로 개발되어 있다. 이러한 기술은 소축척으로 줌아웃했을 때도 쉽게 데이터를 비교할 수 있도록 해 주는 장점이 있다. 단계구분도를 대체할 수 있는 다른 고급 기술로는 육각형 지도(hexagonal binning)가 있다. 단계구분도의 구획을 대신하여 같은 크기의 정육각형 단위로 지역을 구획하고, 그에 따라 지도 변수를 표현하는 기법이다. 예를 들어, 영국의 BBC 뉴스는 영국의 선거 역사를 설명하기 위해 노랑-빨강-파랑의 색상 배열을 적용한 정육각형 그리드를 사용한다. 육각형 그리드를 사용한 지도는 면적가중 통계치가 아니라 인구가중 통계치를 보여 주기 때문에 카운티별로 구분하여 표현하는 것보다 더 논리적인 지도라고 할 수 있다.

　대부분의 GIS 소프트웨어에는 점진적 색상 배열을 만드는 기능이 포함되어 있다. CartoCSS 프로그램에서는 기본 색상 이름에 '밝게(lighten)'나 '어둡게(darken)'라는 수식어를 써서 색상 배열을 만들어 낼 수 있도록 지원하기도 한다. 다양한 온라인 도구를 이용한 원하는 색상에 다양한 명도와 채도를 적용한 점진적 색상 배열을 만들 수 있고 상호작용이 가능한 인터넷 색상 고리들도 많아서 다양한 점진적 색상 배열을 만드는 데 유용하게 활용할 수 있다.

색상 의미

기억해야 할 또 하나의 색상 규칙은 각 색상이 느낌(슬픈, 기쁜), 상태(좋은, 나쁜), 그리고 특정 지도 사상(나무, 하늘)과 관련된 의미를 가진다는 것이다. 색상 의미(color connotation)는 모든 문화권에 동일한 것은 아니지만, 많은 문화권에서 공유되는 지도 관련 색상 의미가 존재한다(그림 5.12 참조).

　지도를 디자인할 때 잘못된 정보를 전달하지 않기 위해서는 이러한 색상 의미를 명심해

그림 5.12 지도 변수에 적용할 수 있는 다양한 색상 의미 조합

야 한다. 예를 들어, 야생동물의 통행로를 강조하기 위해 짙은 빨간색으로 표현하면 독자들에게 혼돈을 줄 수 있다. 빨간색은 미국이나 다른 문화권에서 '위험'이나 '나쁜 상태'를 나타낼 때 주로 사용하기 때문에, 실제로는 야생동물에게 도움이 되는 지역을 나타내는 표시이지만 정반대의 인상을 전달하는 것이다. 또 일반인들이 보통 물을 표시한다고 생각하는 파란색을 야생동물 서식 지역에 사용하는 경우에도 독자에게 혼란을 줄 수 있다.

색상 의미를 논의하고 그 일반적인 사례를 제시하는 것은 색상들이 가진 전통적인 의미를 무시하지 않도록 하려는 것이다. 하지만 이러한 것들은 주관적인 해석이며 엄격한 규칙들이 아니므로 합당한 이유가 있다고 하면 충분한 설명과 함께 전통적이지 않은 색상 선택을 할 수도 있다. 전통적 의미에 제약을 받기보다는 참고로 활용하도록 한다.

흥미로운 사실은 색상 의미가 시대에 따라 계속 변화한다는 사실이다(이를테면 비교적 최근인 20세기 초만 해도 분홍색은 남자아이, 파란색은 여자아이를 연상시키는 색이었지만 최근에는 정반대의 연상이 일반적이다).[b] 이처럼 성과 색상 선호도는 시대에 따라 바뀌고 상관관계가 약해지는 경향을 보이고 있다. 결국 색상에 대한 개인적 선호도는 문화적이고 개인적인 것이지 일반적인 규칙은 아니라고 할 수 있다.

표준적인 색상 의미를 위반하는 색상을 지도에 의도적으로 사용하는 이유는 대체로 새롭고 신선한 느낌을 주어 독자들의 시선을 끌기 위함이다. 익숙하지 않은 색상 배열은 그림 5.13에서처럼 초현실적인 느낌을 주어 그림 5.11과는 완전히 다른 지도로 보이도록 하는 효과를 얻기도 한다.

야생동물 통행로 사례에서 언급했던 것처럼 특정 색상이 가진 의미는 문화권마다 다를 수도 있다. 국제적인 독자를 대상으로 지도를 디자인할 때는 가능하면 그 문화에 익숙한 사람들을 통해 당신이 선택한 색상 배열에 대해 검토를 받는 것이 좋다. 주의해서 사용해

b   역자 주 : 신생아들의 옷 색깔을 생각하면 쉽게 이해할 수 있다.

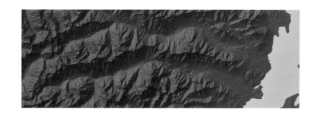

그림 5.13 전통적인 색상 배열은 따르지 않은 고도 지도. 이런 색상 배열을 이용한 고도 지도는 독자에게 익숙하지 않아 초현실적인 느낌을 준다. 동일한 데이터를 전통적인 색상 배열로 표현한 지도는 그림 5.11에서 볼 수 있다.

야 하는 색상 배열의 사례로는 변수의 높고 낮은 값들을 표현하기 위해 지도에서 자주 사용되는 녹색–빨간색 색상 배열이다. 이 배열에서 변수의 '나쁜' 양은 빨간색으로 '좋은' 양은 녹색으로 표현되는 것이 보통이다. 사업 지도의 경우에도 투자에 유리한 장소는 녹색으로, 나쁜 장소는 빨간색으로 표현하는 것이 일반적이다. 유럽과 서구 문화에 있어서 녹색은 일반적으로 호감, 봄, 환경적인 올바름을 연상하게 하는 반면에 빨간색은 위험하고 좋지 못한 환경 상태를 연상하게 하기 때문이다. 따라서 이 사례들에 별 문제가 없어 보일 수도 있지만 중국에서는 빨간색이 행운과 축복을 나타내는 색이다. 문화에 따라서 다른 색상 의미는 당신의 지도가 다른 문화의 독자들에게 잘못된 연상이나 느낌을 제공하여 예상하지 못한 문제를 초래할 수도 있다.

색상 혼합 착시 효과

제3장 '지도 배치 디자인'의 '범례' 부분에서 언급하였듯이 색상들은 어떤 색과 어떻게 조합되느냐에 따라 다르게 인식될 수 있다. 그러므로 지도의 특정 부분이나 특정 사상을 표현하는 색을 선택하기 전에 다양한 색상 조합(blending)을 살펴봐야 한다. 컴퓨터 소프트웨어 도구를 사용할 수도 있고 당신만의 색상 조합표를 만들어 사용할 수도 있다.[2] 그림 5.14와 같은 색상 조합을 참조하거나 시간이 많이 걸리더라도 GIS 프로그램에서 여러 색상 조합을 반복적으로 적용해서 최적을 색상 조합을 골라낼 수도 있을 것이다. 그렇게 하면 당신만의 색상 조합표를 만들어서 다음 작업에서 활용할 수 있을 것이다. 그림 5.14에 있는 색상 상자들은 저자가 찾아낸 비교적 잘 어울리는 색상 조합들이다. 이러한 색상 조합표는 다양한 자료들을 검토하면서 만들 수 있는데, 저저의 경우에는 아동 도서의 표지와 뒷면에 사용된 색상 조합을 참고하여 작성했다.

색상 조합 상자를 만들어 보는 다른 이유는 색상들이 서로 충돌하는지 여부와 또한 색들이 중첩될 때 착시 효과가 발생하지는 않는지 알아보기 위해서이다. 색들이 떨어져 있을 때와는 다르게 2개 이상의 색이 중첩되었을 때는 지도에서 있어서는 안 될 예상하지 못한

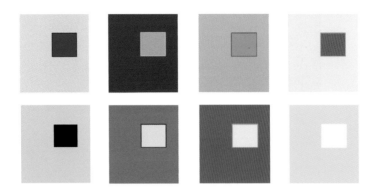

그림 5.14 다양한 아동 도서 앞뒤 표지에서 찾아낸 색상 조합. 출판사의 그래픽 아티스트들이 신중하게 선택한 색들로 이미 상당한 검증을 거친 조합이다. 주변을 살펴보면 색상 선택에 영감을 줄 수 있는 다양한 자료가 있음을 알게 된다.

차가운 바탕에 따뜻함   따뜻한 바탕에 차가움

그림 5.15 왼쪽의 색상 조합에서는 빨간색이 튀어나와 보여 보는 사람을 어지럽게 만든다. 오른쪽의 색상 조합에서는 파란색이 뒤로 밀려나 보인다.

착시 효과를 만들기도 한다. GIS 지도에서 이러한 효과들이 다른 그래픽 디자인 분야에서처럼 자주 문제가 되지는 않지만 개념적으로라도 이해하고 있어야 지도 제작에서 발생할 수 있는 시각적 문제를 미연에 방지할 수 있다.

우선 알아 두어야 할 것은 차가운 색상들과 따뜻한 색상들이 있다는 것이다. 그림 5.2의 색상 고리에서 왼쪽에 있는 색상들, 즉 파란색, 녹색, 자주색을 보자. 이들이 차가운 색상이다. 오른쪽에 있는 것들이 따뜻한 색상으로 빨간색, 노란색, 오렌지색이다. 따뜻한 색상이 차가운 배경 위에 놓이면 돌출되어 보여서 입체 효과를 만들고 간혹 보는 사람을 어지럽게 하기도 한다. 당신의 지도 페이지가 파란색 바탕이라면 제목을 빨간색으로 하지 않는 것이 좋다. 반대로 차가운 색상이 따뜻한 색상의 배경 위에 놓이면 그 색상은 배경에 비해 뒤로 밀려나 보이게 된다(그림 5.15 참조).

둘째로는 동일한 색상이라도 배경색의 채도에 따라 다르게 보인다는 것이다. 만약 배경색이 어두우면 전경의 색상이 더 활기차 보이며, 배경이 밝으면 전경색이 덜 활기차 보인

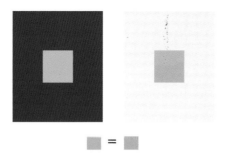

그림 5.16 그림에서 양쪽의 오렌지색 상자는 동일한 색이다. 하지만 왼쪽 오렌지색은 오른쪽에 비해 더 활기차 보이는데, 이는 배경색의 채도가 다르기 때문이다.

다(그림 5.16 참조).

색상 대비

GIS에서 중요한 또 다른 시각적 인지 법칙은 색상 대비(contrast)이다. 지도 영역에서 지도 사상들 간의 색상 대비가 매우 중요한데, 대비가 없다면 지도에서 어느 사상이 중요한지 잘 표현되지 않기 때문이다. 색상 대비의 목적은 지도의 독자들이 특정 사상들을 다른 사상들이나 배경으로부터 쉽게 구분할 수 있도록 하는 것이다. 예를 들어 전통적인 지하철 지도에서 지하철 노선들은 파란색이나 빨간색처럼 매우 채도가 높은 색상들로 나타내는 반면 배경은 흰색을 사용한다. 독자들의 관심은 자연히 그 지하철 노선에 집중되는데, 이는 그 노선들이 지도의 주된 목적이기 때문이다. 높은 색상 대비는 작은 지하철 사상들을 보다 명확히 볼 수 있도록 한다. 내비게이션 지도들 또한 배경, 기본도, 지도 사상, 관심 지점들 사이에 높은 색상 대비를 보여 준다. 지역 공동체를 위해서 병원과 응급 센터 등을 포함하는 응급의료 지도를 작성한다면, 밝은 바탕에 생생한 빨간색 사각형으로 응급 시설을 표시해서 응급한 경우에 있는 사람들이 그 지점들을 쉽게 찾을 수 있도록 해야 하는 것이다.

주의사항 : 초보 지도 제작자들이 자주 하는 실수 중 하나는 채도가 높은 색상을 너무 많이 사용하거나 또는 채도가 충분하지 않은 색상들을 사용하는 것이다. 어떤 이들은 지도에 너무 많은 색상을 사용해서 그 지도가 너무 도드라져 보이는 것을 두려워하며(무엇이 문제인가!), 반대로 다른 이들은 지도에 흐린 색을 많이 써서 디자인 기술의 부족이나 지도의 목적에 대한 자신감의 부족을 숨기고 싶어 한다. 이유가 어찌 되었든 초보 지도 제작자들은 많은 경험과 색상 대비에 대한 주의, 비판적 피드백을 통해 이러한 상황을 극복해야 한다.

지하철 노선도와 응급 서비스 지도 사례에서는 옅은 배경에 몇 개의 짙은 색상으로 좋은 색상 대비를 보여 주었는데 그 반대의 경우, 즉 어두운 바탕에 밝은 색의 사상들을 사용하

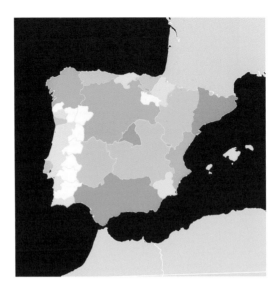

그림 5.17 어두운 배경과 밝은 전경을 색상 대비를 보여주는 지도. 대부분 사람들이 생각하는 좋은 색상 대비(밝은 배경, 어두운 전경)의 반대 경우이다. 짙은 색상은 일반적으로 보고서 표지나 웹 그래픽에 적합하다.

는 것도 훌륭한 방법이다. 예를 들어, 앞의 스페인 지도(그림 5.10)를 살펴보자. 그 지도에서 중요한 점은 5단계 음영 규칙을 확인하는 것이었으며 따라서 배경에 대해서는 언급하지 않았다. 하지만 이 지도를 인터넷 지도나 보고서 등 다른 목적을 위한 지도로 수정한다면 주변 국가의 국경선과 바다 영역을 배경으로 추가할 필요가 있다. 배경이 되는 바다를 어두운 파란색으로 하고, 올리브 그린 색으로 주변국을 표시하면(그림 5.17 참조), 주된 사상(스페인과 포르투갈)의 밝은 복숭아 색이 두드러져 보이는 시각적인 대비를 얻을 수 있다.

색상 선택에 있어서 적당한 색상 대비를 제공하려면 어두운 배경에 밝은 색의 사상을 사용하든 또는 밝은 배경에 어두운 색 사상을 사용하든 간에 가장 중요한 데이터가 독자들의 주의를 끌 수 있도록 해야 한다.

원색의 남용은 오히려 역효과를 가져온다

앞에서는 주로 지도 페이지의 지도 영역에 적용하는 색상 규칙에 대해 설명했다. 이제 지도 주변 요소들, 즉 도표(chart), 그래프, 방위 표시, 축척 표시, 기타 표식(icon) 등에 사용하는 색상에 대해 알아보자. 우선적으로 알아 두어야 할 것은 지도 주변 요소를 다양한 색상을 이용해 장식하는 것은 주된 지도 영역으로부터 독자들의 주의를 이탈시킬 수 있기 때문에 자제해야 한다는 점이다. 스티븐 퓨(Stephen Few)의 글에서 발췌한 다음 문구는 이러한 점을 잘 지적하고 있다. "색상 이론과 색을 통한 정보 전달에 관련한 학회에서 이루어지는 발표들을 보면 오히려 발표 자료에 너무 화려한 색을 사용하지 않는 것이 좋다는 것을 알

지도를 그림 파일로 내보내기 할 때의 색 변화

지도를 JPEG와 GIF와 같이 압축된 그림 파일 포맷으로 저장하면 원래의 색이 다른 색으로 변하기도 한다는 점을 주의해야 한다. 대부분의 경우에는 비슷한 색상으로 변하지만 간혹 완전히 다른 색으로 바뀌기도 한다. 위와 같은 압축 파일 포맷의 압축 알고리즘이 파일의 크기를 줄이는 과정에서 색상을 지정한 정보 일부분에 손실이 발생하기 때문이다. GIF 파일 형식의 경우 GIS 소프트웨어에서 지도를 그림 파일로 저장할 때 선택하는 옵션을 적절히 수정해서 이러한 색의 손상을 어느 정도 방지할 수 있다. 하지만 JPEG 형식의 경우 파일의 압축 정도를 수정하지 않으면 색 손상을 줄일 수 없다. 이조차도 사용하는 소프트웨어에 따라 옵션에 포함되어 있을 수도 있고 그렇지 않을 수도 있다는 문제가 있다.

수 있다. 발표자들의 파워포인트 슬라이드 자료들은 다른 어떤 그래픽보다 회색 계열의 차분한 색이 많이 사용되는데, 이 사실은 이 전문가들이 다양한 색상을 합당한 이유 없이 함부로 사용하면 안 된다는 점을 가장 잘 알고 있다는 것을 반영하고 있다."[3]

어쩔 수 없이 지도 주변 요소들을 원색의 색상으로 표현해야만 한다면 지도 영역에서 색상 선택을 위해 고려했던 모든 요소들을 검토하여 적절한 색을 선택해야 한다. 앞서 언급했던 것처럼 지도 영역에서 주된 지도 사상을 강조하기 위해 사용했던 색상을 지도 주변 요소에 사용하려면 전체적인 균형과 색감을 주의 깊게 고려하여 지도 제목이나 배경에 그 색을 적용할 수 있다. 이처럼 지도 사상에 사용된 색을 지도 주변 요소에 다시 사용하는 것을 색상 반복이라 한다. 이는 회화 작품을 전시할 때 액자를 고르는 것과 유사한 작업이다. 표구 전문가는 작품에서 중요하게 등장하지만 지나치게 많이 사용되지 않은 색상을 선택해서 액자의 색상을 정하는 경향이 있다. 그와 같이 지도 제작자는 지도 주변 요소의 색이 지도 영역에서 사용된 색상과 충돌하지 않고 전체적인 지도 디자인에 색 균형을 보완할 수 있도록 지도 주변 요소의 색상을 선택해야 한다. 마지막으로 어떤 색상이 지도에 사용될 때 어떤 효과를 주는지, 즉 주의를 분산시키는지, 과도하게 화려한지, 아니면 보완적인지, 지도의 의미를 잘 전달하고 있는 등의 여부가 불확실하다면 그 색상을 사용하지 않는 것이 현명한 방법이다.

색약(색맹)인을 위한 색상 선택

디자인을 할 때는 반드시 독자가 누구인지를 고려해야 한다. 독자와 관련된 디자인 이슈

중에서 지도 제작자들이 흔히 무시하고 있는 문제가 색맹이나 색약의 시각적 제약을 가진 사람들을 고려한 지도 디자인이다. 당신이 빨간색과 녹색을 조합한 아주 멋진 색상 배열을 이용해 지도를 만들었는데, 그 지도 작업을 요청한 당신의 직장 상사가 빨간색과 녹색을 구분하지 못하는 적-녹 색맹이라면 당신은 완전히 헛수고를 한 셈이 된다. 또 시민들을 위해 공원 길 지도를 디자인했는데, 10% 정도의 시민들이 말(馬)이 다니는 길을 표시한 색상과 산책로를 표시한 색상을 구분하지 못한다는 것을 알았다고 하자. 당신이 만든 지도는 많은 사람들의 시간을 낭비하는 것일 뿐만 아니라 어떤 사람에게는 재앙이 될 수도 있다.

> 만약 당신이 주변 동료를 위해 지도를 만들고 있고 그 동료들이 3명의 백인(Caucasian) 남성이라면 그들 중에 1명이 적-녹 색약자일 확률이 약 22%나 된다.

색약(color deficiency, 색맹 포함)이 무엇인지, 색약인도 문제없이 이해할 수 있는 지도를 디자인하기 위해서는 어떻게 해야 하는지는 모든 지도 제작자의 주된 관심이다. 우선 색약이 어떤 것인지에 중점을 두고 설명하겠다. 색약은 몇 가지 색상만을 구분하지 못하는 가벼운 증상부터 흑백을 제외하고는 어떤 색상도 구분하지 못하는, 드물지만 매우 심각한 경우의 시각적인 장애를 일컫는다. 가장 많은 색약은 적-녹 색약으로 빨간색과 녹색이 구분되지 않고 모두 갈색으로 보인다. 적-녹 색약은 유전적으로 북유럽인 후손 중 남성의 약 8%와 여성의 약 0.5%에서 나타나는 것으로 알려져 있다. 다른 지역의 인구들에서는 그 비율이 비교적 낮게 나타나는데, 예를 들어 아시아 남성은 약 5%, 아프리카 남성은 약 4% 정도로 나타난다. 다른 색약으로는 파란색과 노란색을 구분하지 못하는 청-황 색약이 있다. 청-황 색약은 남성과 여성에게 동일한 비율로 나타나는데 인류의 약 0.01%만이 해당한다. 가장 드문 색약은 흑-백 색약으로 전 인류의 약 0.003%만이 그런 증상을 보인다고 한다.

색약을 가진 사람들이 이해할 수 있는 지도를 디자인하려면 어떻게 해야 할까? 우선 적-녹이나 청-황 색약을 가진 사람들도 색을 볼 수 있다는 것을 이해하는 것이 중요하다. 다만 그들은 같은 색이라도 보통 사람들이 보는 것과 다른 색으로 인지한다는 것이 문제이다. GIS 지도 디자인에 있어서 색약의 문제는 점진적 색상 배열을 사용하는 지도(단계구분도 또는 밀도 지도)에서 독자들이 색상들의 차이를 구분할 수 없을 때 발생한다. 점진적 색상 배열 중 가장 흔히 사용되는 색상 램프가 녹-적 색상 램프임을 고려하면 상당히 많은 지도 디자인이 적-녹 색약을 가진 사람들을 고려하지 않고 제작되었다는 사실을 알 수 있다.

피해야 할 색상 조합

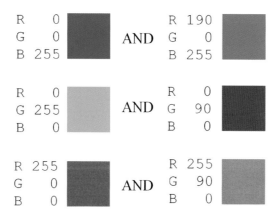

그림 5.18 가까이 붙어 있는 지도 사상들인데 적-녹 색약인들이 꼭 식별할 수 있어야 한다면 그림과 같이 RGB 값에서 녹색 값(G 값)과 빨간색 값(R 값)만 다른 색들의 쌍은 사용하지 말아야 한다.

특히 지도에서 많은 점, 선, 면 사상이 복잡하게 붙어 있을수록 색약인이 판독하기가 더 어려워진다. 지도에 포함된 사상이 녹색과 빨간색이더라도 그 수가 적고 공간적으로 어느 정도 분리되어 있으면 적-녹 색약을 가진 사람도 판독할 수 있다. 이것은 색약인을 위한 지도 디자인에서 지도 사상의 크기와 사상의 조밀도가 색상 배열과 같이 고려되어야 한다는 것을 시사한다. 운전면허증 취득을 위한 시력 검사에서 일반적으로 사용되는 색약 검사판(Ishihara hidden-digit plate)의 형태를 통해서도 알 수 있다. 여러 가지 색의 작은 점들이 촘촘하게 찍혀 있고 그 안에서 같은 색의 점들을 연결해서 볼 수 있을 때 식별할 수 있는 숫자를 숨겨 놓은 것인데, 색약을 가진 사람들은 색이 정확히 구분되지 않아서 검사판의 숫자를 알아볼 수 없는 것이다. 검사판에 여러 색의 작은 점들을 촘촘히 넣는다는 것은 색상 자체 이외에 색 점들의 크기도 검사판에서 숫자들을 식별해 내는 데 영향을 준다는 것을 보여 주는 것이다.

채도가 낮은 색상들은 서로 구분하기 어렵기 때문에 사용할 때 주의해야 한다. 예를 들어 바다를 연한 파란색으로 표현하고 육지를 채도가 낮은 옅은 노란색으로 표현하는 경우가 많은데, 이런 조합은 채도가 높은 색상의 조합보다 청-황 색약을 가진 사람들이 식별하기가 훨씬 어렵다. 적-녹 색약인을 위한 색상 선택에서 주의해야 할 또 다른 상황은 (RGB 색상 체계의 경우) 녹색 값 또는 빨간색 값만 다른 두 색의 조합을 사용하는 경우이다. 이런 색 조합은 적-녹 색약인들이 식별할 수가 없는데, 예를 들어 그림 5.18에서 제일 위의 파란색과 자주색 조합은 빨간색 값만 다르기 때문에 적-녹 색약인들에게는 같은 색으로 보일 수 있다는 것이다.

또한 순수한 빨간색과 녹색의 조합도 색약인들에게 판독이 가장 어려운 조합 중 하나이다. 빨간색에 파란색을 조금 섞거나 녹색에 노란색을 조금 섞으면 훨씬 구분하기 용이하다. 따라서 조금만 신경 써서 색상에 충분한 대비를 부여하면 색약인들의 지도 판독 문제를 피해갈 수도 있다. 색상의 명도를 조절하는 것도 좋은 방법이다. 여러 방법을 통해 색 조합에서 충분한 시각적 대비를 확보하면 다른 사람들이 인지하는 것과 동일한 수준은 아니더라도 색약을 가진 사람들도 지도 사상들을 서로 구분하여 인지할 수 있고 범례에서 찾을 수 있으며 따라서 지도를 정확하게 해석할 수 있을 것이다.

당신이 색약인이 아니라고 가정하고 동료들이나 다른 여러 사람을 위해 지도를 디자인한다면 지도를 보게 될 사람 중에 색약인이 포함될 수 있다는 사실을 항상 염두에 두어야 한다. 지도가 널리 배포될 가능성이 있거나 학회 등에서 공개적으로 발표되는 지도라면, 특히 미래의 독자나 청중 중에 색약인이 포함되어 있을 가능성이 크기 때문에 Vischeck와 같은 색약 시뮬레이션 알고리즘을 통해 선택한 색상 조합을 사용해야 할 것이다.[4] Vischeck는 일종의 인터넷 서비스인데 당신이 제작한 지도를 사이트에 업로드하면 지도가 색약인들의 눈에 어떻게 보일지 그래픽으로 변환하여 보여 주는 서비스이다. 또 다른 옵션으로는 색약인들도 식별할 수 있는 색상 배열을 제공하는 서비스를 이용하는 것이다. ColorBrewer 사이트는 이러한 색상 배열 추천 서비스의 가장 대표적인 사례이며, 지도 제작에 매우 유용하게 활용할 수 있다.[5]

✹ 예술적 영감

영감(inspiration)에 대한 설명을 색상 동심원의 세 원 중에 가장 마지막에 하게 되었지만 가장 중요도가 떨어져서 그런 것은 아니다. 사실 예술적 영감에 대한 설명을 다른 두 부분 뒤에 둔 것은 다른 두 개념에 대해서 먼저 학습한 뒤에 영감에 대한 설명을 들어야 색상의 선택에 있어서 예술적인 영감을 너무 중요시한 나머지 앞의 두 부분, 즉 색상 이론과 색상 선택 규칙에 대한 내용을 무시하게 되는 일이 없을 것이라고 생각했기 때문이다. 이렇게 말하는 이유는 '아름다운 지도'를 만들기 위해서 색상 배열을 선택할 때 가장 쉬운 방법이 예술적 영감을 주는 다른 예술 작품에서 사용된 색의 조합을 차용하는 것이기 때문이다. 저자는 인테리어 디자인과 관련된 텔레비전 프로그램에서 어떤 디자이너가 자신의 작품을 소개하면서 그 디자인의 전체적인 톤, 스타일, 색상을 그 집 헛간에서 발견한 낡은 회화 작품에서 얻은 영감에 따라 디자인했다고 소개하는 것을 들은 적이 있다. 영감을 주는 작품이 어떤 종류의 예술 작품인지나 어디에서 본 것인지는 중요하지 않다. 중요한 것은 당신

역시 다른 사람의 작품으로부터 얻은 영감을 당신이 제작한 지도에 적용할 수 있다는 것이다. 지도 제작자를 포함한 모든 디자인 영역에서 이러한 상호 참조는 일상적인 일이다. 물론 저작권을 침해할 수 있는 너무 심한 흉내 내기는 제외해야 한다.

지도 디자인을 위한 색상 선택에서 예술적 '영감'을 활용한다는 것은 이런 의미이다. 즉 인터넷이나 잡지, 신문, 박물관 등에서 훌륭한 예술품을 발견하면 그 작품에서 사용된 색상들의 조합을 메모해 두거나 꼼꼼히 보고 기억해 두는 것이다. 중심이 되는 사물에는 무슨 색을 사용했나? 배경에는 무슨 색을 사용했나? 그 색들이 어떻게 조화되는가? 그 색상 조합이 주는 느낌은 어떤가? 등을 자세하게 기록하는 것이 좋다. 당신은 다음에 지도 작업을 할 때 그런 색상 조합들을 지도의 목적에 맞게 골라서 사용하기만 하면 되는 것이다.

회화와 같은 클래식 예술이 성격에 맞지 않는다고 하더라도 색상 선택에 대한 예술적 영감은 어디서든 얻을 수 있다. 의류/패션 산업도 좋은 영감의 원천이 될 수 있다. 의류 회사들은 계절마다 그들이 디자인한 신상품을 보여 주기 위해 온라인 사이트와 책자로 패션 화보를 제작하여 배포한다. 최근의 패션 화보를 보면 어떤 색상이 지금 유행하고 있고 어떤 색들을 어떻게 조합했을 때 잘 어울리는지에 대한 힌트를 얻을 수 있다. 저자의 경우는 아동 도서를 포함한 책의 앞뒤 표지 디자인에서 지도에 사용할 색상 조합 아이디어를 많이 얻었다. 페인트 가게의 페인트 카탈로그도 색상에 대한 영감의 좋은 원천이 된다. 그 카탈로그들은 페인트 브랜드마다 서로 잘 어울리는 색상을 선택하여 잘 정리된 색상 조합들을 보여 준다. 그 외에도 색상 배열에 참고할 수 있는 자료들은 수없이 많다. 단지 약간의 창조적 생각과 주의 깊은 눈을 가지면 된다. 색상 선택을 위한 영감을 위한 몇 가지 자료 출처들을 나열하면 다음과 같다.

- 자연(사진이나 또는 실제 여행을 통해)
- 직물 견본(가구 덮개나 베개/방석 커버 등)
- 의류 카탈로그(온라인 또는 인쇄물)
- 책의 앞뒤 표지
- 페인트 카탈로그(온라인 또는 페인트 가게에서 얻을 수 있음)
- 건물 도색(동네 산책)
- 그림(박물관이나 온라인에 게시된 작품)
- 다른 사람들이 제작한 지도
- 꽃다발/화환 등(인터넷 꽃다발 주문 사이트에서 많이 볼 수 있음)

어떤 자료가 되었든 영감을 주는 작품으로부터 색상 조합을 골랐다면 이제는 그것을 당신이 제작하는 지도의 목적에 맞게 수정하여 사용해야 한다. 색상 이론과 지도에서의 색상 규칙에 대한 지식이 필요한 때는 그때가 될 것이다. 아주 드물게 영감을 주는 작품에서 차용한 색상 조합을 지도에 그대로 사용하는 경우도 있지만 대부분의 경우에는 지도 목적에 따라 여러 색상 규칙을 적용하고 다양하게 색상을 조절하다 보면 원래의 색상 조합에서 상당히 달라진 모습의 색상 배열을 사용하게 된다는 것을 알게 될 것이다. 그런 노력을 통해 만들어 낸 색상 조합은 영광스럽게도 다른 지도 제작자들에게 색상 선택에 대한 영감을 주는 작품이 될 수도 있을 것이다.

✺ 회색 톤의 부활

이제 색상 배열이나 색상 조합에 대한 설명을 정리하고, 조금 되돌아가서 흑백 지도에 대해 잠시 논의하고자 한다. GIS가 처음 고안되었을 때는 대부분의 지도가 흑백-회색 톤으로 디자인되었다. GIS 소프트웨어들의 사용자 인터페이스가 원시적이고 컬러 모니터나 컬러 프린터가 귀한 시대였기 때문에 컬러 지도를 만드는 것은 너무 노동력과 비용이 많이 드는 힘든 작업이었다. 그러나 이제는 대부분의 GIS 소프트웨어가 색상 선택을 쉽게 할 수 있는 그래픽 사용자 인터페이스를 제공하고 컬러 모니터나 컬러 프린터/플로터가 거의 모든 사무실에 비치되어 있어서 지도를 컬러로 제작하는 것이 일반적인 일이 되었다. 그러다 보니 종이 신문을 제외하고는 흑백이나 회색 톤의 색상 배열을 사용한 지도를 거의 찾아보기 어렵게 되었다. 그렇다면 회색 톤의 색 배열을 사용한 지도는 이제 필요 없는 것일까? 그렇지는 않다.

우선 기술의 발달로 원색 인쇄 기술이 보편화되면서 사람들이 너무 다양한 원색을 특별한 이유 없이, 더구나 지도의 주제에 상반되는 형태로 사용하는 경우가 많아지고 있다는 지적이 있다. 그런 무절제한 원색의 배열에 비해 회색 톤은 고급스럽고 간결한 느낌을 준다는 장점이 있다. 필요한 경우는 원색의 색상 배열을 사용해야 하겠지만 구별해야 할 변수가 많지 않은 지도를 디자인할 경우에는 회색 톤의 색상 배열을 먼저 고려해 보아야 한다.

회색 톤을 현대적인 느낌으로 잘 활용하는 대표적인 사례로 뉴욕 타임스 신문의 그래픽 부서에서 디자인하는 지도를 들 수 있다. 그들이 제작한 지도에 사용되는 색상 배열은 매우 세련되고 차분한 느낌을 준다. 지도에서 사용되는 색상 배열은 대부분 밝기를 달리 하는 회색들로 구성되어 있고, 지도에 중첩되는 지도 사상 중에서 강조가 필요한 중요한 사상들만 원색으로 표현한다. 뉴욕 타임스에서 제작한 인구 지도에서는 회색 톤의 배경에 약간의 채도를 준 녹색과 빨간색 점들로 인구 분포를 표현하였고, 그 지도는 전문가들 사이에서 최근에 발표된 지도 중에서 가장 고급스럽고 훌륭한 지도 중 하나로 평가받고 있다.

그런 측면에서 뉴욕 타임스의 지도 스타일은 회색 톤의 부활을 알리는 가장 대표적인 사례이다.

지도 제작자들이 무채색(neutral)을 선호하는 입장으로 바뀌는 또 다른 이유는 바로 디자인에 대한 자신감이 커지면서이다. 지도 제작자가 자신의 지도 디자인에 자신감을 갖게 될수록 원색을 사용하는 것이 기존에 생각했던 것만큼 필수적이 아니라는 것을 깨닫게 된다. 지도 객체들을 적절히 배치하고 선의 두께나 디자인의 다른 요소들을 균형 있게 디자인하는 요령이 늘면 화려한 원색을 사용하는 것이 지도 디자인 요소의 균형과 안정감을 오히려 해치기도 한다는 사실을 알게 되는 것이다. 무채색의 색상 조합이 인기를 끌고 있는 또 다른 이유는 다양한 지도가 제작됨에 따라 지도의 형식도 다양해지고 있기 때문이다. 최근에 들어서는 화려한 원색을 사용한 지도보다 우아해 보이고 개성 있는 회색 톤 지도가 사람들의 시선을 더 쉽게 끌기도 한다. 주변에 온통 화려한 원색들이 즐비할 때는 오히려 차분한 흑백이 신선한 느낌을 주기 때문이다.

⟨ 주

1. H. Meihoefer, "The Utility of the Circle as an Effective Cartographic Symbol," *Cartographica: The International Journal for Geographic Information and Geovisualization* 6, no.2 (1969): 105-117.

2. 대표적으로 펜실베이니아주립대학교 지리학과의 신시아 브루어(Cynthia Brewer) 교수가 개발한 ColorBrewer가 있다. http://www.colorbrewer.org.

3. S. Few, "Practical Rules for Using Color in Charts," *Perceptual Edge Visual Business Intelligence Newsletter* (2008), http://www.perceptualedge.com/library.php (2013년 10월 8일 접속).

4. B. Dougherty and A. Wade. Vischeck website, 2008, http://www.vischeck.com (2013년 10월 8일 접속).

5. ColorBrewer, http://www.colorbrewer.org.

6. D. P. Finlayson. "Combined Bathymetry and Topography of the Puget Lowland." 2005, University of Washington, http://www.ocean.washington.edu/data/pugetsound (2013년 10월 8일 접속).

4096 Color Wheel은 색상 선택을 위한 온라인 도구이다. 색상 고리에서 마음에 드는 색을 선택할 수 있고, 선택한 색의 속성을 수정하여 새로운 색을 만들거나 그 색의 16진수 값을 만들 수 있다. http://www.ficml.org/jemimap/style/color/wheel.html.

Adobe Illustrator의 도움말(about) 페이지에서 RGB, CMYK, HSB, Lab 등 다양한 색상 모형에 대한 설명을 볼 수 있다. http://help.adobe.com/en_US/illustrator/cs/using/WS714a38 2cdf7d304e7e07d0100196cbc5f-6295a.html.

CIELAB Australia는 CIELAB 색상 모델에 대한 멋진 시각화 도구를 제공하고 있다. http://cielab.com.au/?p=66.

Color Scheme Designer는 색상 고리를 클릭해서 색상 배열을 구성할 수 있는 상호작용 기반 온라인 도구이다. 사용자가 선택한 하나의 색상을 기반으로 다양한 유사색, 보색, 다채색 색상 조합들을 만들어 볼 수 있다. http://colorschemedesigner.com.

Color Wheel Pro, TiGERcolor, Genopal은 색상과 색상 배열을 제작할 수 있도록 도와주는 소프트웨어 프로그램이다. http://www.color-wheel-pro.com, http://www.tigercolor.com, http://www.genopal.com.

COLOURlovers는 회원이 작성한 색상이나 색상 배열을 게시하여 다른 구성원에게 평가를 받고 비판적인 조언을 얻을 수 있는 온라인 커뮤니티이다. 다양한 정보와 색상에 관한 최신 유행을 반영하는 글들을 많이 찾아볼 수 있다. 색상을 선택해야 하거나 특정한 RGB 값이 필요할 때 유용한 사이트이다. http://www.colourlovers.com. 다음 문서도 참고하라. "Common Color Names for Easy Reference," http://www.colourlovers.com/blog/2007/07/24/32-common-color-names-for-easy-reference.

Kuler는 Adobe 사에서 제공하는 또 다른 색상 커뮤니티 사이트로 색상 배열을 만들 수 있도록 도와준다. http://kuler.adobe.com/#.

Perry-Castaneda Library Map Colleciton은 색상 선택에 영감을 줄 수 있는 다양한 지도를 제공한다. http://www.lib.utexas.edu/maps.

Strange Maps는 다양한 지도와 그에 대한 평가를 읽을 수 있는 인기 블로그이다. 블로그에 게시된 지도들은 새로운 지도 디자인 방법이나 색상 배열에 대한 아이디어를 얻을 때 유용하다. http://bigthink.com/blogs/strange-maps.

The Code Side of Color는 벤 그레밀리언(Ben Gremillion)이 2012년 스매싱매거진에 기고한 16진법 색상 체계에 대한 기사이다. http://coding.smashingmagazine.com/2012/10/04/the-code-side-of-color.

*Transit Maps of the World*는 다양한 교통 지도를 설명해 놓은 책으로 색상 선택에 대한 자료가 풍부하다. 이 책은 그 자체로도 멋지게 디자인되어 있어서 레이아웃, 보고서, 책 등에 지도를 넣을 때 어떻게 페이지를 디자인해야 하는지에 대한 모범 사례를 많이 포함

하고 있다. Mark Ovenden and Mike Ashworth, *Transit Maps of the World* (New York: Penguin Books, 2007).

연습 문제

1. 색상 조화의 네 가지 유형을 설명하라.
2. 16진법 색상 체계와 그 용도를 설명하라.
3. 형상-배경 관계가 중요한 이유는 무엇인가? 형상-배경 대비를 잘 활용할 지도 세 가지를 찾아서 색상 대비 측면에서 어떤 사상이 형상으로 어떤 것이 바탕으로 사용되었는지, 어떤 색상 조합이나 기법이 형상-배경 대비를 위해 사용되었는지 설명하라.
4. 단계구분도, 밀도 지도(열지도), 고도 지도는 지도 정보의 전달을 위한 주된 수단으로 점진적 색상 배열을 사용한다. 단계구분도란 무엇인가? 그리고 단계구분도 작성 과정에서 점진적 색상 배열을 적용하기 이전에 이루어져야 하는 작업은 무엇인가?
5. 단계구분도와 밀도 지도의 차이를 설명하라.
6. 서구 문화에서 빨간색은 어떤 의미를 갖는가? 파란색은? 녹색은?
7. 자주색 바탕 위에 작은 오렌지색 사상이 있으면 어떻게 보이는가?
8. 색상 반복은 무엇인가?
9. 지도 제작자가 색약인을 고려해야 하는 이유는 무엇인가? 색약을 가진 사람도 이해할 수 있는 지도를 제작하기 위해 지도 제작자가 주의해야 할 세 가지 고려사항은 무엇인가?
10. 고도별 색조는 무엇인가?

실습

1. 당신이 지도 제작회사를 운영하고 있다고 가정하고 당신 회사에서 사용하는 다섯 가지 색상 배열(4개의 색으로 구성)에 대한 소개 책자를 만들어 본다. 책자는 다음 내용을 포함해야 한다(힌트 : 색상 배열은 다른 지도나 예술 작품의 색상 배열을 참조하여 만들어도 된다).

   - 각 색상 배열의 16진수 값과 RGB 값을 포함하는 색상 견본(그림 5.3~5.4 참조)
   - 직접 명명한 각 색상 배열의 이름
   - 색상 배열마다 해당 색상 배열을 이용해 제작한 표본 지도를 포함
     (표본 지도는 Natural Earth Data와 같은 인터넷 공개 데이터를 사용하며, 어느 지역을 포함하는지 관계없이 해당 색상 배열의 네 가지 색을 모두 사용해야 한다.)

2. 실습 1에서 작성한 표본 지도를 기본으로 형상-배경의 시각적 대비가 명확하게 디자인된 지도를 작성해 본다. 형상에는 강렬한 색상을, 배경에는 차분한 색상을 사용하고 더불어 후광 효과나 바림무늬도 사용하도록 한다. 실습 과정에 대한 짧은 설명을 에세이로 작성한다.

GIS
Cartography

지도 객체 기호화

이 장에서는 GIS에서 다뤄지는 공간 객체의 유형별로 적절한 기호화 표준과 기법에 대해서 설명하고자 한다. 이 장에서 다뤄지는 지도화 기법들의 대부분은 여러 공간 객체에 공통적으로 적용되는 것들이므로, 이 책에서 별도로 언급되지 않은 공간 객체의 기호화를 위해서도 충분히 활용될 수 있다. 모든 기법이 고유의 목적을 가지고 적합하게 사용될 수 있는 자료 유형과 환경이 다르기 때문에 각 기법을 실제로 공간 객체 기호화에 적용할 때는 그 지도의 목적과 성격에 부합되도록 기법들을 적절히 응용하여 적용해야 한다. 예를 들어, 이 장의 '수체(水體, Bodies of Water)' 절에서는 바다나 호수와 같은 수문 객체를 표현하기 적합한 색으로 파란색 계열의 여덟 가지 색을 설명한다. 수문 객체를 파란색 계열의 색으로 표현하는 것이 일반적이기는 하지만 모든 지도에서 그 원칙을 지켜야 하는 것은 아니다. 지도 제작자가 지도에서 특별히 강조하고자 하는 공간 객체가 파란색 계열로 표현되어야 한다면 호수와 같은 수문 객체는 파란색 계열 대신 밝은 회색으로 표현할 수도 있다. 합당한 이유가 있는 경우에 전통적인 공간 객체별 기호화 원칙은 융통성 있게 적용될 수도 있는 것이다. 이 장에서 제시되는 내용은 공간 객체 유형별로 일반적으로 사용되는 기호화 방식과 기법을 소개하는 것이다. 그 내용들은 다양한 사례를 통해서 검증되었다는 측면에서 추천할 만하지만 지도 제작자의 창의적인 사고를 막아서는 안 된다. 전통적이고 일반적인 기호화 기법에 대한 완벽한 이해를 갖추면 그 기법들을 어디까지 수용하고 지도 제작자가 어떤 측면에서 융통성과 창의성을 발휘할 수 있을지에 대한 이해도 깊어질 수 있을 것으로 기대한다.

🧭 도로

색[a]

도로는 종류가 매우 많아 다루기 힘든 공간 객체 유형이다. 도로에는 주요 고속도로에서 비포장의 골목길까지 모든 유형의 도로를 포함할 수 있다. 단순히 선들이 복잡하게 얽혀 있는 것을 보여 주고자 하는 것이 아니라면 다양한 유형의 도로를 같은 색상과 폭을 가진 선으로 표현하는 것은 지도를 지도답지 않게 만드는 대표적인 실수가 될 것이다(다음 글 상자 내용 참조). 예외가 있을 수는 있지만 지도에 도로를 나타낼 때는 도로 유형을 구분하여 서로 다른 굵기와 색을 가진 기호로 표현해야 한다. 위의 색상 막대는 지도에서 도로를 표현하기에 적합한 색들을 제시하고 있다.

고속도로는 굵은 선으로, 지방도로는 가는 선으로와 같이 도로 유형별로 어떤 선 기호를 사용할지 결정하고 나면 지도에서 도로 유형 간 표현순위(drawing order)를 결정해야 한다. 다시 말해서 도로들이 입체로 교차하는 경우에는 우선순위가 낮은 도로 위에 우선순위가 높은 도로가 겹쳐 보이도록 해야 지도의 가독성을 높일 수 있다. 진·출입 차선들이 복잡하게 얽혀 있는 입체 교차로를 표현할 때는 실제 도로 구조를 반영하여 지도에 나타내야 할 것이다. 즉 어떤 차로가 다른 차로의 아래를 지난다면 지도 또한 이러한 순서에 맞게 제작되어야 한다.

선 굵기와 표현 순서가 결정된 후에는 스타일에 집중해야 한다. 도로가 외곽선이 있는 다각형 형태(cased line)로 표시된다면 교차로 부분에서 외곽선들이 서로 교차하지 않도록 주의해야 한다. 외곽선이 있는 도로 기호(cased symbol)는 보통 짙은 색의 외곽선에 내부는 밝은 색으로 표현하며, 이와 반대로 짙은 색 내부에 밝은 색 외곽선을 사용하면 길이와 폭을 갖는 도로로 보이지 않고 선형 객체를 강조한 표현으로 보일 수도 있다는 것을 주의해야 한다. 외곽선이 있는 도로 기호의 경우에 도로명 라벨은 기호 내부에 배치하고, 내부의 중앙을 따라 도로 중앙선처럼 보이는 선을 넣기도 한다. 외곽선 형태의 도로 기호는 1 : 100,000 이상의 대축척 지도에 적합하고, 소축척에서는 도로를 가는 선으로 나타내는 것이 일반적이다. 주요 도로나 도심 일방통행 도로를 표시하는 기호에는 화살표 방향을 추가하여 주행 방향을 표시하기도 한다. 고속도로 기호의 경우에는 도로명 라벨을 실제 고속도로 표지판 모양과 같이 방패 모양으로 만들어 선 기호 위에 표시하기도 한다. 방패 모양 도로명 라벨을 만들고자 하면 위키미디어(Wikimedia) 같은 웹사이트를 통해 방패 모양 이미

---

a   색상 막대는 도로를 표현하기에 적합한 색을 제시하고 있다.

독창적 사고

도로가 지도에서 가장 중요한 공간 객체일 때는 여기에서 제시된 기호화 방식을 융통성 있게 적용해도 된다. 예를 들어, 소축척 지도에서 모든 도로를 도로 유형과 상관없이 똑같은 굵기, 똑같은 색의 선으로 표현하면 그 지역의 인구 분포나 지역 간 연결성 또는 경관 변화와 같은 정보를 상징적으로 표현할 수 있다. 3차원 지형 굴곡 위에 도로 지도를 입힌 뒤 지형 레이어를 제거하면 해당 지역 도로의 경사도 분포를 시각화할 수도 있다.

　맵퀘스트닷컴(MapQuest.com)은 2000년대 초반까지 가장 자주 이용되었던 온라인 도로 지도 서비스였다. 맵퀘스트의 지도에서 도로들은 모두 단순한 실선으로 표현되었다. 반면에 2006년경 서비스를 시작한 구글 지도는 모든 도로를 외곽선 기호로 표현하여, 맵퀘스트 도로 지도에 비해 더 미려하고 이해하기 쉬웠다. 얼마 지나지 않아 맵퀘스트 지도도 구글 지도의 도로 표현 형식을 따라 하게 되었다.

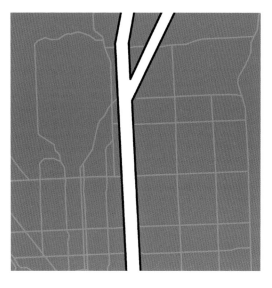

그림 6.1 간선도로는 외곽선이 있는 다각형 형태로, 소로들은 단순 선 기호로 표현되어 있다. 간선도로의 분기 지점에서 도로 외곽선이 교차되지 않도록 한 것을 눈여겨보자.

지 파일을 구하고 그 위에 도로명을 적절하게 배치해야 한다. 도로명의 길이에 따라서 방패 모양 이미지도 적절히 선택해야 한다. 'I-25'라는 도로명은 'I-5'에 비해 길기 때문에 더 큰 방패 모양 이미지가 필요할 것이다.

　도로 기호는 지도 축척에 따라 일반화가 필요할 수도 있다는 사실도 명심해야 한다.

소축척이나 중축척 지도를 제작할 때는 작은 도로들을 제거할 필요가 있다. 도로 자료에 도로 유형에 관한 속성 정보가 포함되어 있거나 각 유형의 도로가 개별 데이터 파일로 제작되어 있으면 이와 같은 과정은 쉽게 수행될 수 있다. 그렇지 않다면 주요 도로를 선정하기 위해 각 도로의 길이를 계산한 후 가장 긴 도로를 주요 도로로 간주하고 비교적 짧은 도로를 지도에서 제거하는 작업이 필요할 것이다. 그림 6.1~6.4는 다양한 상황에서 도로를 지도에 적절하게 표현하는 사례들을 보여 주고 있다.

✤ 강과 하천

색[b]

강이나 하천 등과 같은 **수문**(hydrography) 객체는 일반적으로 전통적인 기호화 기법을 적용한다. 대축척 지도에서처럼 강이나 하천이 폴리곤 형태로 표현되는 경우를 제외하면 수문 객체는 일반적으로 파란색의 선 기호로 지도에 표현한다. 그러나 강이나 하천 등 수문 객체를 표현하는 데도 몇 가지 주의해야 할 고려사항이 있다. 우선은 강/하천을 표현하는 선형 객체의 색은 지도의 다른 면형 수문 객체(바다나 호수)들과 동일한 계열을 사용해야 한

그림 6.2 녹색 계열(RGB : 209 224 115) 색의 배경에 소로들은 회색 외곽선을 가진 흰색 선으로, 주요 간선도로는 붉은 실선으로 표현했다.

b 색상 막대는 강과 하천을 표현하기에 적합한 색을 제시하고 있다.

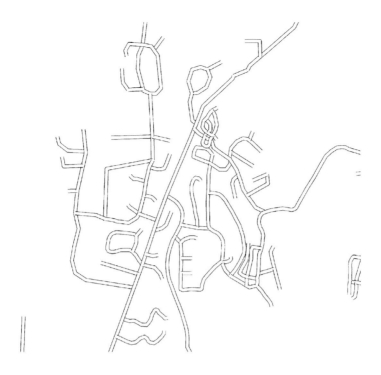

그림 6.3 설계도면 형태의 도로 지도. 흰 배경에 검은색 도로 외곽선을 표시한 단순한 형태로, 주로 동네 단위의 대축척 지도에 사용되는 표현 형식이다.

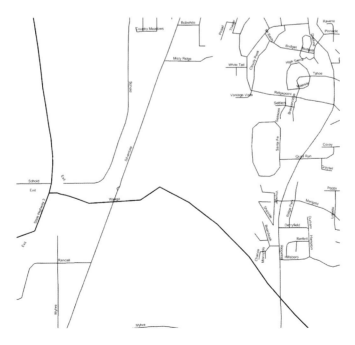

그림 6.4 전통적인 도로 지도의 한 형태로 도로 유형에 따라 굵기를 달리한 여러 선 기호로 도로를 표시했다. 흰 배경에 검은 도로선과 검은색 라벨은 단순하지만 이해하기 쉬운 도로 지도의 형태이다.

다. 이외에도 수문 객체의 기호화에 있어서는 객체 간의 서열과 속성 표현, 지명 라벨의 측면에서 몇몇 고려사항을 반영해야 한다.

위계 표현

강과 하천은 유량에 따라 위계가 구분된다. 유량이나 폭 및 깊이를 기준으로 가장 낮은 위계의 하천은 상류의 1차 하천으로 해당 하천으로 유입되는 부속 하천이 없는 경우이다. 그 다음 단계의 하천은 그런 상류 하천들이 합류하여 만들어지는 하천이다. 그런 식으로 하천 위계가 높아지면 고(高)차수 하천이 되는데, 최고 단계의 하천은 바다로 직접 유입되는 강이 된다. 서로 다른 크기의 하천들은 그 위계를 무시하고 지도에서 동일한 굵기, 색, 스타일의 선으로 표현될 수도 있지만 일반적으로는 위계에 따라 다른 굵기, 색, 스타일의 선으로 표현된다.

하천들을 몇 단계로 구분하는가에 따라 기호화 형식도 달라진다. 세 단계 차수(次數)로 구분된 하천이라면 상류의 1차 하천은 옅은 파란색으로 표현하고 본류의 3차 하천은 짙은 파란색으로 나타내는 점진적 색상 배열(gradient color)을 이용해 하천 위계를 지도에 표현할 수 있다. 또 본류 하천(mainstem)은 굵은 선으로 나타내고 상류 하천(headwater stream)은 가는 선으로 표현하는 식으로 선 굵기를 조절하여 하천의 위계를 지도에 표현할 수도 있다. 점진적 색상 배열(hue gradient)과 선 굵기를 동시에 적용할 수도 있다. 하천 위계 이외에 하천의 다른 특성들은 다른 기호화 기법을 적용하여 표현한다. 예를 들어, 강수가 있을 때만 나타나는 간헐하천(ephemeral stream)은 파선(dashed line)이나 점선(dotted line) 기호로 지도에 표현할 수 있다. 이러한 하천 기호화 기법들을 적용하려면 하천 데이터에 하천의 도달 범위, 차수 등의 속성 정보가 포함되어 있어야 한다는 점도 유의해야 한다. 만약 관련 속성 정보 구득이 어려울 경우에는 하천차수 등의 속성 정보를 지도 제작자가 직접 입력하거나 하천차수를 계산해 주는 특정 소프트웨어나 도구를 이용해서 데이터를 사전에 편집하는 작업을 거쳐야 한다.

속성 표현

하천의 속성을 지도에 표현하는 작업은 자료의 특성 및 지도 축척에 따라 매우 어려운 일이 될 수도 있다. 예를 들어, 하천을 30미터 간격의 단위 구역(segment)으로 나눠서 하천개수(channelization) 여부 같은 명목척도 속성 정보를 지도에 표현한다고 가정해 보자. 점진적 색상 배열을 이용해 속성 정보를 하천에 표현할 수 있지만, 소축척 지도에서는 색의 변화를 적절하게 파악할 수 없다. 하천 속성을 표현하는 색 배열을 식별하기 좋도록 하천 선의

그림 6.5 하천의 구역별 속성 정보를 표현하기 위해 색 기호화 기법이 활용되었다. 그러나 짧은 하천 구역이 너무 많아 색들이 중첩되고 깨져 보여서 개별 구역의 속성을 확인하기 어렵다.

굵기를 조정할 수도 있지만 그 경우에도 그림 6.5와 같이 판독성이 떨어지는 지도가 되기 십상이다.

　이런 문제를 해결하려면 일반화를 통해 하천 구역의 수를 줄이거나 하나의 하천이 여러 지도로 나눠지더라도 대축척 지도를 제작하거나 특정 기준을 정하여 일부 구역만 강조하여 표현하고 나머지 구역들은 중성색(neutral color)으로 표현하는 등의 기법을 적용해야 한다. 조금 복잡하더라도 통계 기법을 적용하여 속성 값을 이용한 군집 분석을 통해 핫스팟을 식별하여 강조하고 나머지 하천구역을 중성색으로 처리하여 표현할 수도 있다. 분석 결과가 군집 경향을 나타내지 않는다면 핫스팟 기법이 유용하지 않을 수도 있다.

라벨

일반적으로 하천명 라벨은 하천 굴곡을 따라 글자를 배열하는 스플라인 문자열(spline text) 기법으로 제작된다(그림 6.6 참조)

　컴퓨터를 이용한 스플라인 문자열 제작에는 몇 가지 문제점이 나타나기 때문에 최종 출력 지도를 위해서는 항상 확인과 조정 작업이 필요하다. 하천 라벨은 해당 하천의 굴곡을 따라 굽어지기 때문에 지도 축척이 확정될 때까지는 스플라인 문자열 라벨을 먼저 만들어서는 안 된다. 하천명 라벨을 만든 이후에 지도 축척을 수정하면 하천의 굴곡이 변화되어 라벨의 굴곡과 하천 굴곡이 어긋날 수도 있기 때문이다. 스플라인 문자열 라벨의 굴곡을 지도의 축척 변화에 따라 자동으로 조정해 주는 도구를 사용하면 그런 문제는 피할 수 있다. 또 하천 선을 구성하는 점(버텍스, vertices)의 수가 너무 많아도 스플라인 문자열 라벨이 매우 복잡해져서 가독성이 떨어지는 경우가 있는데, 이를 막기 위해서는 라벨을 작성하기

그림 6.6 스플라인 문자열 알고리즘으로 만들어진 하천명 라벨. 하천명의 글자들은 해당 하천의 굴곡을 따라 배열해야 한다.

전에 하천 선 데이터를 단순화해 주는 작업이 필요하다. 하천 선의 굴곡을 유지하면서 굴곡이 상대적으로 작은 라벨을 만들어야 한다면 일반화 작업을 거친 하천 선을 기준으로 라벨을 제작하여 일반화하지 않은 하천 지도에 배치하는 기법을 이용할 수도 있다.

하천명은 청록색 혹은 옅은 파란색 등 하천 객체의 색과 동일하거나 다소 짙은 파란색의 필기체 또는 이탤릭체로도 표기한다. 지도 축척에 따라서는 하천명의 글자 간격을 넓혀서 하천명 라벨이 지칭하는 하천에 고르게 걸치도록 할 필요가 있다. 그러나 그 경우에는 자간이 너무 넓어서 하천 이름을 제대로 붙여 읽지 못할 정도가 되지 않도록 주의해야 한다. 하천 데이터의 속성 자료에 모든 하천의 이름이 포함되어 있다고 하더라도 지도에서 모든 하천에 라벨을 부여할 필요는 없다. 즉 지도 이용자들이 알고 있어야 하는 주요 하천에만 라벨을 부여하는 일종의 라벨 단순화 과정이 필요하다. 경우에 따라서는 본류 하천에만 라벨을 부여하거나 특정 목적의 지도에서는 '연어 산란 하천'과 같이 연구 대상 하천에만 라벨을 붙여서 식별할 수 있도록 하는 것이 좋다. 그리고 하천명 라벨을 생성할 때는 하천임을 표시하는 접미어(예 : River나 Creek, 혹은 ~천이나 ~강)를 항상 붙이고, 영문 이름에서는 항상 첫 글자를 대문자로 해야 한다.

영어 알파벳은 아래 삐침 문자(descender)[c] 보다 위 삐침 문자(ascender, 즉 b나 d와 같은)가 많기 때문에 하천명 라벨은 가급적 하천을 나타내는 선형 객체의 위쪽에 붙여서 배치하는 것이 더 가까워 보이며 더 연속성 있어 보인다. 하천 라벨은 되도록 지도 중앙을 향하도록 하고, 지도 규격이 크거나 하천이 길 때는 단일 하천을 따라 하천명 라벨을 2개 이상 부여할 수도 있다. 상황에 따른 하천명 라벨 방법은 그림 6.7~6.10의 사례를 참고하라.

---

c 역자 주 : g나 y처럼 아래쪽으로 내려간 알파벳

그림 6.7 하천 위계와 상관없이 모든 하천을 동일한 굵기와 색으로 표현한 지도. 하천 색은 하천이 유입되는 수체와 동일한 색으로 표현했다.

그림 6.8 하천차수를 고려하여 두 가지 서로 다른 색과 스타일로 표현된 하천들. 본류 하천은 짙은 파란색, 주요 지류는 옅은 파란색 그리고 간헐하천은 가는 파선으로 표시되었다. 하천명 라벨은 이탤릭체 스플라인 문자열로 만들었고, 라벨의 글자 간격과 단어 사이의 간격('Rendsland'와 'Creek' 사이 간격)도 기본 값보다 크게 설정했다. 라벨의 글꼴 색은 본류 하천과 같은 색을 사용했다.

그림 6.9 하천의 속성 정보를 이용해 핫스팟을 표시한 하천 지도. 이 사례에서는 나무 잔해가 많이 모여 있는 구간을 빨간색으로 표시했다. 지도의 가독성을 향상시키기 위해 핫스팟 구간을 제외한 구간의 속성 정보는 자세히 나타내지 않았다.

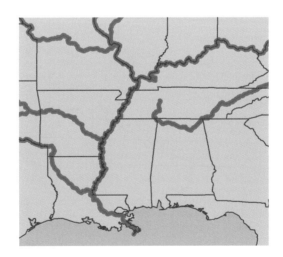

그림 6.10 버퍼 기법을 이용해 하천 선을 강조한 사례. 버퍼를 2단계로 하여 멕시코 만 바다의 색과 같은 색이 넓은 버퍼 위에 그보다 좁고 짙은 색의 버퍼가 겹쳐 보이도록 했다. 강의 유로와 행정경계[(주(州)경계)]가 겹치는 경우에는 행정경계 레이어를 하천 레이어 위에 배치하여 행정경계 선이 잘 보이도록 했다.

✦ 수체

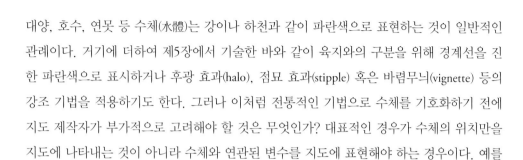

대양, 호수, 연못 등 수체(水體)는 강이나 하천과 같이 파란색으로 표현하는 것이 일반적인 관례이다. 거기에 더하여 제5장에서 기술한 바와 같이 육지와의 구분을 위해 경계선을 진한 파란색으로 표시하거나 후광 효과(halo), 점묘 효과(stipple) 혹은 바램무늬(vignette) 등의 강조 기법을 적용하기도 한다. 그러나 이처럼 전통적인 기법으로 수체를 기호화하기 전에 지도 제작자가 부가적으로 고려해야 할 것은 무엇인가? 대표적인 경우가 수체의 위치만을 지도에 나타내는 것이 아니라 수체와 연관된 변수를 지도에 표현해야 하는 경우이다. 예를 들어, 호수를 단일 색으로 표시하는 것이 아니라 호수의 온도 변화라는 변수를 기준으로 그 분포 변화를 파란색과 붉은색을 양 끝단으로 하는 점진적 색상 배열로 표현할 수 있다.

수체를 일반적인 관례에 따라 파란색 계열로 표현할 때도 어떤 파란색(shade of blue)을 사용할지에 대해 고민해야 한다. 수문이 지도가 전달하고자 하는 주요한 정보라면 짙은 파란색이 적절할 것이다. 어떤 톤의 파란색을 사용할 것인지는 어떤 색이 다른 공간 객체나 배경 지도와 잘 조화를 이룰 수 있을지 여부에 따라 결정한다. 예를 들어, 어떤 지도는 호수와 대양을 검은색에 가까운 파란색으로 표현하여 항공사진과 유사해 보이도록 하기도 한다. 지도에서 수체 객체가 부차적인 정보라면 진한 색 대신 옅은 파란색을 사용하는 것이 적합하다.

수체에 질감을 추가하는 방법도 고려해 볼 수 있다. 바다나 호수에 물결무늬를 추가하거나 땅과 수체의 경계에 점묘 경계선을 사용하는 방법은 조경 설계도에서 형상-배경 대조를 강화하기 위해 흔히 쓰이는 기법들이다. 수체에 물결무늬를 그려 넣는 기법은 고지도들에서도 흔히 발견할 수 있는데, 이는 뒤집힌 'V'나 삼각형으로 산을 표현하는 것과 유사한 기법이라 할 수 있다. 수체의 기호화에 색과 더불어 질감을 표현하는 기법은 초기 GIS에서는 일반적이지 않았으나 영상 기술의 발전에 따라 최근 제작되는 지도에서는 점점 더 많이 활용되고 있다.

바다와 같은 수체에 수심(bathymetry)을 표현하는 것도 최근 많이 찾아볼 수 있다. 수심이 지도가 전달하고자 하는 주요 정보가 아니라 하더라도 지도의 수체에 수심 정보를 추가적으로 표현하는 기법은 시각적으로 매우 매력적이다(그림 6.11 참조). 중요하지 않은 정보라고 하더라도 시각적으로 미려하게 표현되었다면 이용자들에게 지도 자체가 매우 중요하

---

d 색상 막대는 수체를 표현하기에 적합한 색을 제시하고 있다.

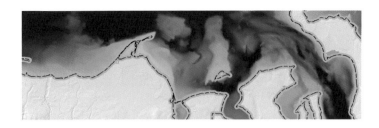

그림 6.11 수체의 수심 정보가 시각적으로 미려하게 표현된 지도. 다양한 파란색 계열로 수심을 나타냄으로써 육지와 가까운 바다가 더욱더 실감나게 표현되었다.

다는 느낌을 갖게 할 수 있다. 그리고 질감이나 수심 표현을 통해 지도가 조금 더 실세계와 비슷하게 표현되면 그 지도에 대한 이용자의 이해력을 높일 수 있다는 장점도 있다(제3장 '지도 배치 디자인'의 '단순성과 복잡성' 참조).

라벨

수체 라벨은 하천의 경우와 마찬가지로 필기체 또는 이탤릭체로 표기하고 지칭하는 객체보다 진한 색으로 표현하는 것이 일반적이다. 수체 객체가 진한 파란색으로 표시된 경우에는 라벨을 굵은 흰색 글꼴을 사용한다. 이런 일반적인 기준 이외에 수체 라벨을 생성할 때 제기될 수 있는 다소 복잡한 측면들은 그림 6.12~6.16의 사례들을 통해서 살펴보도록 한다.

사업 지역이나 연구 지역에 따라서 다르겠지만 미국 북서부 해안 지역에서 활동하는 저자처럼 제작하는 지도의 대부분이 많은 수체를 포함하는 경우가 있다. 미국 북서해안 지역을 대상으로 지도를 제작하다 보면 단순하게 육지와 바다의 경계만이 문제가 아니라 반도와 해협, 많은 만(灣)과 곶, 심지어 빙산까지 많은 종류의 수체를 기호화해야 하는 경우가 자주 생기게 된다. 참조 지도의 경우에는 주요 수체에만 지명 라벨을 부여하는 것도 가능하지만 모든 수체 객체에 라벨을 부여해야 하는 경우에는 라벨이 지칭하는 수체의 유형에

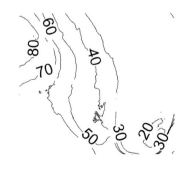

그림 6.12 항해나 낚시와 같은 여가 목적에 사용하기 위해 필요한 수심 정보만을 직관적으로 표현한 지도. 부가 정보가 없는 단순하고 실용적 지도로 볼 수 있다.

그림 6.13 파도를 짧은 꺾은선 질감으로 바다에 표현한 지도. 바다와 육지 사이의 대조를 강화하는 것이 주된 목적이며(많은 고지도에서 바다에 파도나 해양생물 등 다양한 그림들이 사용되었다). 적절히 사용되면 지도의 시각적 완성도를 높여 줄 수 있다.

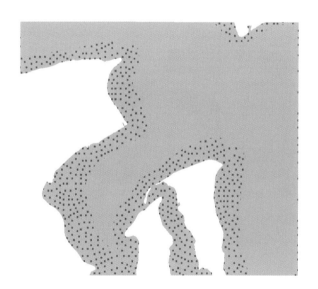

그림 6.14 조경 설계도 등에서 흔히 쓰이는 방법을 차용하여 육지와 바다의 경계 지역 일부분을 점묘법으로 표시했다. 이를 통해 경계 지역을 강조하고 얕은 바다를 표시하여 수심에 대한 정보를 유추할 수 있도록 했다.[e] 점묘 처리에 사용된 점의 색은 수체의 색과 구별되기만 하면 옅거나 진한 색 무엇이든 사용할 수 있다. GIS를 이용해서 수체에 질감을 부여하는 것은 기술적으로 까다로운 일인데, 점묘 처리는 그 기술적인 문제를 쉽게 극복할 수 있는 간단한 해결책이다.

---

e   역자 주 : 얕은 바다의 점묘 처리는 국내 지형도에서 개펄을 표시하는 일반적인 방법이다.

그림 6.15 이 지도가 전달하고자 하는 정보는 미시간 호수 주변의 병원 분포이다. 따라서 지도의 상당 부분을 차지하는 호수가 짙은 파란색으로 표현되면 호수가 시각적으로 너무 두드러져 지도가 전달하고자 하는 정보가 방해받을 수 있으므로, 호수의 색을 옅은 파란색으로 설정했다.

그림 6.16 호수를 진한 파란색으로 표시하면 시각적인 강조 효과가 두드러지며, 마치 인공위성 사진에서 보이는 호수의 색과 비슷해 보인다.

따라 적절한 스타일을 적용해야 한다. 이때 가장 쉽고 정확한 방법은 미국 지질조사국(USGS)의 지형도^{f}를 참고하는 것이다. 국가 지형도에서 사용되는 수체 라벨 표기법의 대표적인 사례는 다음과 같다. 우선 대부분의 수체 라벨은 청록색(cyan) 같은 옅은 파란색 글꼴

---

f 역자 주 : 우리나라의 경우 국토지리정보원이 제작하는 지형도

로 표기한다. 태평양과 같은 대양의 이름을 표시하는 라벨은 모두 대문자로 표기하고, 이 외의 객체는 첫 문자만 대문자로 나타낸다. 그리고 만(灣) 이름 라벨은 굴곡진 형태의 필기체로 표기하고, 해협이나 긴 선형 객체의 라벨은 자간을 확대하여 표기한다.

넓은 면적의 수체를 지도에 표현할 때는 수체 내부에 해류 방향을 나타내는 화살표, 부표들의 위치, 수면 온도 분포, 수심 및 모래톱(shoal) 위치 등 다양한 추가 정보를 지도에 라벨과 함께 표시하기도 한다. 특히 항해도의 경우에는 항해라는 특정한 목적이 있기 때문에 항해에 필요한 정보를 자세하게 표기하고 특정 해역이나 바다만을 포함하는 것이 일반적이다.[1]

🧭 도시 및 마을

색[g]

인구밀집 지점인 도시와 마을은 GIS에서 점(point) 또는 면(polygon)형 사상으로 표현된다. 이 절에서는 도시가 점형 사상으로 표현될 때와 면형 사상으로 표현될 때를 구분하여 서술하고자 한다.

점 기호

세계지도와 같은 소축척 지도에서 도시는 도시 영역의 중심에 점으로 표현되고 해당 점 인근에 도시 이름을 나타내는 라벨이 표시되는 것이 일반적이다. 도시를 나타내는 점들은 다양한 그래픽 기호로 표시되는데, 일반적으로 별, 점, 원, 정사각형 또는 이들의 조합된 기호가 사용된다. 인구 규모가 다른 많은 도시들을 지도에 표시할 때는 인구 규모에 따라 다른 모양의 기호로 도시를 표시하거나 도시를 나타내는 점의 크기를 다르게 하여 인구 규모를 나타낸다. 물론 두 가지 방식을 혼용하기도 한다. 이처럼 변수 값의 차이를 다른 모양/크기의 기호로 표현하는 기법을 기호 수준(symbol level)이라고 한다. 대표적인 예로 수도(首都)는 별 기호로 나타내고 주요 도시들은 중간 크기의 점 기호로, 소도시들은 작은 점 기호로 표현하는 지도를 들 수 있다. 기호 수준 기법은 GIS를 이용해 특정 인구 규모(예 : 500,000명)를 기준으로 도시들을 구분하여 다른 기호를 부여하거나 인구 규모에 따라 도시 레이어를 여러 개의 레이어들로 분리하여 다른 기호로 표현하는 방식으로서 구현할 수 있는

---

g 색상 막대는 도시를 표현하기에 적합한 색을 제시하고 있다.

그림 6.17 도시나 마을을 표시하기 위해 사용되는 점 기호의 사례들. 별 모양이나 별을 둘러싼 동그라미 모양은 일반적으로 수도(首都)를 표현하기 위해 사용한다.

데, 이는 지도 제작에 활용되는 소프트웨어의 시각화 기능 수준에 따라 결정된다.

도시를 나타내는 점은 1차 또는 2차 색(파란색 제외)으로 나타내는데, 검은색과 회색 등 단순한 색을 이용하는 것이 일반적이다. 흰색 원에 검은색 외곽선을 추가한 점 기호도 도시를 표시하기 위해 많이 사용된다. 그림 6.17에는 몇몇 도시 기호의 모양과 색을 제시하고 있다.

특수 효과

도시에 대한 속성 정보를 표현할 때는 돌출된(extruded) 형태의 그래픽을 사용할 수도 있다. 예를 들어, 어떤 주(州)의 도시별 주택 착공 건수 자료가 있다면 개별 도시의 주택 착공 건수를 3차원의 막대로 표현할 수 있다. 조금 더 자세한 자료가 있다면 (예 : 동(洞)별 자료) 수치고도 모형처럼 주택 착공 건수를 연속적인 표면으로 표현한 지도를 제작할 수도 있다. 그림 6.18은 미국 주요 도시의 인구를 3차원 막대로 표현한 지도의 사례이다.

그림 6.18 도시의 속성 정보를 3차원 막대로 표현하면 해당 속성의 공간적 분포를 쉽게 파악할 수 있다. 지도에서는 미국 주요 도시의 인구가 3차원 막대로 표현되었다.

라벨

도시 크기에 따라 도시들을 서로 다른 모양이나 크기의 점 기호로 표현하는 것과 마찬가지로 도시 이름을 나타내는 라벨 또한 다양한 방식으로 표기할 수 있다. 예를 들어, 수도 라벨은 대문자로 표기하고 소도시 이름은 첫 글자만 대문자로 하고 나머지는 소문자로 표기할 수 있다. 대도시 라벨만 굵은 글꼴로 표기하여 강조할 수도 있고, 도시 규모를 기준으로 선정된 특정 도시들의 라벨만 자간을 확대하여 표기할 수도 있다. 현대 지도에서 도시 이름은 Arial 글꼴과 같은 산세리프 서체로 표기하고, 글꼴은 검은색 또는 진한 회색으로 한다. 라벨의 글꼴 색을 이용해 도시와 연관된 속성 정보를 표현할 수도 있다. 예를 들어, 도시별 수돗물 오염 정도를 지도로 제작할 때는 오염 수준이 높은 도시의 라벨들만 빨간색으로 표현할 수 있다. 지도 이용자가 도시의 대략적인 위치만 알면 된다거나 도시를 나타내는 점 기호가 다른 공간 객체의 인식을 어렵게 하는 경우에는 점 기호를 사용하지 않고 도시 이름 라벨만으로 도시의 위치를 지도에 표시할 수도 있다.

면 기호

중축척이나 대축척 지도에서는 도시나 마을이 점 대신 면 혹은 폴리곤 형태로 표현되는데, 폴리곤 형태의 도시는 점 기호보다 표현 방식이 다소 까다롭다. 폴리곤 형태의 도시 객체는 지도에서 다른 공간 객체를 가리거나 지도를 너무 복잡하게 보이도록 만들기 때문이다. 이 문제를 해결하기 위해서 폴리곤 내부를 투명하게 하거나 경계선만 표시하기도 하는데 그렇게 하면 도로, 행정구역 경계 및 다른 선형 공간 객체와 시각적으로 구별하기 어려워질 수 있다는 문제가 발생할 수 있다. 따라서 다음과 같이 상황에 맞는 적절한 대처법이 요구된다.

- 주변에 인접한 다른 도시가 없을 때는 도시 폴리곤을 주변 지역보다 약간 진한 색으로 채우고 흐리거나 투명한 경계선을 사용한다.
- 여러 개의 도시 폴리곤이 포함된 지도에서는 각 도시 폴리곤을 조금씩 다른 색으로 채우거나 경계선을 폴리곤 내부의 색보다 약간 진하게 하여 도시들을 구분할 수 있도록 한다.
- 패턴이 너무 복잡해서 지도의 다른 객체를 가리지 않는 수준에서 점묘나 빗금, 점진적 색변화 등 패턴을 이용해 도시 폴리곤을 채워 강조한다.
- 폴리곤 내부를 색으로 채우지 않고 단순히 경계선만을 표시한다.
- 폴리곤 내부를 색으로 채우되, 투명도를 조절하여 흐리게 보이도록 한다.

색^h

면형 행정경계(political boundaries)의 기호화에는 앞에서 살펴본 도시 폴리곤의 기호화 기법들을 대부분 적용할 수 있다. 국경이나 시·도와 같은 행정구역 경계를 포함하는 행정경계는 GIS에서 면형 또는 선형 사상으로 저장된다. 자료의 용량을 줄여야 하거나 채색이나 라벨이 필요하지 않은 경우에 행정경계를 선형 사상으로 저장하여 사용하는 경우가 있지만, 일반적으로는 라벨, 채색, 경계 표시 등의 목적으로 사용될 때는 대부분 면형 행정경계 자료가 활용된다. 일반적으로 국경 구분과 같은 행정경계는 *admin 0 data*, 주(州) 경계와 같은 국가 내 하위 행정구역은 *admin 1 data*라고 지칭된다. 국경이나 행정구역은 시대에 따라 변화하는 것이 일반적이므로 지도를 제작할 때는 가급적 최신의 행정경계 데이터를 구하여 사용해야 한다는 점을 주의하라. 또 국경분쟁 등의 상황에 따라 국가마다 다른 행정경계 지도를 사용하는 경우가 많으므로, 상황에 따라 혹은 지도 제작을 의뢰한 고객에 따라 적절한 행정경계 지도를 사용해야 한다.

기호화 관례

다른 지도들에서 일반적으로 사용되는 행정경계 스타일을 참조한다. 국경선은 회색 실선 위에 파선 또는 점선을 중첩하여 표시하는 것이 일반적인데, 세계지도와 같이 국경선이 복잡한 소축척 지도에서는 검은색 실선으로 표시하기도 한다. 파선은 3개 이하의 행정구역이

파선 패턴

행정경계를 파선 형식으로 표현하기 위해서는 사전에 폴리곤 자료를 선형 자료로 변환하여 사용해야 한다. 폴리곤 자료를 파선 패턴(dashed line pattern)으로 표시하면 경계선이 겹치는 부분에서 2개의 파선이 겹쳐지면서 원래 의도한 파선 패턴이 아니라 예상하지 못한 패턴의 파선이나 실선으로 표시될 수 있다. 즉 폴리곤 경계 위에 배치된 점-선-점-선 패턴의 파선이 중첩 효과에 의해 선-선-점-선 패턴 등 의도하지 않은 패턴으로 나타날 수 있다는 것이다.

---

h 색상 막대는 행정경계를 표현하기에 적합한 색을 제시하고 있다.

포함된 지도에서 행정경계선으로 사용한다.

행정경계를 강조하거나 다른 행정경계와 구별하기 위해서는 겹선 형태의 행정경계를 이용한다. 예를 들어, 시·도 경계와 시·군·구 경계를 동시에 표시할 때는 시·군·구 경계를 실선으로 표시하고, 상위 행정경계인 시·도 경계는 겹선으로 표시하여 구분하는 것이다. 강과 같은 자연 지형물을 나타내는 선이 행정경계와 겹칠 때는 행정경계 레이어를 자연 지형물 레이어 위에 겹쳐 보이도록 레이어 순서를 조정해야 한다. 주요 강을 따라 나눠진 국가나 주(州)의 경계를 강과 함께 표현하는 지도에서는 가늘고 진한 색의 선으로 표시된 행정경계 레이어 아래에 굵고 연한 색의 선으로 표현된 강 레이어를 배치하는 것이 적절한 시각화 방식일 것이다(이 장의 '강과 하천' 부분 참조). 북미의 5대호를 가로지르는 국경선은 호수 레이어 위에 배치하여 잘 보이도록 해야 한다.

국경, 대륙 경계, 그리고 국가별 해안선과 같이 다양한 경계선을 동시에 표현할 때는 시각화 위계관계에 주의해야 한다. 행정경계의 위계를 표현하기 위해서는 지도에 나타날 행정경계 레이어들의 순서를 결정하는 것이 중요하다. 예를 들어, 대륙과 대양의 경계선은 국경 위에 보이도록 배치되어야 한다.

지도 데이터가 가진 다양한 변수를 표현하기 위해 경계선을 복잡하게 만들거나 다양한 채우기 패턴을 동시에 사용하면 지도의 가독성이 떨어진다는 점을 유의해야 한다. 예를 들어, 카운티(시·군)별로 주로 재배되는 농작물 유형을 표현하는 주제도를 제작한다고 가정하자. 이때 카운티 내부는 고도 자료를 표현하기 위해 내부를 채색하지 않고자 한다고 하자. 이러한 지도 제작 조건에서 카운티별로 주 재배 농작물을 표현하기 위해, 카운티 폴리곤의 외곽선을 농작물 유형에 따라 여러 종류의 두껍고 다양한 색으로 나타내면 카운티경계선이 너무 복잡해져 지도 판독이 어려워지게 된다. 따라서 행정경계 폴리곤의 외곽선은 가능한 한 중성의 단일 색으로 표시하고 주 재배 농작물은 다른 방식으로 표현해야 한다.

4색 정리

1976년에 볼프강 하켄(Wolfgang Haken)과 케네스 아펠(Kenneth Appel)에 의해 제시된 4색 정리(Four Color Theorem)에 의하면 지도에서 많은 폴리곤들을 여러 가지 다른 색으로 표시할 때 인접한 두 폴리곤이 같은 색으로 표현되지 않도록 하기 위해서는 최소 4개의 색이 필요하다. 즉 4개의 색만 이용하면 인접한 폴리곤이 같은 색으로 표시되지 않도록 할 수 있다는 수학적 정리이다.

가능한 방법은 폴리곤별로 내부 버퍼를 만들어서 그 버퍼에 농작물 유형 정보를 표현하는 다양한 색상이나 패턴을 표시하는 것이다. 단색으로 제작된 폴리곤 경계는 버퍼 레이어 위에 배치하여 카운티 경계가 잘 보이도록 해야 한다. 이렇게 하면 카운티 내부에는 지형을 보여주는 고도 레이어를 표시하면서 동시에 행정경계와 주요 농작물 유형을 표현할 수 있다.

퍼지 공간 객체

색[i]

GIS에서 퍼지 공간 객체(fuzzy feature)는 현실 세계에서는 명확한 경계선 또는 위치를 갖지 않는 객체를 지칭한다. 정치적인 이유로 인해 명확한 경계가 정해지지 않았을 수도 있고 단순히 명확한 경계가 알려져 있지 않은 경우도 있다. 퍼지 공간 객체를 대상으로 지도를 제작할 때 생기는 문제는 자료를 저장할 때는 명확한 경계가 있는 것처럼 저장해야 하지만, 그것을 지도로 만들어 보여 줄 때는 그 경계가 명확하지 않다는 사실을 표현해야 한다는 점이다. 그렇게 함으로써, 예를 들어 어떤 자료를 지적 필지(tax parcel) 자료 위에 중첩할 때 발생할 수 있는 일반인들의 우려를 완화시켜 줄 수 있는 것이다.

홍수 취약 지역 분석의 예를 들어 보자. 지도 제작자는 홍수가 발생했을 때 침수 위험이 높은 지역을 계산하여 홍수에 의한 환경적인 피해를 최소화하기 위한 홍수 취약 지역 지도를 개발하고 있다. 이 분석의 최종적인 목적은 홍수 발생 시 전체 분수계에 미치는 환경적 영향을 최소화하기 위해 정부가 비용을 지원하여 정화조를 보수 혹은 교체해야 할 주택들을 결정하는 것이 될 것이다. 이 가상의 사례에서 범람에 취약한 구역에 거주하는 주민들의 주된 관심사는 자신의 주택이 홍수 취약 지역에 포함되는지와 정화조 수리비용을 정부로부터 지원받을 수 있는가 여부가 된다. 실측 지적도에 30미터 공간 해상도의 래스터 자료(지표 고도나 지표 투수율 같은)를 중첩하여 제작한 지도를 지역 주민들에게 보여 주면 모든 주민은 만사 제쳐 두고 자신의 주택이 취약 지역 경계에 포함되는지만 살펴보게 될 것이다. 홍수 취약 지역 지도의 기본적인 목적은 개별 주택의 홍수 취약도를 평가하는 것이 아니라 취약구역의 일반적 위치를 제시하고 홍수에 잠재적으로 영향받을 것으로 예상되는 주택들의 목록을 작성하여 현장 실사의 기초 자료로 사용할 수 있도록 하는 것이다. 따라서 주민들의 불필요한 걱정과 정책에 대한 반감을 줄이기 위해서는 홍수 취약 지역 지도에

i 색상 막대는 퍼지 공간 객체를 표현하기에 적합한 색을 제시하고 있다.

개별 지적도 레이어를 중첩하여 보여 주는 것을 피하는 것이 확실한 방법이다. 지도의 제목과 같은 설명 자료에 지도 자료가 가지고 있는 '퍼지' 특성을 분명하게 설명해 주는 것도 혼선을 피할 수 있는 방법이고, 그 외에 아래에 제시하는 퍼지 공간 객체 기호화를 위한 여러 기법을 활용할 수 있다.

기법

점점 옅어지거나 구불구불한 선 혹은 파선 형태의 선들은 실선에 비해 모호한 경계선의 느낌을 잘 전달한다. 경계선에서 멀어지면서 흐려지는 후광 효과도 불명확한 경계의 느낌을 표현하기에 적합하다. 폴리곤의 채우기 옵션에서 빗금이나 점묘 패턴을 무색의 경계선과 같이 활용하면 폴리곤의 경계가 분명하게 드러나지 않아 퍼지 특성을 표현할 수 있다.

이처럼 불명확한 경계선을 지도에 표현할 때는 특히 지적도와 같은 고해상도의 개인적인 자료가 같이 사용될 때는 제목이나 부제목 또는 다른 눈에 잘 띄는 위치에 그에 대한 설명을 충분히 전달해야 지도에 대한 오해를 방지할 수 있다는 점을 명심해야 한다. 주어진 상황에서 다양하게 이용될 수 있는 지도 기법들에 대해서는 그림 6.19~6.30을 참고하라.

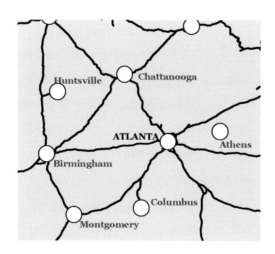

그림 6.19 점 자료 형태의 도시를 표현하기 위해 흔히 이용되는 효과적인 방법은 흰색 원에 검은색 경계선으로 도시를 나타내는 것이다. 도시와 도시를 연결하는 도로는 검은 실선으로 표시되어 있는데, 그를 통해 도시라는 '허브(hub)'와 도로로 연결된 주변 도시들의' 스포크(spokes)'를 잘 표현하고 있다.

그림 6.20 도시 폴리곤 내부가 점진적 채색으로 도시 경계선과 함께 표현되어 있다. 도시 내부의 점진적 채색은 중심으로부터 멀어질수록 짙은 색으로 배열되어 있다.

그림 6.21 경계선을 그리지 않고 특정 지역만을 강조하고자 할 때는 채우기 색을 조정하는 것으로도 충분하다. 이 지도에서는 중심부인 Waterbury 지역의 색만 다르게 하여 그 지역을 강조했다. 그를 위해서 Waterbury 지역의 채우기 색을 배경색보다 조금 어둡게 하였는데, 이는 RGB 값을 15씩만 낮추면 된다(제5장 '색'에서 기술된 것처럼 RGB 값을 내리면 어두운색이 된다). 지도에서 배경색은 RGB 값이 215 215 158이고, Waterbury 지역은 RGB 값이 200 200 143이다.

그림 6.22 인구 규모에 따라 모양과 크기가 다른 기호를 사용하고 있는 도시 분포 지도. 별 기호는 일반적으로 주도(州都)나 국가 수도(首都)를 표현하기 위해 사용되는데, 이 지도에서도 미국 조지아 주의 주도인 애틀랜타를 별 모양으로, 이외 도시들은 크기가 작은 원 기호로 표현했다.

그림 6.23 국가 간 경계를 구분하기 위해 국가 폴리곤 내부를 서로 다른 색으로 채색하는 기법은 매우 일반적인 것이다. 이때 인접한 두 국가가 동일한 색으로 표현되지 않도록 유의해야 한다.

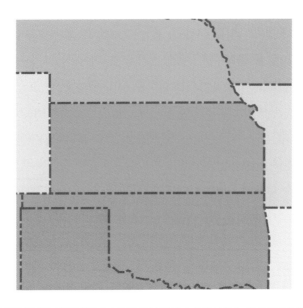

그림 6.24 개별 주를 구분하기 위해 쇄선으로 주 경계를 나타냈고, 폴리곤 내부는 다른 색으로 채웠다.

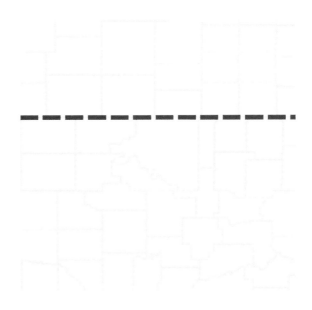

그림 6.25 굵기와 패턴이 다른 선 기호를 사용하면 여러 단계의 행정경계를 동시에 표현할 수 있다. 지도에서 붉은색 굵은 파선은 주 경계선을 나타내는 것으로 가는 실선의 카운티 경계선 위에 겹쳐져 있다.

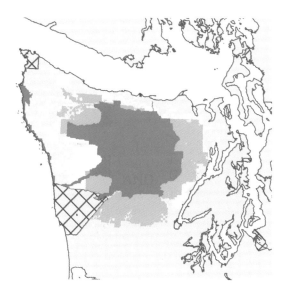

그림 6.26 다양한 행정경계가 동시에 표현된 지도의 사례. 이 경우에는 행정경계들 사이의 계층성이 없어 폴리곤 채우기 색상(국립공원과 도립공원), 빗금 패턴(원주민 보호구역), 선 기호(주 경계) 등 다양한 시각화 기법이 함께 이용되었다.

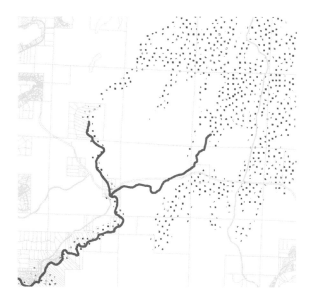

그림 6.27 홍수 취약 지역 분석결과를 나타내는 경계는 불분명할 수 있는데, 이 지도에 표현된 점 패턴은 불명확한 경계선을 표현하기 적합한 기법이다.

그림 6.28 수변 공간을 보여 주는 하천 버퍼는 현실적으로 지형 특성에 따라 유로를 따라 다양하게 나타나며, 따라서 정확한 경계를 제시하기 힘들다. 지도에서는 퍼지 특성을 보이는 600피트 하천 버퍼를 표현하기 위해 200, 400, 600피트 등 세 가지 거리를 기준으로 멀티링 버퍼 기법을 사용했다. 200피트 버퍼는 중간 톤의 녹색, 400피트 버퍼는 옅은 녹색, 그리고 600피트 버퍼는 더 옅은 녹색으로 채색하여 하천 버퍼 경계선이 불명확하다는 점을 지도로 표현하고 있다.

그림 6.29 폴리곤들의 속성 값을 점묘도 기법으로 표현하면 폴리곤 경계를 그리지 않고도 폴리곤 속성 값의 분포를 표현할 수 있다. 지도는 미국 미주리 주의 인구분포를 카운티별 속성 값으로 점묘도로서 표현하였고, 카운티 경계선은 생략했다.

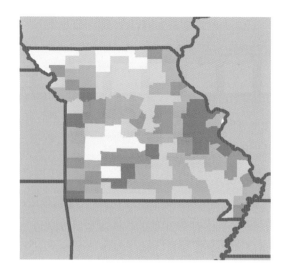

그림 6.30 경계선을 눈에 띄지 않도록 하는 가장 단순한 방법은 경계선을 제거하고 점진적인 채색 기법에 기초하여 지도를 제작하는 것이다. 이때는 인접한 두 색의 차이를 최소화하면서 전체적 경향을 제시할 수 있어야 한다. 그리고 점진적 색상 배열을 사용할 때는 범례에 최소와 최댓값만을 제시하여 그 사이 색들이 나타내는 값은 지도 사용자가 유추하도록 할 수도 있다.

✦ 고도와 음영기복

음영기복 색[j]

고도 색[k]

고도는 다양한 방식으로 표현될 수 있는데, 음영기복은 고도 표현을 위해 자주 활용되는 기법 중 하나이다. 고도 표현을 위한 다른 기법들로는 고도별 색조와 조합된 등고선 또는 단순 등고선, 표고점 라벨, 3차원(엄밀히 말하자면 2.5차원) 경사 기법 등이 있다.

음영기복

음영기복 지도(hillshade 혹은 relief representation)는 실제 지형처럼 보이도록 경사면에 음영을 부여하여 지형의 기복을 표현하는 기법으로 참조 지도에 일반적으로 활용된다. 음영기

---

j 색상 막대는 음영기복을 표현하기에 적합한 색을 제시하고 있다.

k 색상 막대는 지형 고도를 표현하기에 적합한 색을 제시하고 있다.

복도는 래스터 형식의 고도 자료에 음영의 위치와 정도를 결정하는 조명원의 위치를 적용하여 음영을 계산하는 알고리즘에 의해 작성된다. 일반적으로 조명원은 지도의 북서쪽 구석에 위치하게 된다. 사면 방향(aspect)과 경사각(slope) 역시 음영기복 계산에 이용된다. 음영기복도는 다른 지도와 중첩하여 표현될 때 매우 유용한데, 예를 들어 반투명하게 설정된 특정 공간 객체 레이어를 음영기복 지도에 중첩하면 지형이 주어진 공간 객체의 분포에 미치는 영향을 간접적으로 유추할 수 있다. 음영기복에 지역별 수종(樹種) 분포를 보여 주는 지도를 중첩하면 서로 다른 종류의 나무들이 지형 고도에 따라 상이한 공간에 분포한다는 것을 알 수 있을 것이다. 그리고 음영기복을 통해서 랜드 마크 역할을 하는 주요 지형을 쉽게 식별할 수 있기 때문에 중첩된 레이어의 공간 객체들의 위치와 분포를 쉽게 인식할 수 있다는 장점도 있다.[2]

등고선과 고도별 색조(hypsometric tinting) : 동일한 고도 값을 갖는 그리드 셀들을 선으로 연결하여 제작된 등고선을 지도에 표현할 수 있다. 일반적으로 해수면보다 높은 등고선들은 갈색으로 나타내고, 해수면보다 낮은 등고선들은 파란색으로 한다. 해수면보다 높더라도 빙하 지역은 예외적으로 파란색을 사용한다. 등고선 라벨은 보통 5m 또는 10m 간격으로 부여하는데, 등고선이 많지 않은 경우에는 모든 등고선에 고도 라벨을 붙이기도 한다. 등고선 라벨은 일반적으로 그림 6.31에서 보는 것처럼 등고선 가운데에 흰색 여백과 함께 표기한다.

등고선 지도에서는 다섯 번째 등고선마다 굵은 선이나 짙은 색을 사용하여 구분한다. 이 다섯 번마다 반복되는 등고선을 계곡선(index contour)이라 하며, 나머지는 주곡선이라고 한다. 굵기와 색으로 등고선을 구분하면 경사도 계산이나 지도의 시각적 판독을 쉽게 해 준다. 등고선 지도는 음영기복에 비해 일반인이 해석하기는 쉽지 않지만, 음영기복 지도보다 정확한 실제 고도 정보를 전달할 수 있다는 장점을 가지고 있다. 따라서 고도 정보를 어떤 형태의 지도로 표현할지는 지도의 목적과 이용자에 따라 결정해야 한다.

등고선을 사용하기로 했다면 고도별 색조 기법을 함께 활용할 수 있다. 고도별 색조를 추가한 등고선 지도를 음영 등고선 지도(shaded contour map) 또는 음영 등치선도(shaded isoline map)라고 하는데, 등고선들 사이에 지형 고도를 암시하는 색을 채색하여 일반인이 고도를 인식하기 쉽도록 하는 것이다. 예를 들어, 산 정상 등과 같은 높은 고도 지역은 흰

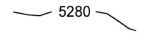

그림 6.31 등고선 위에 배치된 고도 라벨

색으로 나타내고 해수면 부근의 평평한 지역은 짙은 녹색으로 표현하여 고도에 대한 정보를 인지하는 데 도움을 줄 수 있다. 등고선 지도 외에도 음영기복도에 고도별 색조 기법을 중첩하면 지도가 더욱 미려해지고 자료가 풍부한 지도학적 결과물을 제작할 수 있다.

음영기복 레이어에 고도별 색조 레이어를 중첩할 때는 너무 많은 색을 사용하지 않도록 해야 한다. 너무 많은 색을 사용해서 복잡한 고도별 색조를 이용하면 오히려 이용자가 지도의 중요한 정보를 인식하는 데 방해를 줄 수 있기 때문이다. 지도의 일부 지역만 음영기복을 보여 주면 이런 문제가 발생하지 않겠지만, 지도의 전체 지역을 음영기복으로 표현해야 하는 경우에는 전체의 음영기복은 밝은 색 배열로 표현하고 연구대상이 되는 주요 지역의 음영기복만 짙은 색의 고도별 색조로 표현하여 주요 지역을 강조할 수 있다.

표고점 라벨

지도에서 중요한 지점의 고도 값을 직접적인 숫자로 제시하는 것을 **표고점 라벨**(spot height label)이라 한다. 예를 들어, 콜로라도 주의 롱스 피크(Longs Peak)와 같이 매우 높은 지역과 리프트 밸리(Rift Valley)와 같이 매우 낮은 지역의 경우는 해당 지점의 고도 값을 지도에 라벨로 직접 표기하는 것이다. 지형 이외에도 연기 기둥이 관찰되는 건물이나 가시권 분석에서 언덕과 나무의 고도 등과 같은 특별한 공간 객체에 대해서도 고도 정보를 표고점 라벨로 표시할 수 있다.

3차원 고도

GIS에서 3차원 정보는 보통 래스터 형태의 수치고도 모형 자료에 의해 표현된다. 인간의 시각을 모방한 3차원 영상이나 HSV 색상 모형 등[3]과 같은 특수한 경우를 제외하면 대부분 3차원 GIS는 3차원으로 표현된 지표면 위에 다른 지리 자료를 덧입혀서 구현되는 것이 일반적이다. 이렇게 3차원 지형 지도를 제작하기 위해 제작자가 우선적으로 고려해야 하는 것은 지도화 대상 지역에서 충분한 고도 변화가 나타나는지를 확인하는 작업이다. 대상 지역이 편평한 지역이라면 대축척으로 확대해서 작은 고도 변화라도 잘 보이도록 하거나 고도차를 인위적으로 확대하여 보여 주는 돌출(extruding) 시각화 기법을 이용해야 한다. 지도 제작자는 고도 정보를 추가함으로써 지도가 너무 복잡해지지 않도록 주의해야 한다. 고도 자료가 지도 이용자가 다른 공간 객체를 인식하는 데 방해가 된다면 3차원 고도(3D elevation) 레이어를 지도에 추가하는 것이 오히려 지도의 가독성과 성능을 저해할 수도 있는 것이다. 다양한 조건에서 활용할 수 있는 다양한 지도 시각화 사례들은 그림 6.32~6.42를 참고하라.

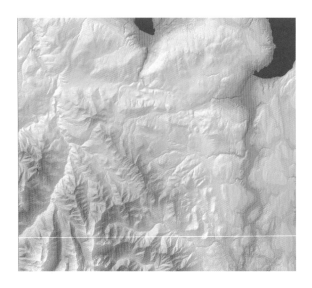

그림 6.32 음영기복 위에 고도별 색조를 덧입힌 지도로, 전체적인 고도 변화뿐만 아니라 언덕과 계곡 등의 지형 구분도 가능하다.

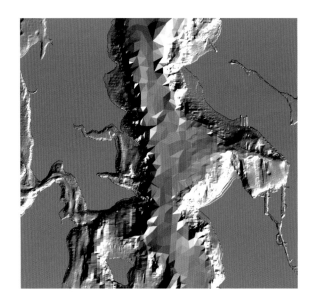

그림 6.33 육지의 지형기복만을 음영기복으로 표현하는 일반적인 지도와는 달리 해저의 지형기복을 음영기복으로 표현하고 육지의 기복은 무시한 지도로, 음영기복을 흥미롭게 활용한 사례이다.

그림 6.34 고도 표현에 사용하는 색 배열은 지도의 목적에 따라 적절히 선택할 수 있다. 이 지도에서는 흔히 사용되지 않는 자주색-녹색 배열로 현실적인 느낌보다는 예술적인 느낌을 준다.

그림 6.35 음영기복 레이어는 하천이나 다른 수문 객체 레이어의 배경으로 사용되면 효과적이다. 이 지도에는 반투명한 범람원 레이어가 음영기복 레이어 위에 중첩되어, 고도와 범람원 지형의 상관관계를 분명하게 보여 주고 있다.

제 **6** 장 지도 객체 기호화

✣ 지적 필지

색¹

지적 필지(parcel)는 조세구획이나 재산권경계(tax plat, lot line, property boundary, cadastral map) 등 다양한 이름으로 불린다(그림 6.36~6.39 참조). GIS에서 지적 필지는 각 필지의 경계를 나타내는 공간 정보와 조세 ID 번호, 조세 상태 및 소유자 정보 등의 속성 정보로 저장된다. 실측에 의해 작성된 지적 필지 경계는 정확하지만 손으로 작성된 오래된 지적도를 디지타이징하여 제작한 지적 필지 경계는 매우 부정확할 수도 있다. 실측 지적 필지 경계와 부정확한 지적 필지 경계가 단일 데이터베이스에 혼재되어 나타날 수도 있기 때문에, 두 유형의 지적 필지 경계 자료를 한 지도로 제시할 때 어려움이 발생할 수 있다. 이런 경우 그림 6.36에서 보는 바와 같이 실측 필지 경계와 실측에 의해 제작되지 않은 부정확한 경계선을 다른 기호를 사용하여(하나는 실선으로, 나머지는 파선으로) 지도에 나타낼 수 있다. 그렇지 않으면 지도의 법적 공지 부분이나 다른 부분에 필지 자료가 가진 문제점을 적절히 설명해 주어야 한다.

지적 필지의 지도화에서는 특히 축척을 잘 고려해야 한다. 지적 필지의 경우 면적이 매우 작을 수도 있기 때문에 대축척 지도에서만 개별 필지가 구분된 공간 객체로 표현될 수 있다. 그리고 많은 경우 지도화 대상 지역에 도시 중심부의 작은 필지들과 도시 외곽의 대규모 골프장과 같은 매우 큰 필지가 같이 포함되어 있다. 그런 경우에는 우선 지도에서 지적도를 사용하는 목적을 고려해야 한다. 지적 필지 자료가 단순히 다른 공간 객체의 분포를 이해하기 쉽도록 하는 배경 지도로 활용된다면 다음과 같은 방법을 사용하면 된다. 첫 번째 방식은 지적도에 모든 필지를 표시하는 대신에 도로, 공원, 수문과 같은 주요 지형지물의 경계만을 보여 주는 것이다. 두 번째는 필지 폴리곤 내부를 채색하지 않고 경계선을 옅은 색의 가는 선 기호로 보여 주어 대략적인 윤곽만 보이도록 하는 것이다. 후자의 접근 방식은 넓은 지역을 대상으로 하는 소축척 지도에는 적합하지 않다.

지도 제작자는 종종 상업용/공업용 필지는 붉은색으로, 공원 필지는 녹색으로, 주거용 필지는 갈색으로 설정하는 등 유형에 따라 지적 필지를 채색하여 시각화하기도 한다. 이 경우에는 필지 경계선을 가는 선 기호로 나타내거나 아예 보이지 않도록 해야 한다. 필지를 다양한 색으로 채우면서 경계선까지 굵은 선으로 하면 지도가 너무 복잡해 보이기 때문이다. 작은 면적의 필지들과 큰 면적의 필지들이 섞여 있는 경우에는 작은 필지들이 모여

Ⅰ 색상 막대는 지적(필지)을 표현하기에 적합한 색을 제시하고 있다.

그림 6.36 도시 외곽 지역의 지적 필지는 부정확한 경계선을 갖는다는 의미를 전달하기 위해 점선으로 표현하였고, 상대적으로 정확한 도시 내 필지는 실선으로 표현했다. 지도의 범례에는 실선이 실측 필지이고 점선이 손으로 그린 필지라는 내용이 포함될 것이다.

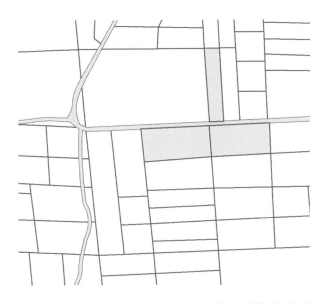

그림 6.37 몇 개의 지적 필지를 강조하기 위해 채색한 대축척 지도. 채색되지 않은 인근 필지들도 식별은 가능하지만 두드러져 보이지는 않는다.

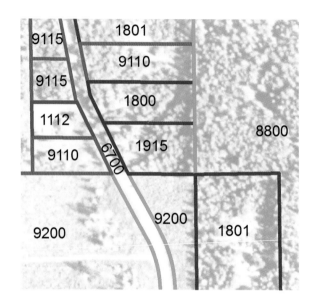

그림 6.38 고해상도 항공사진을 배경으로 지적 필지 경계선이 중첩되어 표현된 지도. 필지 경계선은 규제 여부에 따라 다른 색으로 표현되었다. 항공사진 배경과 쉽게 구분되도록 밝은 색의 경계선을 사용하였고 라벨의 숫자는 토지이용 코드를 의미한다.

그림 6.39 지적 필지들을 채색하여 표현하면 대상 지역 전체의 토지이용 혹은 필지와 연관된 다른 속성 정보의 공간적 분포 패턴에 관한 정보를 전달할 수 있다. 지도에서 오렌지색과 빨간색은 주거 밀도에 따라 구분된 주거용 필지를, 녹색은 임야 필지를, 황갈색은 공공용지를 표현하고 있다.

있는 지역을 확대한 삽입 지도를 제작하여 지도에 넣어 주는 것이 좋다.

중요한 것은 지도 제작자는 언제나 지도를 독자가 쉽게 이해할 수 있는 방식으로 만들어야 한다는 것이다. 예를 들어, 상업, 공업, 공원, 주거 등 다양한 토지이용 필지 자료가 있다고 하더라도 독자가 쉽게 이해하도록 하기 위해서는 복잡한 필지별 토지이용 현황을 모두 제시하기보다는 지역별 공원 필지의 비율과 같은 식으로 요약된 형태의 지도로 표현하는 것이다. 독자 스스로가 지도를 보고 공원비율 정보를 간접적으로 유추할 수 있도록 기대하는 것이 아니라 지도 제작자가 직접적인 정보를 지도에 표현하는 것이다. 보다 전문적인 독자를 위한 지도라면 요약된 **분석결과** 지도와 함께 분석에 사용된 **원 자료**를 같이 지도에 제공하는 것도 좋은 방법이다. 때로는 자료를 독자가 이해하기 쉬운 형태로 요약하는 것 자체가 불가능한 경우도 있다. 예를 들어, 특정 지역의 지적도와 필지 유형을 표현한 지도를 제작하여 도시계획 전문가와 시민들에게 지도에 표시된 필지별 상업, 공업, 공원 및 주거 범주가 옳은지에 대한 의견을 수렴하는 경우가 있을 수 있다. 이런 경우에는 지도의 분석적 측면이나 독자의 쉬운 이해보다는 출력할 종이 지도의 규격을 확대하거나 여러 페이지로 구성된 지도를 작성하여 자세한 필지 정보를 사용자들이 잘 볼 수 있도록 하는 점이 중요하다.

해류

색[m]

해류(current)는 항해용 지도에서 주로 사용되지만 수문 흐름이 주변 환경에 미치는 영향을 시각화하기 위해서 사용되기도 한다. 일반적으로 해류 지도는 글 자료와 기호를 이용해서 바다나 기타 수체(호수 및 강)에서의 해류(혹은 물의 흐름)의 방향과 크기를 표현한다. 해류의 방향은 주로 화살표의 방향으로, 속도는 화살표 선의 굵기로 표현된다(그림 6.43). 해류의 유속은 점진적 색상 배열, 선 굵기 혹은 점진적 기호의 기법을 섞어서 표현할 수 있다. 예를 들어, 짙은 파란색의 굵은 선형 화살표와 옅은 파란색의 가는 화살표로 각각 빠르고 느린 유속을 지도에 표현할 수 있다. 유속을 시각화하는 또 다른 기법은 유속이 빠른 지역에 더 많은 화살표를 배치하는 것이다. 기호의 크기가 아니라 기호의 밀도를 이용해 지도를 제작하는 데는 많은 시간과 노력이 필요하지만 일반인들이 유속의 상대적 분포 차이를

---

m 색상 막대는 해류를 표현하기에 적합한 색을 제시하고 있다.

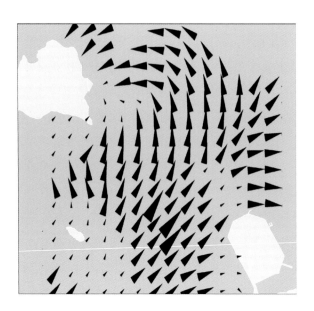

그림 6.40 샌프란시스코 만의 해류 지도로서 해류의 유속을 세 가지 다른 크기의 삼각 화살표 기호로 표현했다. 세 가지 이상의 다양한 크기의 기호는 지도의 가독성을 저해할 수 있으므로 이와 같은 지도에서는 지양해야 한다. 삼각 화살표의 각도는 해류의 방향을 나타내고 있다. 이와 같이 방향을 표시할 때는 원이나 정사각형, 정삼각형과 같이 방향을 특정하기 힘든 기호를 사용해서는 안 된다.

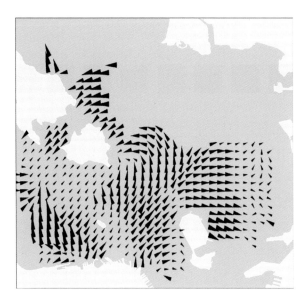

그림 6.41 그림 6.40의 지도를 축소하여 표현한 지도이다. 점진적 기호의 단계는 3단계로 동일하지만 기호의 크기는 축척에 적합하도록 축소했다.

그림 6.42 소축척 지도에서 해류의 방향을 표현할 때는 지도에서처럼 긴 화살표를 사용한다. 긴 화살표는 해류의 연속성을 표현하기에 적합하다. 지도에서는 빨간색 화살표를 이용하여 난류임을 표현하였고 해류의 이름을 라벨로 부여했다.

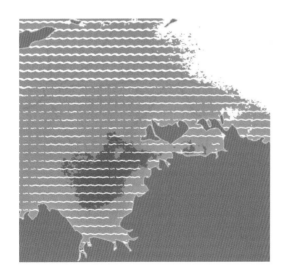

그림 6.43 해류는 해수면 온도와 함께 지도에 표현되는 경우가 많다. 파란색, 자주색, 노란색 및 빨간색 등을 사용하여 온도를 나타낼 때 해류는 흰색이나 노란색 또는 밝은 녹색으로 표현하여 진한 색의 배경과 시각적으로 충분히 대비될 수 있도록 한다. 배경이 되는 레이어를 반투명하게 하여 시각적 대비를 얻을 수도 있다.

쉽게 이해할 수 있다는 장점이 있다. 반면에 소축척 지도에서는 2~3개의 긴 화살표를 사용해서 해안 또는 대양의 해류를 간략하게 표현하는 것이 일반적이다. 인터넷 지도에서는 실시간 혹은 애니메이션 기법을 이용해서 해류의 흐름을 다이내믹하게 표현할 수 있다.

해류를 나타내는 화살표는 보통 빨간색, 파란색 또는 검은색 실선으로 표현된다. 빨간색과 파란색 화살표는 각각 난류와 한류를 나타내기 위해 이용된다. 지도의 축척에 따라 지도에 표현되는 해류의 자세한 정도가 달라질 수 있다. 세계지도에서는 화살표와 라벨로 주요 해류에 대한 정보만 간략하게 전달할 수 있는 반면에 대축척 지도에서는 해안이나 만(灣) 등을 따라 발생하는 거의 모든 해류를 더 많은 화살표를 이용하여 시각화할 수 있다. 해류를 표현한 화살표의 길이를 통해서도 해류의 유속을 표현할 수 있다. 즉 긴 화살표는 빠른 유속을, 짧은 화살표는 느린 유속을 의미한다.

🧭 바람

색[n]

바람을 지도에 표현하는 것이 이렇게 복잡할 줄을 어느 누가 알았을까? 바람을 지도에 적절히 표현하는 것은 아주 오래전부터 지도학자들에게 심각한 고민의 대상이었다. 옛날의 지도학자들은 바람 흐름을 지도에 복잡하게 나타내기보다는 그림 6.44와 같이 지도의 여백에 바람의 신 아이올러스(Aeolus)를 그려 넣는 것이 더 효과적이라고 생각했다.

바다를 항해할 때 바람의 방향과 속도를 잘 파악하는 것은 필수적인 일이다. 따라서 고지도에서 풍향과 풍속은 지도가 포함한 가장 중요한 정보 중 하나였다. 항해를 위한 첨

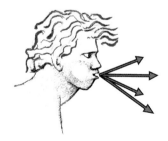

그림 6.44 바람 방향을 표시하는 빨간색 화살표는 바람의 신인 아이올러스가 뜨거운 공기를 불어내는 것(즉 온풍)을 형상화하고 있다.

n 색상 막대는 바람을 표현하기에 적합한 색을 제시하고 있다.

단 과학기술이 많이 발달한 현대에는 지도에서 바람을 표현하는 것이 항해를 위한 목적이기보다는 바람의 분포와 다른 공간 현상 사이의 상관관계를 분석 표현하기 위한 목적인 경우가 더 많다. 바람을 지도에 표현하는 목적이 무엇이든 간에 바람 자료를 지도에 나타낼 때는 앞의 '해류' 부분에서 논의된 기법들의 대부분이 그대로 적용될 수 있다.

해류와 마찬가지로 바람도 방향과 속도라는 속성을 가진다. 해류 지도에서처럼 이들 속성은 해류처럼 각각 화살표의 방향과 크기로 표현될 수 있다. 특정 지점에서 관측된 바람 자료를 시각화할 때는 바람 기호(wind barb)라는 특수한 기호를 이용할 수 있다. 바람 기호는 풍향과 풍속 정보를 지도 이용자들에게 쉽게 제공할 수 있다. 바람 기호의 크기가 너무 작으면 가독성이 낮아지므로 바람 기호로 풍속과 풍향을 나타내는 기법은 대축척 지도에 유용하다. 바람 기호에는 풍향과 풍속 이외의 속성 정보를 전달하기 위해 라벨이 추가되는 경우도 있다.

그림 6.45의 바람 기호 지도에서는 풍향의 전체적인 분포만 알 수 있다. 소축척 지도에서 많은 수의 바람 기호가 사용되면 개별 바람 기호가 가진 정보는 식별하기 어렵기 때문이다.

바람 기호는 풍향과 같은 방향으로 배치된 선분과 이 선분이 끝나는 위치에 풍속을 의미하는 작은 선으로 구성되어 있다. 그림 6.46에서처럼 풍속을 나타내는 선은 짧은 것은 풍속 5노트, 긴 것은 풍속 10노트를 의미한다. 15노트의 풍속을 기호화할 때는 10노트의 긴 선 하나와 5노트의 짧은 선 하나를 같이 표시한다. 이때 긴 선 아래에 짧은 선을 배치하거

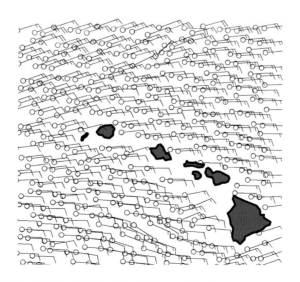

그림 6.45 지도와 같은 소축척 지도에서 너무 많은 바람 기호가 사용되면 시각적으로 너무 복잡하여 지도의 가독성을 저해한다. 이러한 문제를 해결하기 위해서는 지도 일반화 작업이 필요하다.

나 혹은 그 반대도 가능하다. 풍속과 풍향 외의 다른 정보는 풍향 선 끝에 달린 작은 원 기호에 표현할 수 있다. 원의 채우기 색을 이용하여 해당 지점의 구름의 양을 나타내는 식으로 활용할 수 있다. 다양한 바람 기호의 사례들은 그림 6.46을 참고하라.

화살표와 바람 기호 이외에 바람을 시각화하는 데 사용할 수 있는 기법들도 있다. 그림 6.47~6.53에 보는 것과 같이 등치선(isoline)을 이용하여 바람을 지도에 표현할 수도 있다. 이 지도에서 풍향과 풍속은 각각 동일한 값을 가지는 지점들을 연결한 선, 즉 등치선으로 표현된다. 풍향의 등치선은 **등각형**(isogon), 그리고 풍속의 등치선은 **등풍속선**(isotach)이라고

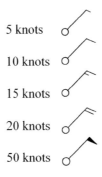

그림 6.46 바람 기호는 특정 지점에서 관측된 풍향과 풍속을 표현한다. 이 그림은 다양한 풍속의 북동풍을 표현하고 있는데, 풍향은 고정된 원에서 뻗어 나온 선분의 방향으로 표시되고, 풍속은 그 선분에 붙어 있는 깃발(flag)의 개수, 형태, 위치로 표시된다.

그림 6.47 단순한 화살표의 방향으로 풍향을 표현한 지도. 풍속은 두 가지 기호로 나누어 표현되었는데, 강한 바람은 진회색의 긴 화살표로, 약한 바람은 밝은 회색의 짧은 화살표로 기호화했다.

그림 6.48 바람 기호가 너무 많아서 지도가 복잡해 보이는 것을 막기 위해 자료를 리샘플(일정 거리 지점의 자료를 선택)하여 적은 수의 바람 기호로 표현했다. 전체적인 풍향과 풍속의 분포 패턴을 쉽게 파악할 수 있다.

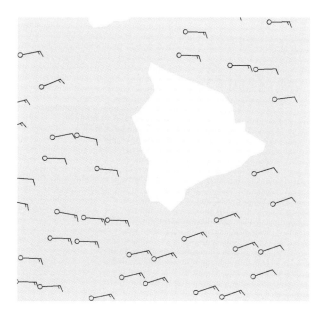

그림 6.49 그림 6.48처럼 자료를 리샘플하는 대신 지역의 일부만을 확대하여 보여 줌으로써 모든 바람 기호를 시각적으로 해석 가능하도록 했다.

그림 6.50 미국 미네소타 주의 기온을 등치선(등온선)으로 표현한 지도. 등치선의 색을 점진적 색상 배열로 적절히 조정하면 기온 분포를 독자에게 쉽게 이해시킬 수 있다.

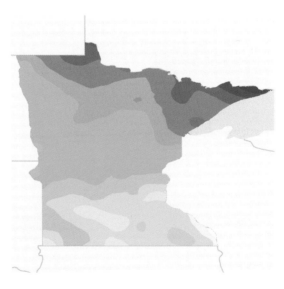

그림 6.51 등치선 지도에 고도별 색조 기법을 적용하여 온도 변화가 연속적인 것처럼 보이도록 표현했다. 지도는 시각적으로 미려하지만 마치 온도가 지도의 모든 지점에서 측정된 것 같은 오해를 유발할 수 있다. 실제로 온도는 등치선의 일부 지점에서만 측정된 것이므로, 이 시각화 기법은 독자의 GIS 분석 과정에 대한 이해도에 따라서 적절한 설명과 함께 사용해야 한다.

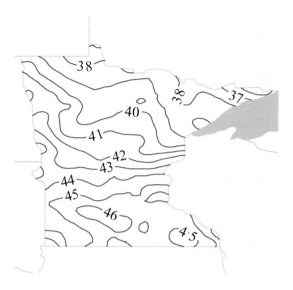

그림 6.52 흑백 등온선 지도로 등온선에 온도 라벨이 부여되어 있다. 등치선 라벨 부여 기능은 대부분의 GIS 소프트웨어에서 제공하고 있지만 그래픽 소프트웨어를 이용한다면 라벨 문자열에 후광 효과를 사용하여 등치선과 라벨 문자열이 적절히 분리되도록 간격을 조정해야 한다.

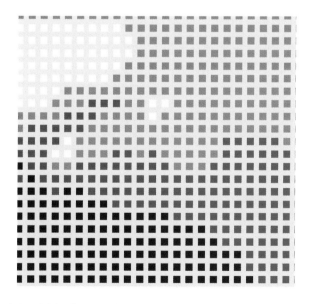

그림 6.53 고도별 색조 기법과 같은 폴리곤 채색이 가지는 연속표면 효과만큼은 아니지만 온도를 픽셀과 같은 색상이 부여된 일정 간격의 점으로 나타낼 때도 유사한 효과를 기대할 수 있다. 그리드 셀 형태의 연속표면 지도는 폴리곤 채색 지도에 비해 관측지점이 이산적으로 배치되어 있다는 메시지를 분명하게 전달한다는 장점을 가지고 있다.

기타 기상 객체

바람 외에도 GIS를 이용해 지도화되는 기상 변수들이 많이 있다. 전선(戰線)의 배치, 기압 및 강수 등과 같은 기상 요소들도 GIS에서 자주 이용된다. 바람의 기호화에 적용된 기법들은 다른 기상 요소의 시각화에도 동일하게 적용될 수 있다.

- 필요할 경우 리샘플이나 확대 지도를 이용해 시각적 복잡성을 줄인다.
- 기호를 선택할 때는 기상/기후 분야에서 사용하는 표준 기호가 있는지 확인한다.
- 필요하다면 기호를 단순화한다.
- 등치선이나 고도별 색조 기법과 같이 단순한 점형 기호화를 대체할 수 있는 다른 시각화 기법이 있는지 조사해 본다.
- 색 배열, 크기, 스타일 등 변수의 강도를 표현하기 위한 다양한 기법을 시험해 본다.

한다. **등각형**이라는 용어는 바람 이외에도 어떤 사상의 각도를 표현하는 선이라는 의미로 사용된다. 지도에 등치선이 많을 때는 등고선 지도에서처럼 매 다섯 번째 등치선을 굵은 선으로 하는 등의 위계적 기호화 기법을 적용할 수 있다. 소축척 지도에서는 가독성을 위해 주요 등치선만 라벨과 함께 표시한다. 바람을 표현하는 등치선은 지도에서 주로 검은색 또는 파란색으로 채색하지만 회색이 사용되기도 한다.

등고선 지도에서와 같이 고도별 색조 기법을 같이 사용하기도 하는데, 이 경우에는 고도별 색조에 대한 범례가 있기 때문에 등치선에 라벨을 부여하지 않아도 된다.

✦ 온도

색°

대기 온도는 전통적으로 파란색과 빨간색을 양극단으로 하는 색 배열을 통해 지도에 표현된다. 이런 방식으로 제작된 지도에서 빨간색은 온도가 높은 지역을 파란색은 온도가 낮은 지역을 나타낸다. 조금 더 구체적으로 온도를 표시할 때는 두 색 사이에 노란색과 오렌지색을 배치하여 온도 변화를 지도에 표현한다. 그러나 흥미롭게도 이 색 배열(color scheme)

---

o 색상 막대는 온도를 표현하기에 적합한 색을 제시하고 있다.

은 실세계의 불꽃(flame)에서 관찰되는 온도와 색상과의 관계에 정면으로 위배되는 것이다. 촛불의 불꽃 색깔에서 알 수 있듯이 인간의 시각은 불꽃을 온도에 따라 파란색, 노란색, 오렌지색 또는 빨간색으로 나누어서 인지하는데, 가장 온도가 높은 불꽃은 파란색으로 가장 낮은 온도의 불꽃은 빨간색으로 보인다. 천체 관측에서도 온도가 높은 별은 파란색으로 보이고, 낮은 온도의 별은 빨간색을 보인다. 그렇다면 과학적 관측과 어긋남에도 불구하고 지도에서 온도를 표현하기 위해 전통적으로 사용되어 온 색 배열은 어떻게 생겨나게 되었는가? 자연 현상에서 발생하는 온도와 색의 관계와는 상관없이 색 자체가 주는 느낌이 온도를 표현하는 색을 결정하는 데 중요한 역할을 한 것으로 보인다. 빨간색, 노란색, 오렌지색 등은 따뜻한 느낌을 주고, 파란색과 자주색 등은 차가운 느낌을 준다. 따라서 온도를 지도에 표현할 때는 전통적인 색 배열 방식을 이용하게 된다.

온도는 다음과 같이 다양한 기법으로 기호화할 수 있다.

- 온도가 측정된 지점을 나타내는 점
- 같은 온도를 갖는 점들을 연결한 선 : 등온선
- 등온선 사이 공간에 고도별 색조 기법을 적용한 폴리곤

어느 기하학적 유형으로 온도를 표현하든지 기호는 원색이나 흑백으로 표현한다. 원색으로 지도화할 때는 위에서 기술된 전통적인 파란색-빨간색 색 배열을 점, 선, 면에 적용한다. 온도를 흑백 색 배열로 표현할 때는 높은 온도를 어두운 회색으로 한다. 흑백 팔레트는 점, 선, 면의 온도 자료에 모두 적절하게 이용될 수 있다. 등온선의 경우는 온도를 나타내는 숫자 라벨을 같이 쓰기 때문에 검은색 선 기호만으로 이루어진 흑백 지도도 가능하다. 온도 기호화는 주로 대기 온도를 대상으로 기술하였으나 바다나 호수의 수면 온도 역시 동일한 방식으로 기호화할 수 있다.

✳ 토지이용 지표피복

색[p]

토지이용 지표피복(Land Use Land Cover, LULC) 자료는 지표면을 지표피복이나 토지이용 유형에 따라 폴리곤 또는 그리드로 구분하여 나타내는 자료이다. **지표피복(land cover)과 토**

---

p 색상 막대는 토지피복을 표현하기에 적합한 색을 제시하고 있다.

지이용(land use)은 미묘한 차이를 가지지만 유사한 의미로 쓰이기 때문에 자주 혼동되는 용어들이다. 지표피복은 지표면을 덮고 있는 경관으로서 자연 또는 인문 현상을 가리킨다. 반면에 토지이용은 사냥, 어로, 경작 등 인간이 토지를 이용하는 형태만을 의미하는 것으로 정의되지만, 행위 자체가 아닌 도시화 지역, 공업 지역, 주거 지역 등과 같은 지역 유형을 포함하기도 한다. 이와 같이 두 용어를 엄밀하게 구분하기 어렵기 때문에 대부분의 경우 두 용어를 붙여서 같이 사용한다.

대표적인 토지이용 지표피복 유형에는 다음과 같은 것이 있다.

- 도시화 지역
- 주거용
- 상업용
- 농지
- 산림
- 대양
- 툰드라
- 빙하

토지이용 지표피복 자료는 주로 위성영상이나 항공사진을 처리하여 만든다. 토지이용 지표피복 지도는 일정 범위의 숲을 수종에 따라 구분하는 대축척의 상세한 구분에서부터 수문, 산림, 도시화 지역, 초지 등과 같이 일반화된 소축척의 구분까지 다양한 구분 방식으로 작성된다. 사냥과 같은 토지이용 유형은 그 공간 범위를 특정하기가 어렵고 많은 경우 산림이나 초지와 같은 지표피복 경계와 일치하지 않기 때문에 지도에 표현하기 어렵다. 토지이용 지표피복 자료가 가진 이러한 문제점들은 지도 외의 다른 글 자료를 통해 독자에게 충분히 설명해 줘야 한다.

토지이용 지표피복 지도는 얼핏 보기에는 단계구분도와 같이 지역을 유형화한 지도들과 유사하지만, 가장 큰 차이점은 토지이용 지표피복 지도에는 일반적으로 널리 사용되는 표준화된 분류 체계와 색상 배열이 있다는 점이다. 지도화할 지표피복 데이터가 표준화된 분류 체계를 따르지 않은 것인 경우에는 현실 세계의 피복 유형을 잘 반영할 수 있도록 지도 제작자가 적절한 색 배열을 고안하여 사용해야 한다. 일반적으로 토지이용 지표피복 지도에서는 산림은 녹색 계열, 빙하는 흰색, 나대지는 갈색 등 항공사진이나 위성영상에서 보이는 색으로 지표피복의 색을 지정하는 것이 중요하다.

원격탐사 자료의 식생 분류에서 가장 널리 알려지고 많이 사용되는 분류 체계와 색 배열은 미국 지질조사국(USGS), 항공우주국(NASA), 자연보전국(Natural Resource Conservation Service, NRCS), 미국지리학자협회(Association of American Geographers, AAG), 국제지리학연맹(International Geographical Union, IGU) 등이 공동으로 개발한 앤더슨 분류 체계(Anderson classification system)이다.[4]

앤더슨 체계는 계층적 분류 체계로 경관 객체를 다양한 정밀도 층위에서 분류한다. 앤더슨 체계에서 개별 위계는 단계(level)라 지칭된다. 예를 들어, 앤더슨 II단계 분류에서 'unit 10'은 도시화 지역(urban)을 의미한다. 도시화 지역은 앤더슨 III단계 분류에서 다시 저밀도, 중밀도 및 고밀도 주거 지역, 상업 지역, 공업 지역, 공공용지(institutional), 광산 지역(extractive) 그리고 도시 공터 등 8개의 하위 범주로 구분된다. 이와 같은 계층적 분류 체계는 안정적인 지표피복 분류를 가능하게 하여 지표피복 토지이용의 시계열적 변화를 쉽게 분석할 수 있다는 장점을 제공하고 있다.

앤더슨 체계를 사용하면 I단계 분류 유형들에 대해서는 색 배열을 고민하지 않아도 된다. 미국 지질조사국이 앤더슨 I단계 분류 유형들에 대한 표준 색 배열을 개발하여 제공하고 있기 때문이다. 지질조사국의 색 배열은 먼셀(Munsell) 색상 체계로 제공되고 있지만 GIS에서 사용하기 쉽도록 RGB 색상 값으로 변환하여 그림 6.54에 제시해 두었다.

Land Cover Category Name	No.	RGB Color
Urban or Built-up Land	1	235 109 105
Agricultural Land	2	206 166 138
Rangeland	3	255 224 174
Forest Land	4	166 213 158
Water	5	117 181 220
Wetland	6	188 219 232
Barren	7	200 200 200
Tundra	8	189 221 209
Perennial Snow or Ice	9	255 255 255

그림 6.54 앤더슨 분류 체계의 I단계 유형 분류. 미국 지질조사국에서 고안한 색 배열을 RGB 값으로 변환하여 제공했다. 지질조사국의 색 배열은 먼셀 색상 모형에 기초하여 개발되었지만 GIS 소프트웨어에서 사용하기 편리한 RGB 색상으로 변환했다.[11] 색상 모형 사이의 변환에서 색상의 미묘한 차이가 발생할 수 있다는 점을 명심해야 한다.

Land Cover Category Name	No.	RGB Color	Land Cover Category Name	No.	RGB Color
Water	11	102 140 190	Shrubland	51	220 202 143
Perennial ice, snow	12	255 255 255	Orchards, vineyards, other	61	187 174 118
Low intensity residential	21	253 229 228	Grasslands, herbaceous	71	253 233 170
High intensity residential	22	247 178 159	Pasture, hay	81	252 246 93
Commercial, industrial, transportation	23	231 86 78	Row crops	82	202 145 71
Bare rock, sand, clay	31	210 205 192	Small grains	83	121 108 75
Quarries, strip mines, gravel pits	32	175 175 177	Fallow	84	244 238 203
Transitional	33	83 62 118	Urban, recreational grasses	85	240 156 54
Deciduous forest	41	134 200 127	Woody wetlands	91	201 230 249
Evergreen forest	42	56 129 78	Emergent herbaceous wetlands	92	144 192 217
Mixed forest	43	212 231 177			

그림 6.55 NLCD 1992 데이터에서 사용된 21개 분류 유형과 색 배열(미국 지질조사국 제공). NLCD 2001과 NLCD 2006 데이터에도 동일하게 적용될 수 있다.

대표적인 토지이용 지표피복 자료인 미국의 국가 지표피복 데이터베이스(National Land Cover Database, NLCD)도 표준화된 분류 체계와 색 배열을 제공한다. 앤더슨 분류 체계가 4단계에서 100개 이상의 토지이용 지표피복 유형을 포함하는 반면, NLCD 2001 데이터는 단 29개 유형, 그리고 NLCD 2006 데이터는 16개 유형으로만 분류되어 있다. 앤더슨 체계에서 I단계와 II단계는 지표피복 유형이고, III단계와 IV단계는 토지이용에 대한 분류이다. NLCD데이터는 앤더슨 분류 체계를 활용하여 제작되었지만, 미국 전역이라는 넓은 지역을 대상으로 30미터 공간해상도로 분류하느라 토지이용 유형은 제외하고 적은 수의 지표피복 유형만으로 지역을 분류하여 제공하고 있다(그림 6.55 참조).

토지피복 분류 유형이 많아지면 지도 역시 복잡해진다. 따라서 분석적인 목적이 아니라 시각적인 효과를 위한 소축척 지도에서는 가급적 I단계의 토지피복 대분류 유형만을 사용하는 것이 효과적이다. 경우에 따라서는 II단계 분류 유형을 수정해서 자료를 단순화시킨 지도를 제작할 필요가 있을 수도 있다.[5]

토지이용 지표피복 지도를 제작할 때 중요한 사항 중 하나는 독자가 지도를 쉽게 이해할 수 있도록 지도에 사용된 분류 체계와 각 유형에 대한 자세한 설명을 메타데이터 형태로 제공해 주어야 한다는 점이다. 지표피복의 명칭이 직관적으로 이해되지 않는 경우도 많다. 예를 들어, 영국에서 산림 유형에는 실제 나무가 자라지 않는 지역도 포함될 수 있지만 스칸디나비아 지역에서는 산림 유형의 기준이 엄격하여 성장이 늦은 교목으로 덮인 지역은 산림으로 분류되지 않기도 한다.[6] 다른 예로 숲 생태계 천이과정 단계를 성숙 수관(canopy)

래스터 지도

래스터 지도(pixelated map)를 화면에 표시할 때 지도가 선명하지 않고 뭉쳐 보이는 경우는 GIS 소프트웨어가 래스터 자료를 읽어 들이는 과정에서 피라미드화(pyramid building) 등과 같은 일반화 알고리즘이 적용되기 때문이다. 그런 알고리즘이 적용되면 래스터 지도를 그림 파일로 출력하는 과정에서도 자료의 일반화(혹은 평활화, smoothing)가 적용된다는 점을 기억해야 한다. 래스터 데이터를 일반화하는 기법으로는 어도비 포토샵(Adobe Photoshop)의 가우시안 평활화(Gaussian blur, Gaussian smoothing) 필터 기법 등이 있다.

과 미성숙 수관으로 분류한 지도를 제작한다면 지도에 제시된 지표피복 유형에 대한 자세한 설명을 추가하여 비전공자의 이해를 돕도록 해야 한다. 또 토지이용 지표피복과 관련한 기술문서에 대한 인용 정보를 지도에 표시해서 독자가 지도 해석에 영향을 미칠 수 있는 오차나 데이터 처리 알고리즘 등에 관한 정보를 찾아볼 수 있도록 해 주는 것도 현명한 방법이 될 것이다(상황에 따른 토지이용 지표피복 기호화 기법은 그림 6.56~6.60 참조).

그림 6.56 사우스캐롤라이나 주의 1992년 NLCD 데이터를 미국 지질조사국의 표준 색상 배열로 나타낸 지도(그림 6.55 참조)

그림 6.57 콜로라도 주의 NLCD 데이터를 그래픽 소프트웨어 프로그램의 black-light 필터를 적용하여 표현한 지도. 그래픽 소프트웨어의 색상 필터를 이용하면 지표피복 각각의 색을 개별적으로 바꾸지 않고도 색상별 분포 변화를 쉽게 보여 줄 수 있다.

그림 6.58 콜로라도 주의 NLCD 데이터를 지질조사국의 표준 색 배열로 표현한 지도. 이 색상 배열은 자연색에 가까운 색들을 이용하여 독자가 개별 색상이 어떤 유형의 토지피복을 가리키는지 쉽게 이해할 수 있다. 그림 6.79에서 볼 수 있는 현대적 느낌의 색 배열은 높은 색상 대비를 가능하게 하여, 몇몇 토지피복 유형의 분포를 즉각적으로 파악하기에 유리하다.

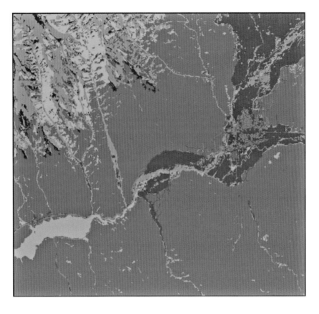

그림 6.59 콜로라도 주 NLCD 데이터를 1:500,000 축척으로 확대하고 색상 배열을 수정하여 표현한 지도

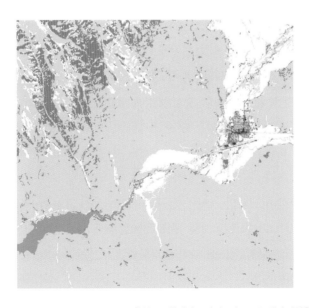

그림 6.60 콜로라도 주 NLCD 데이터를 1:500,000 축척으로 확대하고 지질조사국 표준 색상 배열을 적용한 지도

소로

색[q]

소로(小路, trail) 객체는 자동차가 아닌 도보, 자전거, 우마차 등의 통행을 위한 길을 말한다. 소로는 도시 지역이나 비도시 지역 모두에서 볼 수 있고, 포장 또는 비포장일 수도 있다. GIS 지도에서 포장된 도로는 주로 실선으로 표현되는 데 비해 소로는 도로와 구별하기 위해 점선으로 나타낸다. 하지만 국립공원과 같이 비개발 지역을 대상으로 하는 지도에서는 실선으로 표시할 도로가 없으므로 소로를 실선으로 나타내기도 한다.

강이나 하천에서와 같이 소로의 라벨은 소로 선 기호 위쪽에 길의 굴곡을 따라 문자열로 표기한다. 소로가 지도에 도로와 함께 나타나는 경우에는 소로와 도로 라벨의 색을 다르게 지정하여 이 두 공간 객체를 구별할 수 있도록 해야 한다. 색에 의한 구별이 어렵다면 다른 글꼴을 적용한다. 소로의 이름은 (국립공원 등산로 지도처럼) 개별 소로에 대한 상세 설명과 함께 지도의 여백 공간에 배치하기도 한다. 소로의 이름이 도로 번호처럼 숫자로 지정된 경우에는 소로의 시작점과 이 지점에서 충분히 이격된 부분에 숫자 라벨들을 배치한다.

실세계에서 등산로나 산책로 같은 소로의 대부분은 흙이 드러난 비포장 길이기 때문에 갈색이 소로를 가장 직관적으로 표현하는 색이지만, 그 외에도 검은색이나 갈색 계열의 다양한 색들이 사용된다. 소로를 강조할 필요가 있거나 다른 공간 객체가 많아서 복잡한 지도에서는 소로를 빨간색이나 짙은 오렌지색으로 나타내기도 한다. 국립공원 안내 지도나 등산로 지도처럼 길 안내를 목적으로 제작되는 지도에서는 등산로와 연계된 등산로 입구, 주차장, 캠핑 지점 등의 보조 정보를 소로와 함께 표현하는 것이 일반적이다. 그런 지도에서는 등산로를 따라가면서 볼 수 있는 멋진 경관을 찍은 사진을 경로 중간중간에 배치해서 지도를 장식하기도 하며, 인터넷 지도의 경우에는 마우스 클릭을 통해 경관사진을 볼 수 있도록 지원하기도 한다. 길 안내를 위한 지도에서는 소로를 도로 지도의 도로처럼 굵은 선으로 표현하기도 하며 도로와 소로가 혼재한 지도에서는 보통 두 공간 객체를 구별하기 위해 도로는 굵은 선으로, 소로는 가는 선으로 표현한다. 기호화 기법의 선택은 지도의 제작 목적과 현실 세계의 반영 정도에 따라 결정하면 된다. 상황에 따른 소로 표현 기법은 그림 6.61~6.68을 참고하라.

가늘고 긴, 그리고 여기저기 산재되어 있는 소로와 같은 공간 객체를 지도의 시각적 균형을 해치지 않고 강조하여 표현하는 것은 어려운 일이다. 도로의 경우는 소로에 비해 지

q 색상 막대는 소로를 표현하기에 적합한 색을 제시하고 있다.

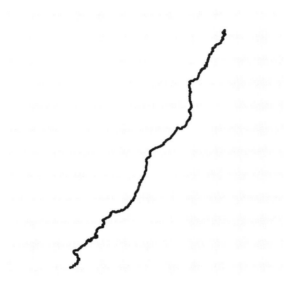

그림 6.61 애팔래치안 트레일(Appalachian trail)ʳ의 전 코스를 표시한 지도. 트레일 경로를 강조하기 위해 주(州) 경계는 흰색으로 하여 눈에 덜 띄도록 했다. 소로의 경로를 표현하는 것이 주된 목적이므로 도시와 같은 다른 공간 객체를 대부분 생략했다.

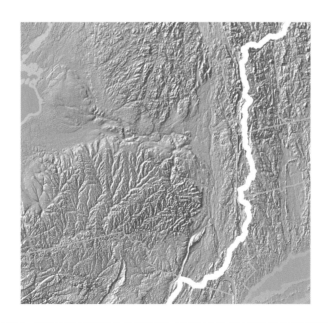

그림 6.62 이 지도는 애팔래치안 트레일이 뉴욕 주의 어느 부분을 지나는지를 보여 주기 위한 목적으로 제작되었다. 트레일이 지도의 주변부를 지나고 있기 때문에 지도의 전체적인 통일성을 위해서 음영기복도를 배경 지도로 사용하였다. 그림 6.61과는 반대로 트레일을 굵은 흰색 선으로 주 경계를 오렌지색 선으로 표현하였다. 이는 음영 기복도를 배경으로 했을 때는 흰색 선이 시각적 대비가 더 커서 눈에 잘 띄기 때문이다.

ʳ 역자 주 : 애팔래치아 산맥을 따라 연결된 등산로로 우리나라의 백두대간과 비슷하다.

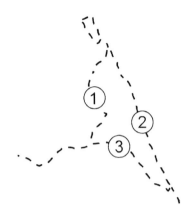

그림 6.63 등산로 같은 소로는 지도에서 일반적으로 갈색 파선으로 표현된다. 개별 소로의 이름을 넣기 힘든 소축척 지도에는 이름 대신 번호를 부여하고, 지도 주변 여백에 번호에 해당하는 소로의 이름과 설명을 배치하기도 한다. 지도에서는 번호 라벨을 원 기호로 감싸 가독성을 높였다.

그림 6.64 이 지도에서는 소로뿐 아니라 인근의 도로와 등산로 인근의 캠핑장까지 표현하고 있다. 도로는 회색 실선으로, 소로는 갈색 파선, 캠핑장은 오렌지색 삼각형 기호는 나타냈다. 레이어의 배열순서도 눈여겨볼 필요가 있는데, 캠핑장이 맨 위에, 그 아래 소로, 도로 순서로 레이어를 배치하여 모든 정보가 쉽게 파악되도록 했다.

역 전체에 고루 분포하기 때문에 지도에 표현하기가 상대적으로 쉬운 편이다. 반면에 어느 도시의 자전거 도로 분포를 지도로 나타내고자 하면 도시 전체에 2~3개 정도의 자전거 도로밖에 없는 경우를 쉽게 볼 수 있다. 이 경우 도시 면적에 비해 자전거 도로의 비중이 너무 작아서 잘 보이지 않게 된다. 지도에서 소로를 강조하면서 위치 참조를 위해 전체 도시를 나타낼 필요가 있다면 모든 소로들이 도시의 일부 지역에 몰려 있어서 지도의 시각적 균형이 깨지는 결과가 생기게 된다. 이 문제를 최소화하기 위해서는 옅은 색의 항공사진이나 지적도를 배경 레이어로 하여 도시 전체 지역을 표시하고, 시각적 대비가 큰 색과 굵은 선 기호로 소로를 표현하여 강조하는 방법을 사용할 수 있다. 이러한 기법은 소로 이외에도 현실 세계에서 드물게 나타나는 작은 크기의 공간 객체를 지도에 표현할 때 공통적으로 활용할 수 있다.

✦ 시설물

색^s

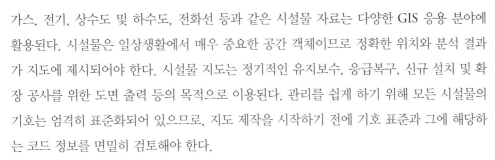

가스, 전기, 상수도 및 하수도, 전화선 등과 같은 시설물 자료는 다양한 GIS 응용 분야에 활용된다. 시설물은 일상생활에서 매우 중요한 공간 객체이므로 정확한 위치와 분석 결과가 지도에 제시되어야 한다. 시설물 지도는 정기적인 유지보수, 응급복구, 신규 설치 및 확장 공사를 위한 도면 출력 등의 목적으로 이용된다. 관리를 쉽게 하기 위해 모든 시설물의 기호는 엄격히 표준화되어 있으므로, 지도 제작을 시작하기 전에 기호 표준과 그에 해당하는 코드 정보를 면밀히 검토해야 한다.

시설물 지도를 제작할 때 가장 어려운 점은 전신주 사이의 수많은 전선이나 도로 지하에 매설된 여러 파이프라인 등의 많은 객체를 좁은 지도 공간에 어떻게 적절히 기호화하여 표현하는가 하는 것이다. 대부분의 공간 객체들이 지도에서는 실제 크기보다 상대적으로 작게 표시되는 데 반해서 전선이나 가스 배관, 하수관 파이프 등의 시설물들은 지도에서 실제보다 더 굵고 크게 표현될 수밖에 없다. 우물이나 우수 배출구, 맨홀 뚜껑 등 점(點)형 시설물도 지도에서 쉽게 알아볼 수 있도록 실제 크기보다 확대된 큰 기호로 나타내야 한다. 실제보다 확대된 크기의 점형 시설물들이 너무 가까이 붙어 있어서 서로 겹쳐지지 않도록 주의해야 한다. 그러기 위해서는 지도의 축척을 충분히 크게 하거나 기호를 반투명하게 하여 겹쳐졌을 때도 식별이 가능하도록 해야 한다. 속성에 따라서 자료를 나누어 여러 장의 지도로 만드는 것도 대안이 될 수 있다. 상호작용이 가능한 인터넷 지도라면 소축척에서는 동종의 시설물들을 묶어서 하나의 점 기호로 나타내고 지도를 확대하면 개별 시설물이 보이도록 하는 동적인 기호화 기법을 활용할 수도 있다.

속성 값에 따라 시설물 객체를 점진적 색상 배열로 구분하여 표현하는 것이 일반적인 기법이다. 예를 들어, 수량(水量)을 기준으로 소화전을 구분하여 노란색, 빨간색, 녹색 및 파

---

^s 색상 막대는 시설물을 표현하기에 적합한 색을 제시하고 있다.

란색 등의 다른 색으로 표현할 수 있다. 상하수 관로와 같은 선형 시설물은 흐름의 방향에 따라 다른 색으로 나타낼 수 있다. 도로, 강, 하천과 같은 선형 객체는 관련된 노드(node)와 함께 지도화하는 경우가 일반적이지 않지만, 시설물 지도에서는 관로의 연결 지점, 전신주 또는 맨홀 등과 같이 선형 시설물과 직접적으로 연결된 점(노드) 자료가 많아 선형 레이어 위에 점형 레이어가 명시적으로 중첩되는 경우가 많다. 대부분의 시설물 지도는 그 자체로도 매우 복잡하기 때문에 배경에 단순화된 도로를 배경으로 그리거나 배경 지도를 생략하는 경우가 많지만 지도의 축척과 목적에 따라 지형도나 정사사진 또는 지적도를 겹쳐서 그리는 경우도 있다.

현장 지도 작업

기술이 발달하면서 현장 작업을 위해서 인쇄된 형태의 시설물 지도를 사용하는 경우는 많이 줄었다. 대신 현장에서 자료를 직접 입력하고 실시간으로 동료들이나 관련 시민들에게 자료를 제공하기 위해 모바일 장비를 활용하여 시설물 지도를 작성, 편집하는 경우가 많이 보편화되었다. 모바일 장비에 탑재된 시설물 지도는 현장 작업자들이 밝은 햇빛과 어두운 차량 속에서도 쉽게 읽을 수 있도록 밝은 색상과 큰 기호를 이용하여 제작되어야 한다.

시설물 지도는 이미 다양한 색깔의 선들과 복잡한 모양의 점 기호들이 얽혀 있어 복잡할 대로 복잡한 지경이다. 이런 시설물 지도에 배경 지도로 고해상도 항공사진이나 복잡

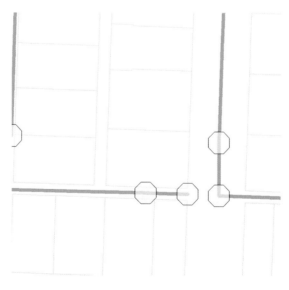

그림 6.65 맨홀을 투명한 기호로 표현하여 그 아래의 하수관 연결 지점이 잘 보이도록 했다. 지도 가독성을 위해 맨홀 기호를 상대적으로 크게 했다.

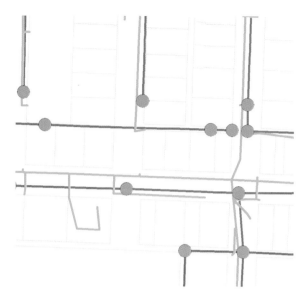

그림 6.66 빗물 배수를 위한 우수(雨水)관과 하수관을 다른 색의 선 기호로 표현했다. 우수관과 하수관을 상대적으로 강조하기 위해 그림 6.65 지도보다 맨홀 기호를 상대적으로 작게 하였고 투명 효과는 사용하지 않았다.

그림 6.67 실선의 필지 경계선과 구분하기 위해 완충 지역 경계선을 파선으로 나타내었다. 여러 폴리곤 경계선의 파선이 겹쳐져서 원래의 파선 패턴이 뭉개지지 않도록 완충 지역 폴리곤을 선형 자료로 변환하여 기호화했다.

한 등고선이 표시된 지형도를 사용하는 것은 지도의 가독성을 높이는 데 도움이 되지 않는다. 지도 제작자는 항상 독자와 지도의 목적에 맞게 지도를 기획해야 한다. 도시계획 위원회에 소화전 신설 위치를 보고하기 위해 지도를 작성한다고 할 때 배경 지도로 0.5미터 해

그림 6.68 하수 처리구획을 검은색의 굵은 실선으로 나타내고 다소 짙은 색으로 내부를 채색하여 표현했다. 이를 통해 배경이 되는 지적도 경계선보다 하수 처리구획이 강조되어 보이도록 했다.

상도의 항공사진을 사용하는 것이 합당하겠는가? 반대 상황으로 그 지도를 놓고 여러 전문가가 모여서 새로운 시설물을 어디에 설치 혹은 매설할지 결정해야 한다면 고해상도 항공사진을 시설물 지도의 배경 지도로 사용하는 것이 효과적인 방법일 것이다. 어떤 경우에든 지도 제작 과정의 모든 결정은 합당한 근거를 따라야 한다. 당신이 제작하는 지도에 고해상도 항공사진을 '그냥' 넣어서는 안 된다. 지도에 많은 정보가 포함되면 어떤 식으로든 독자에게 더 많은 정보를 주는 것은 사실이다. 그러나 그 정보가 지도의 가독성이나 성능을 향상시키는가를 항상 평가해 보아야 한다. 그러한 평가는 부단한 실험과 시행착오를 통해 지도의 시각적인 가독성과 의사전달 능력을 시험해 봐야 얻을 수 있다.

✥ 불투수 지표면

색[t]

불투수 지표면(impervious surface) 자료는 도시 팽창, 핫스팟, 불법 건축행위 적발 등 다양한 분석을 위해 자주 활용되는 데이터이다. 불투수 지표면 지도를 작성하는 것은 비교적 단순한 작업이지만 인구가 집중된 도시화 지역에서는 불투수 지표면이 지표의 거의 대부분을 차지하여 지역의 다른 공간 객체를 덮어 버릴 수 있다는 점에 유의해야 한다.

_____

t   색상 막대는 불투수 지표면을 표현하기에 적합한 색을 제시하고 있다.

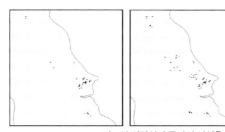

지도의 외곽선이 독자의 시선을 분산시킨다.

지도 외곽선을 제거하면 독자가 지도에 표현된 데이터에 더 집중하게 된다.

그림 6.69 불투수 지표면 자료는 그 분포의 시간적 변화를 표현하기 위해 시리즈 형식의 지도 모음으로 표현되는 경우가 많다. 이때는 지도 외곽선(map frame)이 꼭 필요한지를 고려해서 가능하면 외곽선을 제거하도록 한다. 대부분의 경우 지도 외곽선은 필수적인 요소가 아니고 오히려 지도 이용자의 시선을 분산시키는 결과를 초래하기도 한다.

그림 6.70 고속도로와 주요 도로 레이어 위에 중첩되어 검은색으로 표현된 불투수 지표면 자료. 지도 이용자는 도로와 불투수 지표면 분포의 상관관계를 즉각적으로 파악할 수 있다. 긴 문장으로 설명하는 것보다 지도를 통해 '불투수 지표면'의 개념을 더 쉽게 설명할 수 있다.

불투수 지표면 자료는 대부분 래스터 형식인데, 이진 값(boolean)으로 지표면 셀의 투수/불투수 여부를 표현하거나 또는 각 셀(화소)마다 불투수 정도를 나타내는 백분율 값으로 표현되기도 한다. 백분율 값의 불투수 지표면 자료는 일반적으로 0~10%, 10~50%, 50~100%와 같이 구간으로 분류되어 표현된다. 이진 값 데이터의 경우에는 불투수 지표화소를 진회색이나 검은색 또는 빨간색 등의 색상으로 채색하여 표현한다. 백분율 값 데이터의 경우는 회색조나 다른 단일 색상의 점진적 색상 배열로 화소의 불투수성 값을 표현한

그림 6.71 NLCD 2001 토지피복 자료에는 화소별 불투수성 정보가 백분율 형식으로 포함되어 있다. 백분율 형식의 자료는 점진적 색상 배열을 이용하여 효과적으로 표현할 수 있다. 지도에서는 밀집된 도시 지역의 불투수 지표면 정보를 흰색-회색-빨간색-짙은 자주색의 점진적 색상 배열로 표현했다.

그림 6.72 이 지도에서는 그림 6.71의 불투수 지표면 지도가 배경 이미지로 이용되었다. 불투수 지표면 지도에 투명도를 설정하여 흐리게 하고 그 위에 추가적인 정보(이 지도에서는 원 기호로 표현된 센서스 블록별 가구 수)를 중첩하여 표현했다.

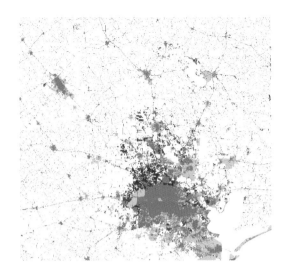

그림 6.73 이 중축척 지도에서는 NLCD의 불투수 지표면 자료를 가공하여 모든 불투수 화소를 빨간색으로 표현하고 그 위에 도시화 지역을 반투명한 회색으로 하여 중첩했다. 이러한 시각화 기법은 도시화 지역과 불투수 지표면의 공간적 상관성을 직관적이고 효과적으로 제시할 수 있다. 지도를 통해 불투수 지표면이 도시화 지역의 대부분을 차지할 뿐만 아니라 도시화 지역들을 서로 연결하고 있는 것처럼 보이는 현상을 확인할 수 있다.

다. 지도의 대상 독자가 불투수 지표면의 개념이나 지도가 표현하고 있는 지역에 익숙하지 않은 경우에는 불투수 지표면 레이어 위에 도로나 지적 필지 레이어를 배치하여 이용자의 지도 판독력을 향상시킬 수 있다. 소축척 지도의 경우 국경선과 도시를 나타내는 점 기호를 표시하면 불투수 지표면이 도시 지역과 개발 집중 지역에서 많이 나타난다는 것을 독자로 하여금 쉽게 이해하도록 할 수 있다.

불투수 지표면 분포의 시간적인 변화를 표현하기 위한 시리즈 지도를 제작할 때 가장 중요한 것은 불필요한 요소를 가능한 한 제거하여 단순 명료한 지도를 만드는 것이다. 개별 지도 요소를 평가해서 지도에 반드시 필요한지 여부를 신중하게 판단해야 한다. 지도들의 축척이 통일되어야 할 것이기 때문에 축척 표시와 방위표는 모든 지도에 따로 붙이지 않고 지도 페이지의 모서리에 하나만 배치하면 된다. 그림 6.69에서처럼 개별 지도의 외곽선을 제거하면 지도 이용자가 지도의 다른 그래픽 요소에 시선을 뺏기지 않고 지도가 전달하고자 하는 가장 중요한 정보인 불투수 지표면의 시·공간 변화에 집중할 수 있게 된다. 다양한 상황에서 적용할 수 있는 불투수 지표면 표현 기법들은 그림 6.70~6.73을 참고하라.

✿ 분수계

분수계(basin)는 지형에 의해 결정되는 지표수 유입 권역으로 분수계(watershed) 또는 집수지역(catchment)으로도 알려져 있다. 분수계는 자연자원과 연관된 지도에 종종 표현되는 독특한 공간 객체이다. GIS을 이용해 분수계 지도를 제작할 때는 음영기복 형태의 지형을 분수계와 함께 지도에 표현하는 것이 일반적이다. 지도 이용자는 이를 통해 음영기복으로 파악되는 산줄기와 분수계의 경계선이 일치하고 있는지를 확인할 수 있다. 그리고 분수계는 하천이나 강과 같은 수문 객체와 개념적으로 밀접하게 연관되어 있으므로 수문 레이어가 분수계 레이어와 함께 지도에 표현되는 경우가 많다.

진한 빨간색으로 분수계를 표현하면 지도의 다른 선형 공간 객체의 색과 충돌하지 않고 분수계를 강조하여 보여 줄 수 있다. 분수계는 주로 다른 수문 객체와 같이 지도에 표현되는 경우가 많으므로 파란색에 가까운 자주색이나 수문 객체 색과 조금 다른 파란색으로 분수계를 나타내는 것도 무방하다. 마찬가지로 분수계는 분수계 내의 하천망과 같은 다른 수문 객체와 함께 지도에 표현되는 경우가 일반적이므로 분수계 폴리곤 내부의 다른 공간 객체가 가려지지 않도록 채색은 하지 않는 것이 좋다. 다만 분수계 외에 다른 수문 객체를 중첩하지 않는 경우에는 '행정경계' 부분에서 언급되었던 채색 기법들을 활용할 수 있다. 즉 다양한 색으로 각 분수계 내부를 채색하되, 인접한 분수계들이 쉽게 구별되도록 채우기 색상을 잘 선택해야 한다는 것이다. 한 분수계가 다른 분수계 내부에 포함되어 있는 식으로 분수계 위계가 있는 경우 시각적으로 너무 복잡해 보일 우려가 없다면 상위 분수계는 굵고 진한 색의 선으로 표현하고, 하위 분수계는 가늘고 옅은 색의 선으로 나타낸다. 이때는 색을 바꾸지는 말고 색의 밝기만 조절하여 위계를 구분하는 것이 효과적이다. 이외에 상황에 따른 다양한 분수계 표현 기법들은 그림 6.74~6.77의 사례들을 참고하라.

지도에 사용할 분수계 데이터와 다른 공간 객체 데이터의 정밀도(축척)가 일치하지 않는 경우도 종종 발생한다. 만약 다른 데이터에 비해 분수계 데이터가 대축척으로 제작되어 너무 정밀하다면(즉 분수계 폴리곤을 구성하는 노드가 너무 많아서 복잡하게 보이면), 일반화 과정을 통해 분수계 폴리곤을 단순화하거나 낮은 정밀도의 분수계 데이터를 별도로 구하거나 혹은 저해상도 고도 자료를 이용해 다른 데이터와 맞는 정밀도의 분수계 데이터를 새로 제작하여 사용해야 한다. 반대의 경우에도 그에 적합한 데이터 간의 정밀도 혹은 축척 통

---

u 색상 막대는 분수계를 표현하기에 적합한 색을 제시하고 있다.

일 작업 과정을 거쳐야 한다.

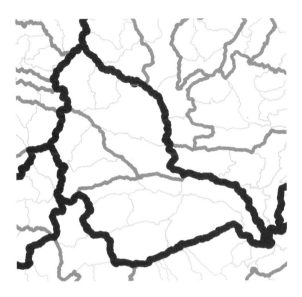

그림 6.74 다양한 위계의 분수계를 동시에 표현한 지도. 최상위 분수계가 가장 굵고 짙은 색의 선으로, 하위 분수계일수록 가늘고 옅은 색의 선으로 표현했다. 선의 굵기와 색의 진하기 정도는 골디락스 원칙[v]에 따라 결정한다.

그림 6.75 분수계 바깥의 지도를 제거하여 분수계가 공중에 떠 있는 느낌을 주는 지도이다. 분수계 경계선 바깥에 어떤 공간 객체도 표현되지 않아 이용자가 분수계에만 집중할 수 있다. 분수계의 시간적 변화를 표현하는 시계열 지도에서 유용한 기법이다. 분수계 주변의 지형에 대한 이해가 필요할 때는 적합하지 않다.

----

v 역자 주 : 다양한 시도를 통해 가장 적절한 값을 골라내는 경험칙

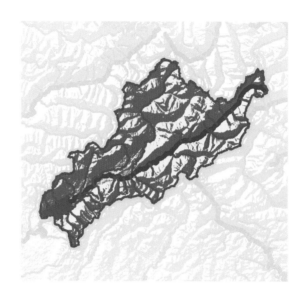

그림 6.76 분수계 바깥의 지형 정보를 제공하면서 분수계 내부의 정보를 강조하여 표현할 수 있는 기법. 강조하고 자 하는 분수계와 그에 포함되는 수문 자료를 추출해 새로운 레이어로 제작한 후 시각적 집중이 필요한 지역은 진한 색 기호로 표현하고 이외 지역은 옅은 색 기호로 표현했다. 배경이 되는 레이어에 투명도를 설정하는 방식으로 구현할 수도 있다.

그림 6.77 분수계는 많은 경우 음영기복도와 함께 지도에 표현된다. 기본 음영기복도는 음영이 어두워서 분수계 가 잘 드러나지 않을 수 있다. 따라서 음영기복도에 중첩된 분수계 경계선이 명확하게 드러나게 하기 위해서는 지도에서처럼 음영기복도에 적절한 투명도를 설정하여 흐리게 하고 분수계 경계선을 눈에 잘 띄는 강조 색으로 나타 내야 한다.

✦ 건물

색 ^w

건물 외곽선(building footprint)은 건물 1층의 외곽 경계를 표현한 평면 폴리곤이다. 일반적으로 항공사진을 이용하여 수작업으로 디지타이징하거나 사상 추출(feature extraction) 소프트웨어를 이용하여 작성한다. GPS 측량이나 건축도면을 이용하여 제작하기도 한다. 건물 데이터에는 기하학적 도형 정보뿐만 아니라 주거 또는 상업 등과 같은 건물 유형, 층수, 건축재료, 면적 등의 속성 정보도 포함된다. 건물 데이터는 다양한 목적으로 사용되지만, 특히 비상상황 관리를 위한 목적에 유용하다. 가장 가까운 소화전 위치에 따라 건물을 채색하거나 지적 필지별로 건물을 식별하기 위한 목적으로 사용된다.

건물 외곽선 데이터는 흔히 지적도나 정사사진 및 토지피복 자료와 함께 지도에 표현된다. 지적도는 어느 필지에 건물이 위치하는지와 어떤 필지가 비어 있는지를 보여 줄 때 건물 데이터와 함께 사용된다. 이때 지적 필지 경계선은 도로, 호수 그리고 다른 주요 지형지물의 경계선과 잘 구별되도록 지도에 제시되어야 한다. 정사사진은 건물 주변의 경관 특성과 공간적 맥락 정보를 제공한다. 그러나 지적도처럼 필지의 크기나 위치와 관련한 자세한 정보를 제공하지는 못한다. 건물의 위치 및 크기와 주변 경관 요소 사이의 상관관계를 시각적으로 표현하기 위해서는 토지이용 지표피복 자료가 유용하게 사용될 수 있다.

지적도를 배경 레이어로 사용하는 지도에서는 건물 경계가 필지 경계선과 구별되도록 채색된 폴리곤으로 나타낸다. 반면에 정사사진이나 지표피복을 배경 레이어로 사용한 지도에서는 배경 레이어의 정보가 잘 보이도록 건물을 외곽선으로만 표현하는 것이 일반적이다. 많은 건물들이 포함된 데이터를 지도에 표현할 때는 다양한 일반화 기법도 활용될 수 있다. 예를 들어 소축척 지도에서 다른 공간 객체에 비해 건물의 수가 과도하게 많을 때는 주거용 건물을 제거하고 상업용 건물만을 지도에 표현한다거나 하는 방식으로 지도의 복잡성을 완화하는 것이다. 그밖에도 특정 소방서에서 관할하는 건물들만 표시한다거나 또는 하천으로부터 일정 거리 버퍼에 포함되는 건물 등과 같이 일정 기준으로 선택된 건물만을 지도에 제시할 수도 있다.

최근 입체 항공사진이나 3차원 렌더링과 같은 소프트웨어 기술이 큰 폭으로 발전하여 건물을 3차원으로 표현하는 기법들이 많이 등장했다. 입체 항공사진을 이용하면 구글지도에서처럼 건물을 현실 세계에서 보이는 대로 3차원으로 표현할 수 있다. 입체 항공사

----

^w 색상 막대는 건물을 표현하기에 적합한 색을 제시하고 있다.

그림 6.78 3차원 건물 렌더링 기법으로 제작된 아랍 도시 중심가 건물들의 3차원 지도(엘리엇 하틀리, Garsdale Design Ltd.)

그림 6.79 옅은 회색 선으로 표현된 지적 필지 내에 위치한 건물들을 회색으로 채색한 지도. 지적도를 배경 레이어로 사용하여 건물 위치에 대한 공간적 맥락 정보를 제공한다.

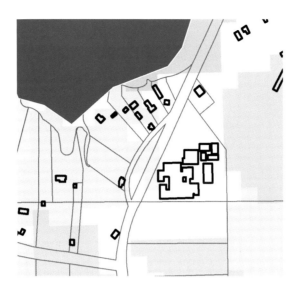

그림 6.80 지표피복 레이어 위에 지적도와 건물이 중첩되어 표현된 지도이다. 토지피복 유형이 보이도록 드러나 도록 건물 내부는 채색하지 않고 경계선만 나타냈다. 이 경우처럼 다양한 레이어를 한 지도에 중첩하여 표현할 때 는 각 레이어의 원자료 축척의 통일 여부를 유의해야 한다. 예를 들어 건물 외곽선은 45cm 해상도의 항공사진에 서 추출된 것이고, 지표피복 데이터는 30m 해상도의 위성영상을 이용해 제작된 것이라면 지도에서 두 레이어가 일치하지 않을 가능성이 높다.

그림 6.81 고해상도 정사사진을 배경으로 건물을 지도화했다. 정사사진이 보이도록 건물 내부는 채색하지 않고 건물 경계선만 노란색으로 표현했다. 건물을 강조하기 위해 정사사진의 색을 옅게 보정하였고, 하천 선에서 50m 버퍼 내에 위치한 건물만 지도에 나타내고 있다.

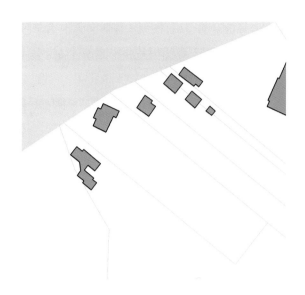

그림 6.82 해안선과 지적 필지, 건물 배치 사이의 공간적 상관성을 표현한 지도. 지적 필지와 수문 객체에 비해 건물의 크기가 상대적으로 작아 빨간색으로 건물을 채색하여 강조해 주고 있다. 크기가 작고 비교적 균등하게 산재된 객체를 지도에 표현하고 강조할 때 효과적이다. 건물들이 크고 밀집되어 있다면 채색을 통한 강조 기법은 지도를 복잡해 보이게 하여 적절하지 않을 수 있다.

진이 없는 경우에도 건물의 고도 정보나 사진 정보를 이용하여 3차원 렌더링 소프트웨어를 이용해 건물의 높이와 외벽 질감을 표현하여 실세계와 유사한 3차원 건물 지도를 제작할 수 있다. 이 기법을 이용하면 그림 6.78에서처럼 도시 지역의 건물들을 3차원으로 재현할 수 있다. 이러한 3차원 건물 지도화 기법은 도시계획이나 컴퓨터 게임, 군사 목적 시뮬레이션 등 다양한 방면에 활용될 수 있다. 상황에 따른 다양한 건물 지도화 기법들은 그림 6.79~6.82의 사례를 참고하라.

✦ 토양

색[x]

토양(soil)의 시각화를 설명하기 전에 **토양 속성**(property)과 **토양 유형**(type)의 정의에 대해 먼저 살펴보아야 한다.

- 토양 속성은 점토비율, 암석비율, 산성도(pH), 투수성, 전기 전도도 등의 속성을 의미

---

[x] 색상 막대는 토양을 표현하기에 적합한 색을 제시하고 있다.

● 토양 유형은 점토(clay), 사질양토(loam), 미사질양토(silt-loam), 점토질양토(clay-loam) 등 토양 분류를 지칭하는 용어

토양 데이터는 특정 위치와 깊이에서 나타나는 토양 속성을 나타내는 자료이다. 토양 데이터는 산도, 질감, 용수량(water-holding capacity) 등과 같은 토양 속성을 포함하고, 토양 속성을 기준으로 분류된 토양 유형을 포함하기도 한다. 토양 유형은 미국 농무성(US Department of Agriculture)의 토양 분류 체계나 세계토양 자료 참조기반(World Reference Base for Soil Resources)과 같은 국가 또는 지역별로 표준화된 체계에 의해 분류된다. 토양 속성과 유형은 지표로부터의 깊이에 따라 달라지기 때문에 일반적인 2차원의 자료 형식으로 표현되지 않는다. 깊이에 따라 달라지는 토양 속성과 토양 유형은 토양층(horizon)으로 불리는데, 같은 위치에서도 다양한 토양층이 나타나므로 토양 자료를 2차원 평면 지도에 시각화할 때는 이러한 특징을 숙지하고 있어야 한다. 데이터 구조의 측면에서 설명하자면 일반적인 벡터 형식의 토양 자료는 지역을 표현하는 하나의 폴리곤에 여러 토양층을 표현하는 여러 속성 값이 연결되는 일대다(one-to-many)의 데이터 구조를 가지게 된다.

토양 자료는 일반적으로 이산적인 폴리곤 단위로 집계되지만 실제 토양의 속성과 유형은 정확히 폴리곤 경계에서 변화하는 것이 아니라 점진적으로 바뀐다는 점을 유의해야 한다. 다른 속성을 갖는 토양 폴리곤들은 기하학적으로 분리된 기본 공간 단위이지만 이들 폴리곤의 경계 부분에서는 유사한 토양 속성이 혼재되어 나타날 수 있다. 즉 실세계에서 토양은 공간상에서 연속적으로 변화하지만 이 토양을 표현하는 폴리곤들은 데이터베이스에서 이산적인 공간 단위로 정의될 수밖에 없다. 토양 속성과 토양 유형은 기본 공간 단위인 하나의 폴리곤 안에서도 다양하게 변화할 수 있다는 것이다. 1 : 5,000 축척과 같은 대축척 토양 지도에서는 토양 폴리곤들이 단일 유형의 토양으로 정의될 수 있지만 국가 또는 대규모 지역을 표현하는 소축척 지도에서는 폴리곤과 토양 유형이 일대다의 관계를 보이게 되므로 폴리곤 내부에서 토양 유형이 다양하게 나타날 수도 있다.

일반적으로 토양 자료는 일정한 간격에서 표본을 추출하여 획득된다. 따라서 표본 자료로부터 GIS에 사용할 수 있는 토양 데이터를 구축하기 위해서는 보간(interpolation) 기법이 적용된다. 표본 추출과 보간 기법은 정밀 농업 분석을 소지역 토양 분석이나 지역 또는 국가 단위의 토양 적합성(site-suitability) 분석 등 대부분 토양 분석에서 필수적인 과정이다. 따라서 토양 데이터를 지도화하기 위해서는 데이터가 어떤 절차를 통해 작성되었고 어떤 분류기준에 따라 토양이 분류되었는지 등에 관한 정확한 메타데이터를 확보하고 이를 기초로 해서 적절한 일반화 과정을 거쳐야 정확하고 가독성 높은 지도를 제작할 수 있다.

토양 자료

미국에는 자연자원 보호청(Natural Resources Conservation Service, NRCS)에서 관리하는 두 가지 유형의 토양 자료가 있다. 첫 번째 자료는 US General Soil Map(이전 명칭은 State Soil Geographic Database, 즉 STATSGO이다)으로 미국 전역을 대상으로 하는 소축척 자료이다. 이 자료는 미국 전역을 대상으로 최초로 제작된 토양 자료이며, 이후 대축척 자료의 일반화를 거쳐 갱신되고 있다. 둘째는 Soil Survey Geographic Data Base(SSURGO) 자료로서 1:24,000 대축척으로 구축되었으며 미국 대부분 지역이 포함되어 있다. 미국 이외의 국가에서도 다양한 국가 단위 토양 자료가 제작되어 있고, 대규모 농장과 같이 개별 지번 단위로 조사된 토양 자료도 많이 있다.

시각화

토양 자료는 지도에서 범주형 색 배열(categorical color scheme)이나 점진적 색상 배열의 단계구분도로 시각화한다. 특정 폴리곤이나 화소의 토양 유형을 시각화할 때는 주로 범주형 색상 배열을 사용하고, 토양층의 점토 비율 등과 같은 연속적인 변수 값을 표현할 때는 점진적 색상 배열을 이용한다. 지도에 수많은 토양 유형을 동시에 표현하기 위해서는 많은 색이 필요하기 때문에 지도의 가독성을 위해서는 토양 데이터를 일반화하는 작업이 필요할 수 있다. 데이터 일반화 여부는 제작하고자 하는 토양 지도의 축척에 따라 결정된다. 작은 규모의 농장이나 개별 필지를 대상으로 제작되는 대축척 지도에서는 데이터 일반화 없이 가능한 모든 색상으로 토양을 표현하고 필지 자료, 건물 경계, 도로 등과 같이 공간적인 맥락을 설명할 수 있는 자료를 중첩하여 지도를 제작한다. 대략적인 토양 분포를 시각화하거나 지역 또는 국가를 대상으로 하는 소축척 지도에는 일반화 과정을 거쳐서 단순화된 토양 자료를 이용하여 지도를 제작한다.

지도에 표현할 토양 범주의 수

지도에 동시에 표현할 토양 자료 범주의 수는 일반적으로 10~12개가 적절한 것으로 알려져 있다. 인간의 시각은 20개 정도의 색을 구분할 수 있는 것으로 알려져 있지만 시각적으로 많은 색을 구분하여 인지하는 것은 눈의 피로를 더하게 되고 때로는 해석 과정에서 오류를 유발할 수 있기 때문에 가능한 적은 수의 범주로 토양 자료를 재분류하여 지도화하는 것이 좋다. 12개를 초과하는 범주로 토양을 시각화하기 위해서는 색과 함께 패턴을 적용해야 한다. 색과 함께 패턴을 이용해서 토양 범주를 표현할 때는 전체 지도에서 좁은 면적을 차지하는 토양 범주를 대상으로 패턴을 적용한다.

토양 데이터의 범주 수를 줄이기 위한 원 자료 일반화 기법에는 몇 가지가 있다. 첫째, 토양 속성 자료에 내재된 분류 체계를 이용해 원 자료를 일반화할 수 있다. 토양 자료는 일반적으로 토양 유형의 위계를 기초로 제작된다. 대분류의 상위 토양 유형을 사용하면 지도에 표현할 토양 범주의 수를 줄일 수 있다. 둘째는 동일 지점의 토층에서 토양 속성 값을 대표할 수 있는 값을 계산하여 지도화하는 방법이다. 토양 투수성이나 암석 비율, 전기 전도성 등과 같은 속성 값을 대상으로 최댓/최솟값 혹은 평균 값을 계산하여 지도화하는 것이다. 셋째, 원 토양 자료를 표현하는 공간 단위의 면적을 크게 하여 병합된 공간 단위의 토양 속성 평균 값 또는 최댓/최솟값을 지도 대수를 통해 계산하여 시각화할 수 있다.

다른 공간 객체들과 마찬가지로 토양 데이터도 전통적인 폴리곤이나 래스터 화소 대신 등치선으로 지도에 표현할 수 있다. 등치선 토양 지도를 제작하기 위해서는 보간법에 의해 추정된 토양 분포가 아닌 토양조사 원 자료 점 레이어를 사용한다. GIS를 이용해 같은 속성 값을 갖는 지점들을 선으로 연결하여 등치선도를 제작한다. 예를 들어, 토양의 산도(pH) 분포를 나타내는 지도는 동일한 산도를 갖는 지점들을 연결한 등치선으로 제작할 수 있다. 이러한 토양 등치선 지도는 정사사진, 고도 또는 지표피복과 같은 레이어와 중첩하여 표현할 수 있다는 점에서 폴리곤이나 래스터 형태의 토양 레이어보다 유용할 수 있다.

복잡하고 자세한 토양 분포를 지도화하는 또 다른 방법은 점지도를 이용하는 것이다. 최근 지도 제작자들 사이에서 널리 활용되고 있는 점지도 기법은 원 자료를 일반화할 필요 없이 복잡한 대축척 토양 자료를 지도화할 수 있다는 점에서 매우 유용하다. 미국 애크론 대학 지리·도시계획학과 교수인 린다 바렛(Linda Barrett)이 개발한 점지도 형태의 토양 지도가 가장 대표적인 사례이다. 그녀가 개발한 토양 지도는 공간상에서 연속적으로 변화하는 토양 속성을 전통적인 단계구분도보다 지도에 더 효과적으로 표현할 수 있다. 단일 폴리곤에 여러 토양 유형이 혼재하는 경우가 많음에도 불구하고 일반적인 단계구분도 형태의 토양 지도에서는 단일 폴리곤에 하나의 대표 토양 유형만 표현할 수 있다. 그러나 점지도를 이용하면 개별 폴리곤 내에서도 다양한 토양 유형과 그 구성 비율을 여러 개의 점들로 표현하여 지도 이용자들이 토양 분포를 더 자세하게 파악할 수 있다. 상황에 따른 토양 자료 시각화 기법은 그림 6.83~6.85의 사례들을 참고하라.

2차원 대 3차원

토양 데이터는 토층의 깊이에 따라 같은 지점에서도 여러 토양층이 나타나기 때문에 3차원으로 시각화하는 것이 가장 효과적이지만 하드웨어나 소프트웨어 기술의 한계 및 지도학적 선입견 때문에 여전히 대부분 2차원 평면 지도로 시각화되고 있다. 토양 투수성과 같은

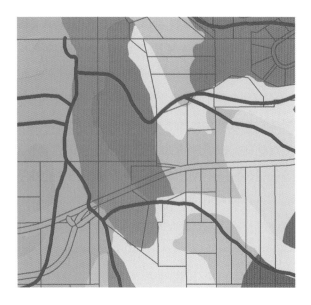

그림 6.83 수문 및 지적도 레이어와 중첩하여 표현한 토양 지도. 토양은 공간상에서 연속적으로 변화하는 특성을 보이므로 이 지도에서는 토양 폴리곤의 경계선을 별도로 표시하지 않았다.

속성 자료와 지형 고도와의 상관관계를 시각적으로 살펴보기 위해 음영기복 지도 위에 토양지도를 중첩하여 2.5차원의 지도를 작성하기도 하지만 이 경우에도 여러 토양층의 속성 차이를 시각화할 수 없고 평균 또는 표토 속성 정보만을 시각화할 수 있기 때문에 엄밀히 말해 3차원 지도라고는 볼 수 없다. 따라서 3차원 그래픽 소프트웨어나 3차원 GIS 환경에 서만 진정한 의미의 3차원 지도를 제작할 수 있다.

식생과 같은 다른 자료를 토양 자료와 중첩하여 지도화하는 방식은 지도의 복잡성을 가 중시켜 가독성을 저해할 수 있다. 그럼에도 불구하고 여러 데이터를 동시에 지도에 표현할 필요가 있을 때는 두 종류의 데이터를 조합하여 새로운 복합 범주의 레이어로 만든 뒤에 지도화하는 것이 좋다.

토양 데이터는 그 자체의 복잡성으로 인해 지도화 과정에서 왜곡된 정보를 전달할 위험 이 크다. 따라서 지도 제작자는 지도화하고자 하는 자료의 상세한 특성을 정확히 이해하고 적절한 지도화 기법을 선택해야 한다.

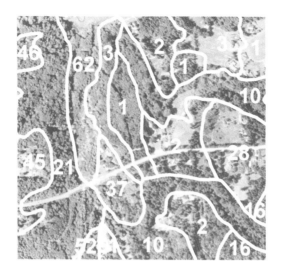

그림 6.84 정사사진과 토양 자료를 중첩하여 시각화한 이 지도에서는 토양 데이터를 채색되지 않은 폴리곤으로 표현하고 라벨을 부여했다. 토양 폴리곤의 내부를 채색하면 투명도를 설정하더라도 배경의 정사사진과 색이 중첩되어 범례에 제시된 색상과 달라지므로 채색을 하지 않아야 한다.

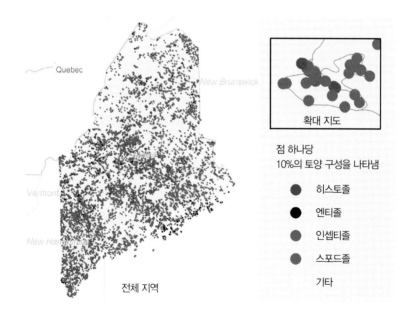

그림 6.85 점지도 기법으로 제작된 토양 지도. 네 가지 토양 분류에 따라 각 폴리곤의 토양 구성을 임의 배치된 점들로 표현했다. 점 하나당 해당 폴리곤 내 토양 구성의 10%를 배정했다. 예를 들어, 70%의 스포드졸과 30%의 엔티졸로 구성된 폴리곤에는 7개의 갈색 스포드졸 점들과 3개의 파란색 엔티졸 점들을 배치했다. NRCS STATSGO 데이터베이스의 토양 폴리곤과 동일 데이터베이스의 'comp(토양 구성)' 속성 테이블의 토양 구성 비율 값을 같이 사용했다. 모든 폴리곤에 동일하게 10개의 점이 배치되었기 때문에 토양 폴리곤이 크면 점들이 듬성듬성 나타나고 폴리곤이 작으면 오른쪽 상단의 확대 지도에서처럼 점들이 조밀하게 겹쳐서 나타나게 된다. 따라서 지도의 가독성을 위해서는 점 기호의 크기와 수를 적절하게 조정해야 한다.

색[y]

지질(geology) 지도는 지표면의 암석과 퇴적물의 구조와 위치를 시각화한다. 지질 데이터는 암석의 심도와 지질이 생성된 시기(시대, 시기, 사건 등) 등의 복잡한 정보를 포함하는 다차원 자료이다. 지질 지도는 화산활동이나 산사태 등과 같은 자연재해에 대한 이해를 향상시키고 원유와 광석과 같은 지질자원의 분포를 시각화하는 데 도움을 주며 지역 개발이나 토목 계획 등 토지이용 계획에 광범위하게 활용된다.

지질 데이터는 점, 선, 면 등 다양한 형태로 나타낼 수 있지만 주로 면(폴리곤) 단위로 지도화된다. 지질 지도의 단위 폴리곤은 동일한 암석 유형이나 생성 연대를 가진 지역으로 구획된다. 흔한 경우는 아니지만 층리 구조(bedding attitude)나 단층 방향(fold orientation) 또는 표본 위치 등의 지질 자료는 점형 사상으로 표현되기도 한다. 단층선이나 빙퇴석 분포 등의 지질 사상은 선형 사상으로 지도화된다. 이외에도 등치선과 유사한 아이소그래드(isograd) 형태로 표현되기도 하므로 지질 사상은 매우 다양한 형태로 지도화된다고 볼 수 있다.

앞서 언급한 대로 지질 공간 자료는 암석의 심도와 연대 정보를 포함하는 다차원 자료이므로 2차원 평면보다는 3차원 지도로 표현할 때 지질 구조를 보다 정확하게 표현할 수 있다. 3차원 GIS 기술의 발전에 따라 3차원 지도가 보편화되고 있는 추세이기도 하다. 그럼에도 불구하고 2차원 형태의 지질 지도로 제작한다면 일반적으로 지질 지도와 더불어서 추가 자료로 지표면 아래의 지질 분포를 표현할 수 있는 횡단면 자료를 지도에 같이 나타내는 것이 일반적이다. 지질 횡단면 자료는 점선이나 실선 등의 패턴을 이용한 그래픽으로 지도에 추가한다.

산사태 위치, 단층, 화산 및 지반침하 등의 지질 현상을 지도에 표현할 때 사용하는 표

---

y 색상 막대는 지질 객체를 표현하기에 적합한 색을 제시하고 있다.

준 기호들이 마련되어 있다. 미국 연방 지리자료위원회(Federal Geographic Data Committee, FGDC)의 지질 지도 디지털 기호화 표준안(Digital Cartographic Standard for Geologic Map Symbolization)에는 지질 지도를 작성할 때 활용할 수 있는 지도학적 표준이 자세히 설명되어 있다.[8] 이 표준안은 특정 지질 사상을 위한 기호와 색상 차트 등의 유용한 정보를 포함하고 있다. FGDC 표준은 미국의 표준안이고, 이외에도 국제층서학위원회(International Commission on Stratigraphy)에서도 지질 사상 시각화에 적절한 색상 표준을 제시하고 있는데, 중생대(파란색)나 고생대(녹색) 같은 지질 시대를 표현하는 색상에는 다소 차이가 있다.

표준안들이 있지만 지도에서 지질 사상을 표현하기 위한 적절한 색 배열을 선택하는 작업은 여전히 까다로운 작업이다. 일반적으로는 최근 연대에 생성된 지질은 밝은 색상으로 표현하고 오래된 연대의 지질은 어두운 색상으로 표현한다. 이러한 색상 부여 기법은 지도 이용자가 해당 지역의 암석 생성연대 분포를 한눈에 조망할 수 있도록 한다. 그림 6.86은 미국 워싱턴 주 자연자원부(Department of Natural Resources) 산하 지질 및 지구자원과(Division of Geology and Earth Resources)에서 제시한 지질연대 시각화를 위한 색상 표준이다.

지질 연대	색상			
신생대 제4기	노란색, 흰색	☐		
신생대	갈색, 오랜지색, 러스트색	■	■	■
중생대	녹색, 올리브색	■	■	
고생대	파란색, 자주색	■	■	
선캄브리아기	빨간색, 분홍색	■	■	

그림 6.86 미국 워싱턴 주 자연자원부 산하 지질 및 지구자원과의 지질연대 색상 표준

그림 6.86의 색상 배열은 '신생대 제4기'에 해당하는 색을 제외하고는 미국 지질학회의 암석연대 색상 표준을 그대로 따르고 있다.[9] 그림의 색상 배열은 대부분 퇴적암에 적용되는 것이고 화성암과 변성암은 전통적으로 빨간색, 오렌지색, 갈색, 올리브색 등의 색상으로 표현된다. 범주들이 수직으로 배열된 범례에서는 최근 연대의 암석을 위쪽에 그리고 오래된 연대의 암석을 아래쪽에 배치하는 것이 일반적이다.

전문가가 아닌 일반인을 위한 단순한 지질 지도에서는 표준안을 무시하고 쉬운 색상 배열을 사용하기도 한다. 예를 들어, 심성암을 분홍색으로, 화산암을 빨간색으로 하는 식으로 단순화된 색상 배열을 쓰거나 하는 식이다. 연대가 오래된 암석을 어두운 톤의 색상으로 표현한다는 표준도 모든 지질 지도에서 반드시 적용해야 하는 것은 아니고 필요에 따라

바꿔서 사용하기도 한다. 새로운 지질 자료를 활용하여 지도를 제작할 때는 항상 자료를 제공하는 기관에서 미리 설정해 놓은 색상 표준이 있는지 확인하고, 그 표준을 지도에 그대로 적용할지 아니면 고유의 색상 배열을 고안해서 사용할지를 결정해야 한다. 어떠한 경우든지 지질이 상이한 인접 폴리곤 사이에 적절한 시각적 대비가 확보되도록 색상 배열을 조정해야 한다.

표준 색상 배열을 사용한다고 하더라도 지도에 표현하고자 하는 지질 유형이 50개 이상처럼 매우 많을 때는 색상 배열을 마친 실제 지도를 확인하기 전까지는 인접한 지질 폴리곤 사이의 시각적 대비가 충분한지 확인할 수 없다. 따라서 색상 배열을 결정한 뒤에도 지도에 나타난 결과를 확인하여 시각적 대비가 충분하지 않은 경우에는 색상 배열을 수정하거나 추가로 폴리곤의 채우기 패턴을 추가로 적용하여 시각적 대비를 확보해야 한다.

지질을 구분하는 폴리곤이 매우 많을 때 색상과 패턴을 혼용한 시각화 기법이 자주 이용된다. 그러나 폴리곤에 채우기 패턴을 적용하면 지도가 너무 복잡해 보인다는 문제점이 나타날 수 있다. 따라서 패턴의 사용은 색상만으로 폴리곤 간의 시각적인 구별이 어려울 경우에만 제한적으로 사용하고, 패턴을 사용하더라도 최대한 적은 수의 작은 폴리곤에만 패턴을 적용해야 한다. 폴리곤 채우기 패턴을 적용할 때 발생하는 또 다른 문제점은 패턴으로 인해서 지질 데이터와 중첩된 등고선 레이어나 지도의 라벨, 점 등과 같은 다른 지도 사상들의 가독성을 저해할 수 있다는 것이다. 따라서 제작된 지도의 검수 단계에서 이러한 문제점이 발생하는지를 꼼꼼히 확인하고 수정해야 한다. 암석 기호화에 적용할 수 있는 채우기 패턴에 대한 표준도 FGDC의 '지질 지도 디지털 기호화 표준안'에 포함되어 있다.[10]

지질 지도를 제작할 때는 지질학자뿐 아니라 지질학 지식이 없는 일반인들도 지질 지도를 이용한다는 사실을 기억해야 한다. 따라서 지질 지도는 전문가를 위한 상세한 지질학적 정보를 포함하면서도 일반인에게 쉽게 정보를 전달할 수 있도록 제작되어야 한다. 일반 이용자들에게 지질 정보를 쉽게 전달하기 위해서는 기호, 색상, 라벨 등의 지도 요소들을 표준화하고 이에 대한 설명을 충분히 제공해 주어야 한다.

지질 지도 제작의 마지막 단계에서는 지질 데이터 외에 추가적인 정보를 지도에 추가할 것인지를 결정해야 한다. 지질 데이터 자체가 매우 복잡하기 때문에 다른 레이어를 추가하는 것이 가독성을 해칠 수 있으므로 너무 많은 수의 레이어를 추가하지 않도록 주의해야 한다. 지질 레이어에 중첩하여 표현하는 가장 대표적인 레이어는 수문 레이어이다. 강과 하천 사상은 지질 구조와 매우 밀접하게 연관되어 있고, 선형 레이어라서 지도를 너무 복잡하게 하지 않기 때문에 지질 데이터와 중첩하여 지도화하는 경우가 많다. 상황에 따른 다양한 지질 사상 시각화 기법들은 그림 6.87~6.90에 사례로 제시되어 있다.

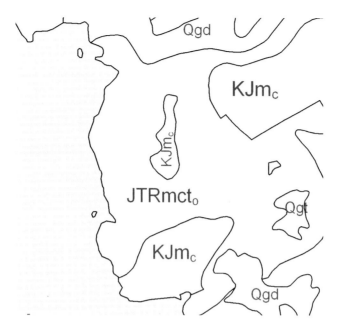

그림 6.87 가장 단순한 형태의 지질 지도로 지질 폴리곤을 흰색으로, 라벨은 어두운 회색 그리고 수체를 회색으로 표현했다. 최종 지도가 흑백으로 제작될 경우 육지를 회색으로 하고 수체를 흰색으로 채색할 수도 있지만 지도에서 보는 바와 같이 지질 폴리곤을 흰색으로 했을 때 회색보다 시각적으로 더 두드러지고 진회색의 토양 라벨과 시각적 대비가 더 뛰어나다.

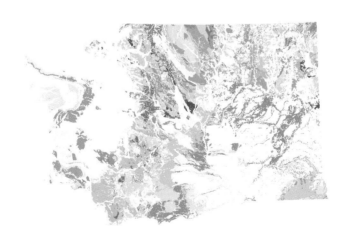

그림 6.88 지질 표준 색상 배열을 이용한 미국 워싱턴 주 지질 지도. 오래된 연대의 암석은 어두운 색상으로 최근 연대의 암석은 밝은 색상으로 표현되었다.

그림 6.89 미국 워싱턴 주 레이니어 산(山) 지역의 지질 지도. 지질 레이어를 조금 흐리게 하여 국립공원 경계, 수문 및 도로와 같은 중첩된 레이어들이 잘 드러나 보이도록 했다.

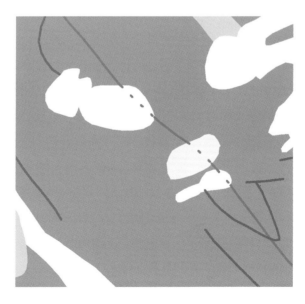

그림 6.90 면형 지질 레이어에 자주색과 빨간색의 선형 지질 사상을 중첩하여 나타낸 지도. 채색된 지질 폴리곤과의 시각적인 차별성을 위해 선형 사상들은 밝은 색상으로 표현했다. 이 지도에서 제방(dike)은 자주색 실선으로 표현하였는데 표면에 노출되지 않은 일부 노선은 점선으로 나타냈다.

지형 고도 데이터 역시 지질 데이터와 밀접한 관련을 가지는 자료 유형으로 지질 레이어와 중첩되어 지도화되는 경우가 많다. 지형 고도는 지질과 함께 생태 지역(ecoregion)을 구분하는 가장 중요한 요소이고 산사태 취약 지역을 확인하는 데 유용하게 활용될 수 있다. 예를 들어, 산악 지역에도 고도에 따라 생태 지역이 구분되는 경우가 많다. 실트나 점토층 상부에 투수성이 높은 모래와 자갈이 덮인 경사지는 산사태 위험이 높은 지역이다. 이와 같이 고도는 지질 자료와 함께 사용될 때 중요한 정보를 제공할 수 있지만 고도를 색으로 표현하여 지질도와 중첩하면 지도의 가독성이 매우 낮아질 수 있기 때문에 대축척 지도에서 고도를 지질과 중첩하여 표현하고자 할 때는 등고선을 사용하는 것이 적합하다. 다만 중·소축척 지도에서는 고도 정보를 등고선 대신 음영기복으로 표현하여 지질 레이어와 중첩할 수도 있다.

점형이나 선형 지질 레이어를 면형 지질 레이어와 중첩하여 지도화하는 경우도 일반적이다. 이때 주의해야 할 것은 배경이 되는 지질 폴리곤과 그 위에 중첩된 점형 혹은 선형 지질 사상들 사이에 시각적인 대비를 충분히 확보하는 것이다. 예를 들면, 단층선은 밝은 톤의 빨간색으로 하고 제방은 분홍색으로 하여 배경의 지질 레이어에 사용된 색과 구분되도록 해야 한다.

지질 분포를 폴리곤으로 지도화할 때는 지질을 지칭하는 라벨을 표기하는 것이 일반적이다(그림 6.87 참조). 지질 라벨은 코드로 표기되는데 코드는 보통 암석 유형과 생성 연대 정보로 구성되며, 간혹 지역 이름이나 주석 정보를 포함하기도 한다. 일반적인 라벨 코드는 지질 생성연대를 지칭하는 2개의 대문자 알파벳, 암석 유형을 지칭하는 2개의 소문자 알파벳 문자, 그리고 필요에 따라 기타 정보를 나타내는 아래첨자로 구성된다. 아래첨자로 표기되는 기타 정보는 데이터베이스는 아래첨자로 지정되어 있지 않기 때문에, 데이터베이스 필드를 이용해 라벨로 작성한 뒤에 아래첨자로 포맷을 바꿔 줘야 한다. 지질 코드의 예는 다음과 같다.

KJm(c) :

KJ = 쥐라기와 백악기 사이

m = 해양 퇴적암 유형

(c) = 콘스티튜션(constitution) 계통, 디케이터(decatur) 지층

1. 항해도에 사용되는 기호의 약어와 용어에 관하여 다음을 참고하라. (Department of Commerce National Oceanic and Atmospheric Administration, Department of Defense National Imagery and Mapping Agency, Office of Coast Survey) Washington, DC: November 1997, http://www.nauticalcharts.noaa.gov/mcd/chartno1.htm (2014년 1월 29일 접속).

2. 범프 지도화(Bump mapping)는 컴퓨터 그래픽 분야에서 유래한 기법으로 음영기복도와 유사한 기법이다. GIS 환경에서 제작되는 고도 표현과는 달리 지표 사상의 고도를 나타내기 위해 각 화소 또는 화소의 그룹에 음영을 부여함으로써 현실 세계와 유사해 보이도록 지도를 작성한다. 제프리 S. 나이버트(Jeffery S. Nighbert; Department of the Interior, Bureau of Land Management)의 사례 연구를 참고하라. *Characterizing Landscape for Visualization through "Bump Mapping" and Spatial Analyst*, Esri User Conference Proceeding, Vol. 3, 2003, http://gis.Esri.com/library/userconf/proc03/p0137.pdf (2013년 10월 12일 접속).

3. 다음 두 웹사이트를 참고하라. R. F. Uren and A. Coates, "Mapping the Human Body," *Government Technology* (1997), http://www.govtech.com/magazines/gt/Mapping-the-Human-Body.html (2013년 10월 12일 접속); P. J. Kennelly, "Not Mapping Our World," *ArcUser* 10, no. 3 (2007): 68–69, http://www.esri.com/news/arcuser/0807/nongeo.html (2013년 10월 12일 접속).

4. 지표피복 지도 제작을 위한 분류 체계는 다음을 참고하라. J. R. Anderson, E. E. Hardy, J. T. Roach, and R. E. Witmer, *Land Use and Land Cover Classification System for Use with Remote Sensor Data*. Geological Survey Professional Paper 964 (1976). A revision of the land use classification system as presented in US Geological Survey Circular 671. Washington, DC: United States Government Printing Office, http://landcover.usgs.gov/pdf/anderson.pdf (2013년 11월 25일 접속).

5. 다음 사례를 참고하라. T. Patterson and N. V. Kelso. "Hal Shelton Revisited: Designing and Producing Natural-Color Maps with Satellite Land Cover Data," *Cartographic Perspectives, Journal of the North American Cartographic Information Society* 47 (2004), http://www.shadedrelief.com/shelton/c.html.

6. A. Comber, P. Fisher, and R. Wadsworth. "What Is Land Cover?" *Environment and Planning B: Planning and Design* 32 (2005): 199-209.

7. US Geological Survey. *Cartography & Geologic Maps* (2005), FGDC Digital Cartographic Standard for Geologic Map Symbolization (2006), http://ngmdb.usgs.gov/fgdc_gds/geolsymstd/fgdc-geolsym-all.pdf (2014년 1월 29일 접속).

8. 다음 문서의 5, 33, 27절 내용을 참고하라. *FGDC Digital Cartographic Standard for*

Geologic Map Symbolization, Federal Geographic Data Committee (Doc. No. FGDC-STD-013-2006) US Geological Survey Techniques and Methods 11-A2, http://pubs.usgs.gov/tm/2006/11A02 (2008년 12월 10일 접속).

9. US Geological Survey. Rocks of Ages: An Explanation of the Legend. A Tapestry of Time and Terrain: The Union of Two Maps—Geology and Topography, http://tapestry.usgs.gov/ages/ages.html (2008년 8월 3일 접속).

10. 출처는 다음과 같다. Pattern Chart in *FGDC Digital Cartographic Standard for Geologic Map Symbolization (Postscript Implementation)*, Federal Geologic Committee (Doc. No. FGDC-STD-013-2006), US Geologic Survey Techniques and Methods 11-A2, http://ngmdb.usgs.gov/fgdc_gds/geolsymstd/fgdc-geolsym-patternchart.pdf.

11. Wallkill Color. Munsell Software Conversion Program, Version 2014, http://livingstonmanor.net/Munsell/index.htm.

⤙ 더 읽을 거리

Suggested Colors for Geologic Maps 미국 지질조사국(USGS)에서 고안한 색상 배열 표준으로 다음 웹사이트에서 살펴볼 수 있다. http://pubs.usgs.gov/tm/2005/11B01/pdf/plate.pdf.

A Tapestry of Time and Terrain 음영기복과 중첩한 미국 표준 암석 연대별 지질 지도는 다음 웹사이트를 참고하라. http://www.tapestry.usgs.gov/ages/ages/html.

The National Geologic Map Database 미국 지질조사국에서 운영하는 지질 데이터베이스로 지질과 관련한 다양한 지도화 기법과 표준안을 제공한다. http://www.ngmdb.usgs.gov/Info/home.html.

The International Commission on Stratigraphy 지층별 색상 배열 표준을 제공한다. http://www.stratigraphy.org.

The Soil Geographic Data Standard 미국 연방 지리자료위원회(FGCD)에서 개발한 토양 자료 표준으로 토양 지도 제작에 활용할 수 있는 지도화 표준을 제시하고 있다. http://www.fgdc.gov/standards/projects/FGDC-standards-projects/soils.

The Utilities Data Content Standard 미국 연방 지리자료위원회(FGCD)에서 개발한 시설물 데이터 표준이다. http://www.fgdc.gov/standards/projects/FGDC-standards-projects/utilities.

1. 표고점 라벨 기법이란 무엇인가?

2. 방패형 도로 라벨이란 무엇인가? 인터넷 검색을 이용해 방패형 도로 라벨에 사용되는 벡터 이미지 2개를 제시하고 각 이미지가 어떤 도로 유형에 사용될 수 있는지 기술하라.

3. 이 장에서는 다양한 일반화 기법들이 소개되고 있다. 그중에서 두 가지 일반화 기법을 선택하여 설명하라.

4. 수심(水深) 자료는 어떻게 활용할 수 있는지 두 가지 사례를 들어 기술하라.

5. 행정경계 지도에서 폴리곤들의 외곽선을 다양한 색으로 하여 구분하여 지도화할 때 발생할 수 있는 문제점과 그 해결 방안에 대해 설명하라.

6. 퍼지 공간 객체 설명 부분에서 경계선이 불명확한 퍼지 공간 객체의 사례를 여러 개 제시했다. 본문에서 제시된 것 이외에 퍼지 공간 객체로 간주할 수 있는 공간 객체의 사례를 제시하고, 그 자료를 적절히 시각화할 수 있는 기법에 대해 설명하라.

7. 음영기복 지도에 대해 간략히 기술하고, 인터넷 검색을 통해 음영기복도의 사례를 찾아 화면 캡처하여 인용 표시와 함께 제시하라.

8. 등치선이란 무엇인가? 본문에서 제시된 등치선 유형 중 두 가지를 제시하고 등치선의 적절한 기호화 기법에 대해 기술하라.

9. 기온 지도에 사용되는 색상 배열과 개별 색상이 의미하는 내용을 설명하라.

10. 등산로, 자전거 도로와 같은 소로 데이터를 기호화할 때 발생하는 문제들 어떤 것인지 기술하고 그 문제점들을 해결할 수 있는 기법에 대해 논의하라.

11. 불투수 지표면 자료는 데이터베이스에서 두 가지 형식으로 저장된다. 각각을 간략히 설명하라.

12. 지도 기호화를 어렵게 만드는 토양 자료의 두 가지 특성은 무엇인지 설명하라.

13. 인간의 시각이 구별할 수 있는 색은 최대 몇 개인가? 또 지도에서 사용할 수 있는 색의 수는 몇 개인가?

14. 지도의 가독성을 높이기 위해 범주형 단계구분도에서 사용되는 색의 수를 줄일 수 있는 방법에는 어떤 것들이 있는가?

15. **토지이용**과 **지표피복**의 차이는 무엇인가?

실습

1. 이 장에서 논의된 지도 객체 유형 중 하나를 선택하여 지도(축척이나 인쇄 지도/인터넷 지도 여부와 상관없이)를 제작한다. 본문에서 제시한 가이드라인에 따라 자료에 적합한 축척을 결정하고 적절한 기호를 선택하며 라벨을 포함시킨다. 필요한 보조 자료가 있으면 레이아웃에 포함시키되, 레이아웃은 가능한 한 단순하게 디자인한다. 지도에는 제목, 지

도 영역, 범례, 제작자 정보 및 자료 출처가 포함되어야 한다. 지도 자료는 Natural Earth Data나 OpenStreetMap 또는 공공기관 웹사이트에서 다운로드한 자료를 사용한다.

2. 국가 단위 수문 자료를 구해서 3단계의 위계 구조로 기호화하여 지도를 제작한다. 추가적인 지도 레이어로는 국경선만 이용한다. '대한민국 하천 분포'와 같은 단순한 지도 제목과 자료 출처를 지도에 포함시킨다. 지도 축척에 따라 적절한 일반화 수준을 적용한다. 예를 들어, 미국 전역을 대상으로 지도를 제작할 때 주요 강과 이들의 지류만 표시한다.

3. 지도 라벨을 표기하기 위한 글꼴 표준안을 제작해 본다. 국가, 주, 도시, 마을 등 위계에 따라 별도의 글꼴을 개발한다. 예를 들어 미국, 콜로라도, 덴버, 스팀보트 등과 같이 4단계의 지명에 각각 적용할 글꼴을 만들어 보는 것이다. 필요에 따라 글자 간격, 글꼴 크기, 대문자/소문자, 글꼴색, 볼드/이탤릭 등을 조절하여 위계별로 쉽게 구분할 수 있는 글꼴 조합을 작성한다.

4. 시설물 자료는 코드화된 표준 기호를 사용하여 지도화하는 것이 일반적이다. 전력선, 맨홀, 하수관로 등 시설물 자료에 사용되는 표준 기호를 검색하여, 캡처 이미지와 함께 간략히 설명한다.

GIS
Cartography

인쇄 지도 디자인

인터넷 지도와 디지털 지도 파일이 보편화되고 있기는 하지만 인쇄 지도는 여전히 우리 생활의 많은 부분에서 사용되고 있다. 인쇄용 지도를 디자인할 경우 유의해야 할 점은 무엇인가? 당신의 지도가 디지털 화면과 인쇄용지에서 어떻게 달라 보일까? 컴퓨터로 작업한 지도를 파일로 저장할 때는 어떤 이미지 포맷이 적당할까? 지도를 플로터를 이용해 대형 인쇄용지에 출력하는가? JPEG 이미지로 저장해서 발표용 프레젠테이션에 사용하는가? 이미지 파일의 해상도는 얼마로 하고 그 밖에 다른 저장 옵션을 어떻게 설정하는가? 인쇄 지도에 대한 이러한 질문에 대한 해답은 지도 제작의 초기 단계부터 중요한 지도 디자인 고려 요소가 된다. 이 점이 지도의 저장 형식과 이미지 파일 옵션 등에 대해서 설명하는 이 장을 지도를 디자인하기 전에 숙지하고 있어야 하는 이유이다. 인쇄 지도 디자인에 적합한 고려 사항들을 숙지하고 있어야 이후 실제 지도 제작 과정에서도 효과적인 지도 디자인이 가능할 것이고, 보다 구체적인 사항은 이 장의 세부 내용을 찾아보면서 결정하면 될 것이다.

이 장은 정적 지도(static map)의 디자인에 초점이 맞춰져 있다. 정적 지도는 인터넷 지도에서처럼 마우스 클릭을 통한 지도 조작이나 확대, 시점 이동이 되지 않는 지도를 총칭하는 것으로, 종이에 인쇄된 종이 지도와 디지털 이미지 파일로 저장된 지도를 포괄하는 개념이다.[a] 인쇄 지도의 효과적인 디자인을 위해서는 출력 해상도, 출력 파일 포맷, 그리고 지리정보시스템(Geographic Information System, GIS)과 그래픽 소프트웨어의 작업 과정에 대한 이해가 필요하다. 효과적인 인쇄 지도 제작을 위해서는 디자인 단계에서부터 인쇄 지도에 적합한 디자인 요소들을 적용해야 하며, 이를 위해서 인쇄 지도의 일반적인 용도와 그에 따른 적절한 디자인 고려사항을 서술할 것이다. 인쇄 지도는 일반적으로 슬라이드 발

---

a   역자 주 : 이 장에서는 이 두 개념을 합쳐서 인쇄 지도라고 부르도록 한다.

표, 포스터 발표, 보고서에서 사용된다. 이 장은 슬라이드, 포스터, 보고서 등 인쇄 지도가 활용되는 용도에 따라 그에 적합한 지도 디자인 스타일에 대해서 설명하는 것을 목적으로 한다.

✴ DPI

DPI(Dots-Per-Inch ratio)는 인치당 점의 개수를 의미하는 약자이며, 종종 해상도 개념과 혼동되기도 한다. 해상도(resolution)는 우리가 흔히 지도의 크기를 100×120화소(pixel)라고 말할 때 사용하는 개념이다. 이것은 지도가 가로축으로 100화소, 세로축으로 120화소를 담고 있다는 의미이다. 해상도 정보만으로는 지도의 실제 크기를 알 수 없다. 지도의 실제 크기를 알기 위해서는 해상도와 함께 화소의 크기를 알아야 한다. 화소의 크기는 인치당 점의 개수, 즉 DPI로 측정되는데, 해상도 100×120 지도를 100DPI로 만든다고 하면 이 지도의 가로 세로 크기는 각각 1인치와 1.2인치가 된다. 해상도가 일정하다면 DPI가 높을수록 각 화소가 더 많은 수의 점으로 표현되고 따라서 더 세밀한 영상을 표현하게 된다. 100×120화소 해상도의 지도에서 DPI가 200이면 지도의 크기는 가로 0.5인치, 세로 0.6인치가 된다. 지도 제작자들이 DPI 개념을 알아야만 하는 이유는 프로젝트의 시작 단계에서 인쇄 지도의 크기를 분명하게 결정해야 되기 때문이다. 인쇄 지도의 DPI는 실제 인쇄 단계에서는 수정할 수 없기 때문이다. DPI를 낮추어서 인쇄 지도의 정밀도를 낮출 수는 있지만 그 반대는 불가능하다. 따라서 지도 파일의 크기를 줄이거나 반대로 고해상도 정밀 지도를 제작하려면 지도 디자인 단계에서 DPI를 높이거나 낮추는 방식으로 조정해야 한다.

GIS를 이용해 지도를 디자인하고 그 결과를 이미지 파일로 저장할 때는 이미지의 DPI를 적절히 설정해야 한다. 파일 크기가 크거나 인쇄 시간이 오래 걸려도 괜찮다면 지도를 인쇄할 프린터가 지원하는 최고 해상도로 지도 이미지를 저장하는 것이 좋다. 지도를 인쇄할 프린터가 지원하는 최고 해상도가 600DPI라면 그보다 높은 DPI로 지도를 저장할 필요가 없다. 프린터나 플로터가 최고 600DPI의 인쇄 성능을 갖추고 있다면 그 프린터가 인쇄할 수 있는 인치당 점의 최대 개수가 600개인 것이다. 따라서 지도를 인쇄하거나 이미지 파일로 저장하기 위해 DPI를 설정할 때는 먼저 지도를 인쇄할 프린터의 DPI를 확인해 보아야 한다. 일반적으로 지도 인쇄를 위해서는 최소 300DPI 이상의 해상도를 지원하는 프린터를 사용해야 하며 지도를 이미지 파일로 저장할 때도 300DPI 이상의 해상도를 설정하는 것이 좋다.

JPEG이나 PNG 같은 압축 이미지 파일 포맷을 사용한다면 추가로 고려해야 할 변수가 있다. 압축 이미지 파일 포맷은 이미지 품질을 낮추는 재표본화(resampling) 알고리즘을 이용해 파일 크기를 줄인다. JPEG 포맷을 사용하면서도 더 좋은 품질의 이미지를 원한다면 이미지 저장 옵션에서 재표본화 비율을 조정하여 파일 크기가 크더라도 고품질의 이미지 파일을 만들 수 있다. 파일 용량이 크고 인쇄 시간이 오래 걸리더라도 JPEG나 PNG 포맷 대신에 압축 알고리즘을 사용하지 않는 다른 이미지 파일 포맷을 사용하는 것도 하나의 방법일 것이다. 높은 색상 대비와 정밀한 그래픽 처리가 필요한 지도의 경우에는 반드시 고품질의 대용량 파일로 저장해야 한다. JPEG와 PNG 포맷은 일반적으로 지도 해상도가 높지 않더라도 파일 크기가 작아야 하는 발표 슬라이드나 웹사이트, 기타 디지털 장치에서 사용하는 것이 적합하다.

해상도가 높은 이미지 파일은 처리시간도 길고 파일 크기도 크다. 이때 유의해야 할 점은 파일 크기가 해상도와 단순 비례하는 것이 아니라 해상도의 제곱에 비례하여 커진다는 것이다. 해상도는 1차원이 아닌 2차원(즉 가로×세로)이기 때문이다. 따라서 DPI를 2배로 증가시키면 파일 처리시간과 파일 크기는 4배로 증가하게 된다.

✿ 파일 포맷과 처리 절차

GIS나 그래픽 소프트웨어를 이용하면 지도를 다양한 포맷의 이미지 파일로 저장할 수 있다. 압축 알고리즘이 적용되지 않는 TIFF(Tagged Image File Format) 포맷과 EPS(Encapsulated PostScript) 포맷은 JPEG나 PNG 포맷보다 이미지 품질이 좋지만 파일 용량이 크다. JPEG와 PNG 포맷은 압축을 통해 파일 크기는 작아지지만 이미지 품질의 저하를 피할 수 없다. 압축 과정에서 글자나 도형의 가장자리 주변으로 작은 점들이 퍼져서 흐릿하게 보이는 왜곡이 발생하기도 한다. 작은 크기의 객체들이 많을 때는 (특히 작은 화소의 사진과 같은 경우) 이런 현상이 두드러지게 나타나지는 않지만 눈에 띌 정도로 심하게 나타나는 경우도 많다. 이미지의 품질을 유지하면서도 파일 크기가 너무 크지 않도록 하는 좋은 해결책이 어도비 PDF(Portable Document Format)이다. PDF 포맷은 파일 용량이 작고 좋은 품질을 가지고 있지만 발표 슬라이드나 보고서에 끼워 넣기가 어렵다는 단점이 있다. PDF의 대안으로 새롭게 각광받는 포맷이 다용도의 고해상도 지원 이미지 포맷인 SVG(Scalable Vector Graphic) 포맷이다. SVG 포맷은 대부분의 그래픽 프로그램에서 지원하고 있으며 애니메이션 이미지까지도 지원한다.

최근에 기본적인 지도 디자인 작업은 GIS 소프트웨어를 이용하고 인쇄를 위한 최종적인 그래픽 처리는 어도비 일러스트레이터, 포토샵, 잉크스케이프(Inkscape) 등과 같은 전문 이미지 처리 소프트웨어를 사용하는 경우가 많다. GIS와 그래픽 처리 소프트웨어를 오가는 작업에서 가장 적합한 파일 포맷이 PDF와 SVG 포맷이다. 일반적으로는 GIS를 이용해 구성한 레이어나 레이어 그룹을 이미지 포맷으로 저장한 후 그래픽 전문 소프트웨어를 이용해 세부적인 이미지 처리 과정을 거쳐서 인쇄를 위한 최종 이미지 파일을 작성한다. 여러 소프트웨어를 이용해 복잡한 처리 과정을 거쳐야 하는 단점도 있지만 최종 지도의 미적 완성도를 위해서는 불가피한 과정으로 인식되고 있다.

그래픽 전문 소프트웨어의 장점은 지도의 색상을 자유롭게 조정할 수 있고 글 상자 속에서 단어나 문자별로 겹줄 글자를 만들거나 첫 글자를 크게 만들어 강조하고(drop caps), 글자나 지도 객체에 후광 효과[어도비 일러스트레이터에서는 '외부광(outer glow)'이라고 하고 포토샵에서는 '가장자리 광선 효과(glowing edges)'라고 한다]를 사용하는 등 다양한 장식 작업을 할 수 있다는 점이다. 그리고 그래픽 처리에서 필요한 많은 작업은 GIS 소프트웨어를 사용하는 것보다 그래픽 전문 소프트웨어를 이용하면 더 쉽게 처리할 수 있다. 좌표 정보가 손실된 그림 형태의 지도 파일의 경우는 GIS에서 적절히 처리할 수 없기 때문에, 글자료의 글꼴이나 색상을 수정하는 것과 같은 시각적인 변환 작업은 그래픽 소프트웨어를 이용하는 것이 더 효과적이다. 그래픽 프로그램에서 제공하는 색상 필터를 사용하면 지도의 전체적인 이미지를 쉽게 변경할 수도 있다.

그래픽 소프트웨어를 이용한 작업이 가지는 장점이 많이 있지만 GIS에 비해 그래픽 소프트웨어는 지리 자료가 가지는 고유한 특성인 객체의 공간적 위치, 즉 객체들의 좌표를 적절히 처리할 수 없다는 점을 유념해야 한다. 적절한 보완조치 없이 지리 자료를 그래픽 소프트웨어에서 여러 방식으로 처리하다 보면 여러 레이어의 공간적인 위치가 뒤엉켜 버릴 수도 있다는 것이다. 따라서 GIS에서 지도를 그림 파일로 저장하여 그래픽 소프트웨어로 내보내기 전에 지도 레이어의 외곽 경계 상자를 만드는 등의 사전 작업이 필요하다. 이렇게 하면 그래픽 소프트웨어에서도 경계 상자를 기준으로 레이어들의 좌표를 통일시킬 수 있다. 또한 그래픽 소프트웨어에서는 지도가 그림으로만 인식되어 지도와 연결된 공간 데이터베이스에 접근할 수 없기 때문에 지도 분석이나 동적 라벨 붙이기, 속성 기반의 기호화 등과 같은 작업은 사전에 GIS를 통해 완료해야 한다. 그래픽 소프트웨어에서는 오직 시각적 결과물을 간단하게 조정하는 일만 할 수 있다. 물론 맵퍼블리셔(MAPublisher)와 같이 GIS와 그래픽 디자인 기능을 모두 제공하는 연결형 소프트웨어를 사용할 수도 있다.

GIS에서 작성한 지도를 그래픽 편집을 위한 그림 파일로 저장하여 내보내기를 할 때 유용한 팁은 다음과 같다.

- 여러 레이어가 중첩된 지도에서는 래스터 레이어를 다른 벡터 레이어들 아래에 위치하도록 한다.
- 레이어의 투명도는 설정하지 않는다.
- 각 데이터 레이어의 색상은 서로 겹치지 않도록 하여 그래픽 소프트웨어에서 쉽게 구분할 수 있도록 한다.
- GIS에서 레이어 순서는 그래픽 소프트웨어에서의 순서와 동일하도록 배열한다.
- 지도투영법은 그래픽 소프트웨어에서 수정할 수 없으므로 GIS에서 최종적으로 결정한다.

GIS와 그래픽 소프트웨어를 오가며 효과적인 지도를 제작하기 위해서는 두 분야 모두에 대한 이해가 필요하다. 또한 GIS 분석 기법뿐만 아니라 기본적인 그래픽 편집 기술을 실제로 적용할 수 있는 능력도 가지고 있어야 한다. 세련되고 전문적인 지도는 여러 관련 기술에 대한 지식뿐만 아니라 실제로 그런 기술을 지도 제작에 적용할 수 있는 능력이 있어야 가능한 것이다.

✳ 슬라이드

최근에는 화상 슬라이드를 통한 발표가 보편화되어 많은 사람들이 파워포인트(Power Point)와 같은 소프트웨어를 이용해 슬라이드를 작성하여 발표할 기회를 가지게 된다. 컴퓨터를 이용한 분석 작업만 전담하는 직책에 있어서 슬라이드 발표가 익숙하지 않은 경우도 있겠지만, 경력이 쌓여 감에 따라서 어느 순간 발표를 위해 단상에 서거나 그게 아니더라도 동료나 상사를 위해 발표 슬라이드를 만들어야 하는 경우가 생길 것이다. 어떠한 경우이건 간에 발표 슬라이드를 효과적으로 작성하는 기술은 반드시 필요한 것이고 멋진 발표 슬라이드를 통해 청중을 열광시키고 당신의 의견을 효과적으로 전달해야 한다. 또한 당신의 성공을 위해서 도전해 볼 만한 중요한 일이다!

발표 스타일 : 빠르게 또는 느리게, 복잡하게 또는 단순하게?

청중이나 주제에 따라서 발표 슬라이드를 '빠르고 단순하게', '느리고 단순하게', 또는 '느리고 복잡하게' 등 다양한 스타일로 디자인할 수 있다. 슬라이드의 양이 많고 각 슬라이드에 담겨져 있는 정보의 양도 많은 '빠르고 복잡한' 스타일은 가장 나쁜 조합이다(사실 대부분의 학회 발표의 슬라이드가 빠르고 복잡한 스타일로 디자인되어 있는데, 이것은 지루하고 독자가 따라가기 힘들다). 각 슬라이드에 너무 많은 내용을 넣게 되면 청중들은 모든 글자를 읽으려고 하면서 발표자가 말하는 것을 잊어버리고, 무엇이 각 슬라이드에서 핵심적인 내용인지를 이해하지 못하게 된다.

빠르고 단순하게

저자는 각 페이지에 최소한의 정보만을 제공하여 페이지를 빠르게 전환하는 방식인 로렌스 레식(Lawrence Lessig) 스타일로 슬라이드를 디자인하는 것을 선호한다.[1] 이 스타일은 다음 절에서 소개될 보고서 스타일과 비슷한데, 지도가 글 자료 내용을 방해하지 않도록 문장 흐름에 따라 지도를 배치하면서 단순함을 유지하는 방식으로, 발표 내용의 줄거리와 슬라이드를 자연스럽게 연결시키는 것이 가장 중요하다. 청중은 제공되는 슬라이드의 시각적 정보를 페이지 순서대로 차례차례 훑어보면서 발표 내용을 파악할 수 있다. 인터넷 검색을 통해 찾아볼 수 있는 발표 슬라이드의 상당수가 이와 같은 '빠르고 단순한' 스타일로 디자인되어 있고, 대중을 위한 발표 자료의 대부분이 이러한 스타일을 따르고 있다. 이 책의 초판이 출판된 이후로 점점 더 많은 사람들이 이 스타일을 활용하고 있다는 사실을 확인할 수 있었다. 대부분의 산업 콘퍼런스에서 유행하고 있는 짧은 발표 형식인 라이트닝 토크(lightning talk)가 이 스타일에 해당된다. 이런 스타일의 슬라이드를 이용한 발표 프레젠테이션은 슬라이드의 진행에 따라 어떤 이야기가 진행되는 것과 같아서 마치 영화와 같이 청중에게 발표의 주제를 쉽게 전달할 수 있다는 장점이 있다.

빠르고 단순한 스타일의 발표 슬라이드가 가지는 특징은 다음과 같다.

- 각 슬라이드에 포함되는 단어의 수는 1~2개로 최소화한다.
- 복잡한 배경 그래픽은 사용하지 않는다.
- 글 자료 슬라이드에 사용되는 색상도 최소화한다(흰 배경에 검은색 글 자료 또는 검은색이나 짙은 회색 배경에 흰색의 굵은 글꼴 글 자료를 사용).
- 1분당 4~6개의 슬라이드로 빠르게 진행한다.
- 많은 수의 단순한 그래픽을 사용한다.
- 슬라이드 전환은 발표자의 설명과 맞추어(동기화되어) 진행된다.

느리고 단순하게

느리고 단순한 방법은 레식(Lessig) 스타일의 '빠르고 단순한' 슬라이드를 일부 사용하지만 분석결과 지도와 같이 청중들이 10초 이상 집중해서 보아야 자료가 포함되는 GIS 발표 프레젠테이션에 적합한 스타일이다. 복잡한 지도가 연속으로 등장하는 것을 피하기 위해 지도 슬라이드 사이에 한두 페이지의 글 자료 슬라이드(최대 10단어)를 끼워 넣어 청중의 시각적인 집중도를 높이는 것이 일반적이다. 복잡한 지도 슬라이드가 포함되어 있기 때문에 '빠르고 단순한' 스타일보다는 적은 페이지의 슬라이드를 사용한다. 15분 정도의 발표를 위한 슬라이드라면 빠르고 단순한 스타일이 보통 100페이지 정도의 슬라이드로 구성되는 것에 비해 '느리고 단순한' 스타일에서는 15페이지 정도의 슬라이드로 구성된다.

느리고 단순한 스타일의 발표 슬라이드를 사용할 때는(때로는 '빠르고 단순한' 스타일에도 해당된다) 지도 슬라이드와 같이 설명 내용이 많은 부분에서 참고할 수 있도록 발표 원고를 준비할 수도 있다. 대중적인 발표에 익숙한 사람들도 미리 발표 원고를 작성해서 실제 발표에 앞서 단어 하나하나를 검토하면서 10~20번을 연습한다는 사실을 기억할 필요가 있다. 준비된 발표 원고를 가지고 혼자 혹은 동료나 가족처럼 친근한 사람들 앞에서 발표를 연습하면 발표 전에 발표 내용을 숙지할 수 있기 때문에 발표 장소에서 발표 원고를 그대로 읽어 내려가는 일을 방지할 수 있다. 실제 프레젠테이션에서 즉흥적인 내용이 추가되기는 하겠지만 그렇다고 하더라도 미리 준비된 원고는 부드러운 발표를 위해서 큰 도움이 된다.

발표 원고를 작성할 때는 가능한 한 손글씨로 직접 쓰도록 하고, 손글씨가 아니더라도 필기체의 글꼴을 사용해서 작성한다. 청중 앞에서 원고를 참고할 때는 본인의 손글씨나 손글씨 글꼴이 읽기가 훨씬 쉽기 때문이다. 원고의 글꼴은 내용이 잘 보이도록 최소 14포인트 이상의 큰 글꼴을 사용하고 줄 간격도 넓게 하여 가독성이 좋도록 해야 한다. 원고에서는 슬라이드가 바뀌는 지점을 눈에 띄는 색깔로 표시하여 원고를 읽을 때도 제때에 슬라이드를 이동시킬 수 있도록 한다.

단순한 지도 슬라이드 작성 팁

단순 슬라이드의 또 다른 활용 분야는 동적 지도 효과가 나타나도록 같은 지역을 표현한 여러 장의 지도 슬라이드를 연속적으로 배열하는 것이다. 이 방식은 여러 개의 복잡한 레이어로 구성된 GIS 지도에 비해서 지도 슬라이드를 단순하게 하여 청중의 이해를 쉽게 하고, 청중은 슬라이드 하나에 지도 하나만 보고 슬라이드가 다음으로 넘어가면서 마치 애니메이션과 같이 지도가 변화하는 것에 집중할 수 있기 때문에 무료함을 피할 수 있다. 주의해야 할 점은 파워포인트나 다른 프레젠테이션 소프트웨어에서 제공하는 슬라이드 애니메이션과는 다른 기법이라는 점이다. 화면 밖에서 슬라이드가 날아오거나 슬라이드가 흐려지면서 사라지는 등의 슬라이드 애니메이션은 오히려 발표 내용에 대한 청중의 집중을 방해할 수도 있다.

예를 들어, 저자는 한 발표에서 GIS 분석 프로젝트에서 불투수 지표면 자료를 어떻게 활용했는지를 설명하기 위해 연구 지역의 불투수 지표면 자료를 한 장의 슬라이드(그림 7.1)로 보여 주고 국립공원과 국유림 등이 연구 지역에 포함되어 그 지역에는 불투수 지표면이 나타나지 않는다는 점을 또 다른 슬라이드(그림 7.2)를 이용해 설명했다. 즉 한 장이 아니라 두 장의 슬라이드를 사용한 것이다.

내가 첫 번째 슬라이드에서 두 번째 슬라이드로 이동했을 때 청중은 슬라이드가 바뀐 것이 아니라 첫 번째 슬라이드 지도에 국립공원 레이어가 추가된 것으로 이해했다. 만약 내가 2개의 레이어(즉 불투수 지표면과 국립공원)를 슬라이드 한 장에 동시에 보여 줬다면 지도의 상당 부분을 차지하는 국립공원과 국유림 지역을 설명하면서 동시에 레이저포인터를 이용해서 지도에 나타난 노란색 점들을 가리키면서 그 점들이 불투수 지표면을 표현하는 것이라고 설명해 주어야 했을 것이다.

첫 번째 슬라이드를 보여 주면서 지도에 나타난 노란 점들이 불투수 지표면이라는 것을 설명하기 때문에 지도 슬라이드에는 별도의 범례나 설명글이 필요하지 않다. 그다음에는 "이 지역에는 국립공원과 국유림이 있기 때문에 해당 지역에서는 불투수 지표면을 볼 수 없다."라고 설명하면서 두 번째 지도 슬라이드를 보여 주는 것이다. 발표자는 청중들이 슬라이드의 글을 읽는 것이 아니라 발표자 자신이 하는 말에 집중하도록 해야 한다. 시각적인 정보는 발표자의 말을 대신하는 것이 아니라 그것을 보완해 주는 것이다.

느리고 복잡하게

일반적으로 슬라이드 디자인은 단순할수록 좋지만(대부분의 발표자가 슬라이드에 가능한 한 많은 정보를 담으려고 한다) 복잡한 슬라이드를 디자인해야 할 때도 있다. 프로젝트 내용을 잘 알고 있는 동료들과 같이 소수의 사람들이나 분석의 세부사항을 알아야 하는 사람들을 대상으로 상세한 기술 정보를 발표하는 경우에는 복잡한 지도, 표, 그래픽 등을 사용할 필요가 있다. 하지만 이 경우에도 슬라이드에 너무 많은 글 자료를 넣는 것은 좋지 않은 선택이다. 이유를 막론하고 큰 글 상자와 긴 문장은 발표 내용 전달에 도움이 되지 않는다.

그림 7.3의 복잡한 지도 슬라이드는 10명 내외의 소수 청중을 대상으로 한 발표를 위해서 디자인된 것이다. 대개 이런 경우는 작은 회의실에서 청중들이 탁자에 둘러앉아 발표 내용에 대해서 자유롭게 토론할 수 있을 때 활용된다.

프레젠테이션은 일방적인 정보 전달이 아니라 논의를 시작하기 위해서 기초적인 공감대를 형성하기 위한 것이므로 분석 과정의 복잡함을 전달하기 위해서는 지도 슬라이드에 약간의 세부 내용을 포함시키는 것도 좋은 접근 방법이다. 복잡한 지도 슬라이드를 제시할

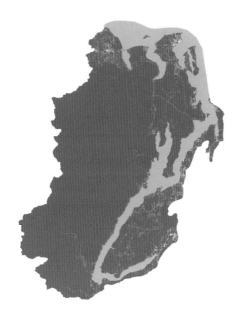

그림 7.1 연구 지역과 주요 자료인 불투수면(노란색) 데이터를 표시한 첫 번째 슬라이드이다.

그림 7.2 연구 지역에 포함되어 있는 국립공원과 국유림 지역을 표시한 두 번째 슬라이드이다.

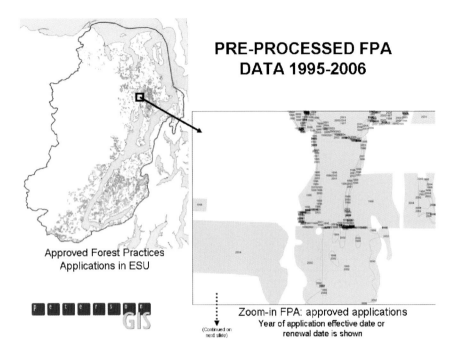

그림 7.3 너무 복잡해서 많은 청중을 대상으로 하는 발표에서 사용하기는 적절하지 않지만 소규모 청중을 대상으로 상세한 내용을 설명할 때는 복잡하고 자세한 지도 슬라이드도 사용할 수 있다.

때는 청중들이 관련 내용을 충분히 숙지하도록 발표 속도나 슬라이드 전환 시간을 적절히 조정할 필요가 있다.

시간과 연구의 필요성

훌륭한 지도 슬라이드를 만들기 위해서는 발표의 대상이 되는 청중에 대한 깊은 이해가 필요하다. 발표 주제에 대한 청중의 이해 수준뿐만 아니라 청중의 컨디션(발표의 어느 부분에 지도 슬라이드를 넣을지 결정하는 기준이 된다), 청중의 규모, 그리고 청중이 얻고자 하는 결과 등을 동시에 고려해야 한다. 발표 전에 발표 장소의 조명에 따라 지도 슬라이드가 어떻게 보이는지를 확인하여 지도의 색상이 제대로 보이는지도 알아봐야 한다. 조명 배치와 프로젝터 성능에 따라서 지도의 색이 바란 것처럼 보일 수도 있기 때문이다. 지도가 이미지 파일로 저장되어 있다면 필요에 따라서 슬라이드 제작 소프트웨어나 이미지 소프트웨어를 사용하여 한번에 지도의 채도를 조정할 수 있다.

슬라이드 스타일을 조금씩 섞어서 활용하는 것도 좋은 방법이다. 한 가지 프레젠테이션 스타일을 끝까지 고집할 필요는 없다. 한동안 프레젠테이션을 하지 않다가 갑자기 중요한 프레젠테이션 발표를 맡게 됐다면 최신의 프레젠테이션 스타일과 슬라이드 디자인 경향을 검색해서 참조하는 것이 좋다. 최근에는 유튜브(YouTube) 등의 온라인 비디오 서비스에서 슬라이드 프레젠테이션에 대한 다양한 아이디어와 참고 자료를 얻을 수 있다. 비슷한 주제로 프레젠테이션을 하는 다른 사람들을 보면서 최근의 트렌드, 피해야 할 것과 포함해야 할 것들에 대한 아이디어를 얻을 수 있다. 유행은 항상 변화하기 때문에 발표자 자신의 개인적 환경에 맞게 적용하는 방법에 대한 연구를 꾸준히 수행해야 한다. 이런 일들은 시간을 많이 필요로 하는 번거로운 일이지만 수고한 만큼의 보상이 보장되는 일이라는 것을 기억하라.

✦ 보고서

이 책의 초판이 출간될 당시에는 전통적인 종이 보고서가 GIS 분석 결과를 전달하는 데 많이 사용되고 있었다. 그러나 최근 종이에 인쇄된 보고서의 사용은 많이 줄어들었고 따라서 종이 보고서용 지도를 만들 필요도 점점 줄어들고 있다. 대신 웹 지도 서비스나 디지털 프레젠테이션이 보편화되는 추세이다. 하지만 여전히 인쇄된 보고서를 제출해야 할 필요성도 있기 때문에, 이 절에서는 인쇄 보고서나 디지털 보고서를 작성할 때 모두 적용할 수 있는 지도 디자인 원칙들을 설명하고자 한다.

지도는 일반적으로 이미지 파일 포맷으로 저장되어 보고서에 삽입된다. 문제는 지도를 어떤 파일 포맷으로 저장할 것인지에 대해서만 고민하고 다른 고려사항을 무시하는 경우가 많다는 것이다. 그러나 더 중요한 점은 보고서에서 지도가 어느 부분에 배치되는가 하는 것이다. 보고서에서 지도의 위치는 지도 디자인 방식과 보고서의 전체적인 가독성을 결정하는 매우 중요한 요소이다. 이 절은 보고서에서 지도를 어디에 배치할지에 대한 논의에서 시작한다. 그리고 보고서 지도에 어떤 주변 요소를 포함시킬지 혹은 어떤 글 자료를 사용할지에 대한 구체적인 내용을 다루고자 한다.

지도의 위치

보고서를 공동으로 작성하는 경우나 누군가의 보고서 작성을 위해서 지도를 작성해 주는 경우에는 지도 제작자가 보고서에서 지도를 어디에 배치할 것인지에 대한 결정권이 없는 경우가 많다. 그런 경우에도 지도 제작자는 보고서에서의 지도 배치에 대한 다음의 가이드라인에 따라 보고서 작성자에게 지도 배치에 대한 의견을 개진할 필요가 있다. 지도 제작과 보고서 작성을 동시에 책임지는 경우에는 다음의 가이드라인을 적절히 적용하여 가독성 높고 보기 좋은 지도 보고서를 작성할 수 있을 것이다. 보고서의 문단 사이에 지도가 포함되는 경우 지도 배치 가이드라인은 다음과 같다.

- 보고서 본문과 어울릴 수 있도록 지도는 전체 페이지 크기의 5분의 1 내지 6분의 1 정도의 크기로 삽입한다(그림 7.4 참조).
- 지도 주변(좌/우, 상/하)에 글 자료를 가까이 배치한다.
- 지도는 지도를 설명하는 글 자료 근처에 배치한다.
- 지도를 설명하는 글 자료와 지도가 다른 페이지에 배치되지 않도록 한다.
- 지도에 외곽 경계선을 추가하지 않는다.

지도가 커서 보고서 페이지의 반 이상을 차지한다고 해서 무조건 나쁜 지도 보고서가 되는 것은 아니다. 그러나 보고서의 가독성과 미적인 완성도를 위해서는 가능한 한 보고서에 포함되는 지도의 크기를 줄이는 것이 효과적이다. 지도의 좌우 폭이 좁아서 보고서 페이지의 폭을 채우지 못하는 경우에는 지도 좌우에 큰 여백을 남기는 대신에, 잡지 편집에서 흔히 보는 것처럼 지도의 좌/우에 글 자료를 배치해서 문장의 흐름이 끊기지 않도록 한다. 가능하면 지도를 이미지로 캡처할 때 가로의 크기가 보고서의 가로 폭과 일치하도록 하여 지도 그림이 보고서의 문단과 비슷한 크기가 되도록 하는 것이 좋다. 크기와 상관없이 꼭 필요한 경우를 제외하고는 지도에 외곽 경계선을 표시할 필요는 없다. 대신 지도와 글 자료 사이에 충분한 여백 공간을 주어서 지도가 눈에 잘 띄도록 할 수 있다. 지도에 외곽 경계선을 표시하면 지도 영역이 분명하게 구분되는 대신에 보고서의 전체적인 맥락을 방해하여 보고서의 가독성을 저해하는 부작용이 있다. 지도의 외곽 경계선이 필요하다고 판단되면 경계선이 있는 지도와 없는 지도를 둘 다 만들어서 비교해 보도록 한다. 대부분의 경우 외곽 경계선이 없는 경우 보고서가 더 세련되어 보인다.

그림 7.4 보고서의 문단 사이에 지도가 포함되는 경우 적절한 지도의 크기는 전체 페이지의 5분의 1내지 6분의 1 정도이다.

보고서 지도의 주변 요소

보고서 지도에는 어떤 주변 요소를 넣어야 하는가? 학문적 스타일의 보고서에서는 지도와 그래픽에 대한 설명인 캡션(caption)을 넣어서 독자들이 지도를 볼 때마다 본문의 설명을 찾아볼 필요가 없도록 하는 것이 일반적이다. 캡션이 있는 경우에는 지도에 별도로 제목을 넣지 않아도 된다. 보고서 작성 책임자가 따로 있다면 삽입 지도에 캡션이 필요한지 여부를 논의하고 필요하다면 캡션을 넣도록 요구할 수도 있을 것이다. 캡션이 없는 경우에도 보고서 본문의 내용에 따라 지도 제목을 생략할 수 있다. 예를 들어, 최근에 저자는 미국 어느 도시의 도시계획 용도구역에 대한 보고서를 볼 기회가 있었는데 각 도시계획 구역에 따른 개발 제한과 허용 여부에 관한 지도를 포함하고 있는 보고서였다. 각 용도구역에 대한 설명이 페이지 우측에 배치된 작은 지도와 함께 제시되어 있었다. 용도구역마다 하나의 지도를 제시하여 용도구역 간 상대적인 위치를 보여 주고 있었는데, 지도의 외곽 경계선 없이 지도 주변에 문장을 배치하였으며 지도 제목이나 캡션은 없었다. 하지만 용도구역에 대한 설명을 제시하기에는 매우 효과적인 보고서 구성이었다.

지도 제목이 없더라도 보고서용 지도에 축척 막대, 저작권 정보, 범례와 같은 지도 주변 요소가 필요한 경우가 있다. 중요한 것은 지도에 포함된 주변 요소를 최소화하여 지도가 보고서 문장의 흐름을 방해하지 말아야 하고 한 눈에 지도의 내용을 파악할 수 있도록 단순함을 유지해야 한다는 점이다. 이를 위해서는 지도 주변 요소로 설명해야 하는 지도에 대한 상세 정보를 보고서 본문에 넣어서 독자가 지도를 본문의 일부로 '읽을 수 있도록' 해 주어야 한다는 점이다. 유아용 이야기책에서 그림이 문장을 대신해서 아이들이 내용을 쉽게 이해하도록 해 주었던 것을 기억하는가? 그림은 개념을 쉽게 설명해서 독자가 쉽게 이야기를 따라갈 수 있도록 해 준다. 보고서에 포함된 지도 역시 이와 동일한 효과를 줄 수 있다.

페이지 전체 공간을 차지하는 보고서 지도를 만들 경우에는 좀 더 유연한 디자인이 가능하다. 페이지 공간의 여유가 있고 지도가 독립적인 특성을 갖기 때문이다. 보고서의 부록 부분에 들어가는 지도와 같이 캡션이 없는 경우에는 지도에 제목을 추가할 수도 있다. 또한 큰 지도에서는 보통 여러 레이어를 중첩하여 표현하는 경우가 많으므로 범례가 필수적이다. 여러 레이어가 중첩되어 있으면 지도를 보는 입장에서 더 많은 정보를 해석해야 하기 때문이다. 특히 부록 지도에서처럼 지도 영역의 상단에 배치된 설명글은 지도가 보고서 내용과 어떻게 연결되는지를 독자가 쉽게 이해할 수 있도록 도와준다. 예를 들어, 섬 연안 환경에 대한 10장의 지도로 구성된 부록이라면 각 지도 페이지 상단에 '연안 환경의 질적 저하 : 지도 10 중 1'과 같이 해당 지도가 보고서의 어느 부분을 보조하는 것인지를 지칭하는 제목이나 설명글을 배치하는 것이 좋다. 이렇게 하면 부록의 지도가 보고서에서 분리되어 단독으로 제공되는 경우에도 지도와 보고서의 맥락이 연결되는 효과를 준다.

A4용지(혹은 레터용지) 크기의 보고서 지도에 정교한 지도 레이아웃을 만들 필요는 없다. 용지 공간이 충분하지 않기 때문에 지도 여백에 들어가는 법적 공지 문구, 자료 출처 설명, 기타 지도 주변 요소들은 지도 대신 보고서 본문이나 부록에 넣는 것이 더 효과적이다. 부록에 포함된 지도라면 부록의 시작 부분에 지도 개요를 제시하여 지도와 관련하여 앞서 언급된 요소들을 설명하면 된다. 범례가 너무 복잡하거나 지도 페이지에 충분한 여유 공간이 없을 때는 범례를 부록의 지도 개요에서 별도로 표시할 수도 있지만, 그렇게 되면 독자들이 지도를 해석하기 위해서 보고서 페이지를 앞뒤로 왔다 갔다 해야 하기 때문에 가능한 한 피하는 것이 좋다.[2]

복잡한 분석 방법론과 분석결과를 설명하는 보고서에서 관련 자료를 한 페이지에 일목요연하게 담아내는 것은 매우 어려운 작업이다. 예를 들어, 저자는 넓은 연구 지역을 대상으로 소분지(subbasin) 분석을 수행하는 경우가 많은데, 때로는 200여 개의 소분지들을 그 속성값과 함께 지도에 제시해야 하는 경우도 있다. 200개의 소분지를 한 페이지의 보고서 지도에 표현하여 독자가 결과를 쉽게 알아볼 수 있도록 하는 작업은 중요하지만 매우 어려운 일이다. 보통은 다섯 가지 이하의 색이나 회색조 그라데이션을 사용하지만, 이 방법을 사용하면 최곳값이나 최젓값을 가지는 작은 소분지는 지도에서 잘 보이지 않게 된다. 그러면 특정 영역을 확대한 삽입 지도를 추가하거나 안내선을 해당 소분지에 연결하여 숫자 라벨을 붙이는 방식으로 작은 소분지에 대한 정보를 제공하는 방식으로 보완해야 한다. 저자의 경우에는 지도에 속성값 표를 보조 자료로 추가하는 것을 선호한다. 지도의 속성값 정보는 지도 데이터베이스에 스프레드시트나 GIS 테이블 형태로 포함되어 있기는 하지만, 보고서를 읽는 독자들이 보고서 지도의 이해를 위해서 지도 데이터베이스를 별도로 검색해 보아야 하는 수고를 덜어 주기 위해서이다.

✸ 포스터

포스터는 두 종류로 나누어 볼 수 있다. 첫 번째는 학회 발표에서 볼 수 있는 요약 포스터이고, 다른 하나는 큰 용지에 지도와 관련한 모든 핵심 속성을 표시하는 상세 포스터이다. 상세 포스터는 학회 포스터와는 달리 독자의 시선 거리가 멀지 않아서 작은 글꼴로 필요한 정보들을 모두 기록하기 때문에 건축 설계도와 유사한 성격을 가진다. 두 포스터 유형은 축척 표시, 자료 출처, 저작권, 제목 등과 같은 동일한 내용을 담고 있는 반면에, 포함된 지도 요소의 상세함 정도가 다른 것이다. 표면적인 특징으로 비교하자면 요약 포스터는 지도에 대한 설명글이 많이 포함된 반면에 지도 요소에 대한 주기(annotation)가 별로 없고, 상세 포스터는 반대로 일반 독자들을 위한 쉬운 설명글이 없는 대신에 전문가들의 이해가 쉽도록 지도 요소들에 대한 세세한 기술과 주기 정보를 담고 있다.

요약 포스터

요약 포스터의 경우에는 포스터 디자인을 위한 다양한 참고 자료들이 다양한 경로로 제공되고 있다. 대표적으로 학회에 참석하는 사람들을 대상으로 학회조직위원회에서 제공하는 표준안이 있다. 학회 표준 포스터 양식은 대부분의 경우 유용한 가이드라인으로 사용할 수 있지만 반드시 그런 것은 아니다. 예를 들어, 표준 포스터 양식에서 "포스터 제목은 3인치 높이 또는 100포인트 크기 글꼴로 하라."는 가이드라인을 본 적이 있는데, 실제로 100포인트 글꼴은 3인치 높이에 절대 미치지 못한다. 일부 웹사이트에서는 미리 디자인한 포스터 템플릿을 판매하기도 하는데, 너무 복잡하고 불필요한 선들과 장식으로 가득 차 있는 경우가 많아서 개인적으로 권하고 싶지는 않다. 디자인 템플릿들은 최신의 포스터 디자인 경향을 알아보고 그것을 참고하여 당신이 가진 자료의 특성에 맞도록 적절히 수정해서 사용해야 하며, 다른 사람의 포스터 디자인을 그대로 사용하지 않도록 하는 것이 중요하다. 표준 템플릿과 다르더라도 정해진 틀을 벗어나는 것을 두려워할 필요는 없다. 최신 그래픽 소프트웨어를 사용하여 디자인하고 대형 플로터로 인쇄한 포스터인데도 마치 예전에 그런 도구들이 없었던 시대에 만들어진 포스터와 별로 다를 바 없는 경우가 많다. 대표적인 경우가 과거에 A4용지에 각각 인쇄된 6페이지 정도의 인쇄물을 붙여서 포스터를 만들던 방식처럼 포스터의 내용을 '개요', '방법론', … , '결론' 등과 같이 구역을 나눠 각각에 소제목을 붙이는 방식이다. 새로운 그래픽 기술과 인쇄 기술을 활용하여 그런 구식 포스터를 제작한다면 힘들게 새로운 기술을 배우고 활용할 이유가 없는 것이다. 포스터를 디자인할 때는 가능한 한 창의적인 디자인 아이디어를 많이 적용할 수 있도록 노력할 필요가 있다.

　창의적인 포스터 디자인을 위해서 참조할 만한 가장 좋은 자료는 건축가나 조경 전문가들이 제작하는 포스터이다. 이들 분야에서는 디자인 결과를 포스터를 이용해 효과적으로 전달하는 것이 매우 중요한 부분이기 때문에 포스터 디자인과 관련한 다양한 아이디어와 최신 경향이 잘 반영되어 있다. 건축이나 조경 분야의 서적을 참고하면 포스터 디자인에 관한 유익한 내용을 많이 찾아볼 수 있고, 관련 주제를 다루는 웹사이트를 검색해 보거나 관련 강의나 전문 저널을 참조하는 것도 좋은 방법이다. 이런 노력은 대형 포스터를 디자인하고 출력해야 하는 경우에 당신의 디자인 기술을 비약적으로 발전시켜 준다.

'포스터' 절에서 다룬 내용은 1회 출력이나 소량 출력용 포스터의 디자인을 기준으로 설명한 것이지만, 대형 지도를 대량으로 출력하는 오프셋 인쇄(offset printing)의 경우에도 동일하게 적용될 수 있다. 예전에는 오프셋 인쇄를 신문이나 잡지처럼 대량으로 인쇄하는 경우에만 사용할 수 있었으나 최근에는 인쇄 기술의 발달에 따라 (기본 인쇄량만 충족되면) 소량의 주문형 인쇄를 제공하는 업체나 서비스도 많이 등장하고 있다.

상세 포스터

상세 포스터는 요약 포스터와는 달리 가까운 거리에서 자세하게 살펴보는 용도로 디자인된 포스터이며, 일반적으로 많은 수의 지도 레이어와 복잡한 기호, 상세한 주기를 포함하고 있다. 이런 종류의 포스터는 상하수도의 누수 지점을 빨리 확인하거나 잠재적 개발지의 토양 종류를 알아내는 등의 시각적 분석에 활용되는 것으로 진정한 의미의 참조 지도라고 할 수 있다. 상세 포스터에는 지도의 내용을 확인하고 평가하는 데 필요한 모든 정보가 포함되어야 한다. 따라서 특별한 경우가 아니면 지도에 포함된 자료를 생략하지 말고 있는 그대로 모든 정보를 포함하는 것이 현명하다.

위와 같은 이유로 상세 포스터에서는 많은 수의 지도 주변 요소가 지도 여기저기에 포함될 수밖에 없다. 축척 표시와 범례를 포함하여 모든 지도 주변 요소들은 포스터의 하단이나 우측의 직사각형 상자에 모아서 배치하는 것이 일반적이다. 상세 포스터에 포함되는 지도 주변 요소로는 제작일시, 자료 파일경로, 자료 출처, 상세한 범례 정보, 제작자 서명, 제목과 부제목 등이 포함되며 이외에도 필요에 따라 다양한 요소가 포함될 수 있다.

✤ 사용 목적에 따른 지도 디자인

고객을 위해 지도를 제작할 때는 기본적으로 지도가 어떤 목적으로 사용될 것인지를 고려하여 지도를 디자인하게 된다. 그러나 보고서에 사용하기 위해 디자인된 지도인데 고객이 프레젠테이션이나 웹사이트 게시를 위해서 디지털 복사본을 요구하는 경우가 많다. 이 경우에는 먼저 고객이 디지털 지도를 어떤 목적으로 사용하기 위해서 요구하는지를 먼저 물어보고 그에 따라서 지도 디자인을 수정해서 제공해야 한다. 예를 들어, 대형 포스터를 위해 디자인된 지도를 발표 슬라이드에 사용하기 위해서는 지도에 포함된 주변 요소 대부분을 제거하거나 슬라이드 글 자료 영역으로 옮겨야 한다. 지도 주변 요소에 포함된 정보는 프레젠테이션에 대한 청중의 집중을 방해할 수 있기 때문에 필요하다면 발표자가 관련 내용을 청중에게 구두로 전달해야 한다. 보고서용으로 디자인된 A4용지 크기의 지도를 슬라이드 프레젠테이션용으로 사용하기 위해서는 반대로 지도에 제목이나 주변 요소 등의 상세 정보를 추가해야 한다. 예를 들어, A4용지 크기의 미국 지도에는 주 경계 내부에 공간이 충분하지 않기 때문에 면적이 작은 주의 이름을 표시하기 위해 유도선들이 많이 있을 것이다. 이 지도를 슬라이드용으로 수정할 때는 지도가 확대되어 주 경계선 내부에 공간이 충분해지기 때문에 유도선을 지우고 각 주의 폴리곤 내부에 주 이름을 배치할 수 있다. 슬라이드 지도를 A4용지 보고서용 지도로 변환할 때는 정반대의 작업이 필요하다. 즉 상세한 정보들을 제거하고 용지 크기에 맞게 지도 요소들을 재배치해야 하는 것이다.

주

1. 스탠퍼드대학교 법학교수 로렌스 레싱(Lawrence Lessig) 교수의 홈페이지 : http://www.lessig.org. 레식교수가 디자인한 프레젠테이션을 보려면 다음 사이트를 방문해 보라. http://www.youtube.com/watch?v=mw2z91VW1g (2014년 1월 29에 접속).
2. A4용지 크기의 지도라도 배포를 위한 독립적인 지도인 경우에는 페이지 하단이나 우측 혹은 페이지 뒷면을 활용하여 지도에 대한 상세 정보를 제공할 필요가 있다(제3장 '지도 배치 디자인'의 '지도 주변 요소 배치' 참조).

참고 자료

Berkun, Scott. *How to Give a Great Ignite Talk*, http://scottberkun.com/2009/how-to-give-a-great-ignite-talk/ (2013년 10월 17일 접속).

Reynolds, Garr, *Presentation Zen* blog, http://www.presentationzen.com (2013년 10월 16일 접속).

Samara, Timothy, *Publication Design Workbook: A Real-World Guide to Designining Magazines, Newspapers, and Newsletters*. Gloucester, MA: Rockport Publishers, 2005.

Tufte, E. R. *The Visual Display of Quantitative Information*. 2nd ed. Cheshire, CT: Graphics Press, 2001.

1. DPI는 무엇이며 어떻게 계산하는가?

2. DPI가 300이라고 할 때 가로 600화소, 세로 800화소인 지도를 인쇄하면 지도 크기는 얼마인가?

3. 아래 주소의 **워싱턴 포스트** 웹페이지에서 제공하는 지도를 프레젠테이션 슬라이드용으로 사용하기 위해서는 어떻게 수정해야 하는가? 적어도 두 가지 이상의 수정사항을 제시하라. http://www.washingtonpost.com/wp-srv/metro/daily/graphics/blossomsMap_032505.html.

4. 이 장에서 소개된 이미지 파일 포맷 중에서 압축 기반의 파일 포맷과 비압축 파일 포맷을 각각 2개씩 제시하라.

5. 그래픽 소프트웨어를 이용해 지도를 처리할 때 발생할 수 있는 문제점 중 두 가지를 제시하고 그 해결 방안을 설명하라.

실습

인터넷 검색을 이용해서 지도 디자인에서 사용할 수 있는 SVG 포맷 아이콘을 찾아서 다운로드한다. 그래픽 소프트웨어를 이용해 잘라 내기(clip out)를 한 후 새로운 이름의 아이콘 파일로 저장한다. 원래 SVG 포맷 아이콘 파일과 잘라 내기한 아이콘 파일을 같이 제시하고 설명한다.

선택 과제 : 잘라 내기 후 새로운 이름으로 저장한 아이콘을 당신이 디자인한 지도에 직접 사용해 본다.

지도 투영법

솔직히 말하자면 공간분석 전문가를 대상으로 설문조사를 한다고 해도 지도 투영법에 대해 해박한 지식을 가지고 있는 경우는 기껏해야 20% 정도를 넘지 못할 것이다. 상당수 GIS 전문가들조차 지도 투영법에 대해 무관심하게 된 것은 대부분의 지도 제작 관련 종사자들이 항상 동일한 지역을 대상으로 지도를 제작하기 때문에 생기는 결과이기도 하다. 같은 지역의 지도를 반복하여 제작할 경우에는 해당 지역의 표준 투영법이 이미 정해져 있기 때문에 전문가들도 거의 예외 없이 표준 투영법을 사용한다. 표준 투영법은 많은 사람들이 오랜 경험을 통해서 특정 지역을 지도화할 때 가장 적합한 것으로 평가한 투영법이기 때문에, 지도를 제작할 때마다 투영법에 대해 고민하는 대신에 지도 디자인의 다른 부분에 더 신경을 쓰는 것이 현명한 접근일 것이다. 하지만 표준 투영법을 이용해서 지도의 목적을 달성하기 힘든 경우에는 다른 투영법에 대해서 고민해 보아야 한다(다음 글 상자 참조). 또한 지도에 나타내고자 하는 지역이 표준 투영법의 적용 범위를 벗어나는 큰 지역에 걸쳐 있는 경우 적절한 투영법을 선택하기 위해서는 투영법의 기본과 상대적인 장단점에 대해 충분히 이해하고 있어야 한다.

지도 투영법에 대해서는 개요를 간략하게 소개하는 입문서에서부터 전문적인 내용을 포괄하는 전문 서적까지 다양한 교재에서 다뤄지고 있다. 투영법 입문서에서는 지도 제작자들이 반드시 알고 있어야 할 투영법 관련 개념과 학술 용어들이 잘 설명되어 있다. 입문서는 지도로 나타내고자 하는 지역의 위치, 크기, 지도의 목적 등과 같은 다양한 변수에 따라 적절한 투영법을 선택하는 방법을 알아보는 데 유용하다. 투영법에 대한 전문 서적은 지도 투영에 대한 수학적 설명들이 심도 있게 다뤄지는 것이 특징이다. 이 장은 입문서와 전문서의 중간 정도 수준에서 지도 투영과 관련한 용어들, 투영법 선택에 있어서의 고려사항

등에 대해서 설명할 것이며, 지도 제작자들이 참고할 만한 실제 사례들도 몇 가지 살펴볼 것이다. 복잡한 수학 공식은 가능한 한 생략했지만 기하학에 관심이 있고 지도 투영의 수학적 원리에 대해 더 깊은 공부를 원한다면 다양한 참고 자료를 찾아보길 추천한다.

어떤 투영법을 사용할 것인지는 지도의 목적에 따라 결정해야 한다는 점은 매우 일반적인 견해이다. 하지만 지도의 목적은 투영법을 선택할 때 고려해야 할 여러 기준들 중 하나에 불과하다. 이 장에서는 다음과 같은 관점에서 각 투영법이 가진 장단점에 관해 논의할 것이다. (1) 면적(area), 각도(angle), 방향(direction), 거리(distance) 등의 지도 특성 왜곡 정도, (2) 지도의 목적, 축척, 방향성, 지역의 위치, 지역에 대한 친밀도 등 지도와 관련한 고려사항, (3) 원통, 원추, 방위와 같은 투영면의 유형 등이 그것이다. 지도의 목적은 어떤 지도 특성의 왜곡을 최소화 혹은 용인할 것인지에 대한 기준이 되고, 지도의 방향성은 투영면의 유형을 결정하는 기준이 된다(그림 8.2 참조). 세 가지의 투영법 평가 기준에 대해서 설명하기 전에 우선 투영법과 관련한 몇 가지 기본 개념과 용어들에 대해 설명할 필요가 있다.

좌표계(coordinate system)와 **투영법**(projection)은 흔히 혼동되어 사용되는 개념이기 때문에 두 가지를 구분해서 정의할 필요가 있다. **좌표계**에는 지리 좌표계와 투영 좌표계가 있는데, 데이텀, 회전타원체 모형, 표준 위선(standard parallel), 중앙 경선, x축 변위, y축 변위 등으로 정의된다. **데이텀**(datum)에 대해서는 다양한 정의가 있지만 GIS 분야에서는 보통 좌표계의 타원체 중심점을 기준으로 한 지표면의 상대적 위치를 의미한다. 어느 데이텀을 사용하는지에 따라 지표면의 특정 객체의 좌표는 수백 미터에 이르는 차이를 보이기도 한다.

댄 보울스(Dan Bowles)은 *Australian Geographic*의 지도 분과 책임자이며, 카토그래픽 디비전(Cartographic Division)이라는 회사의 대표이다. 그는 호주 대륙 지도를 만드는 작업을 하면서 투영법과 관련한 다양한 문제를 경험했다. 대개의 일반인들은 메르카토르 투영법을 기초로 작성한 호주 대륙 지도에 익숙한데, 경위선이 직각으로 교차하도록 고안된 메르카토르 투영법은 폭넓게 사용되어 일반인들에게 익숙한 반면에 넓은 지역을 지도화할 때 면적에 왜곡이 발생한다는 문제점을 가지고 있다. 특히 메르카토르 투영법에서는 넓은 지역에서 면적과 거리의 왜곡이 많이 발생한다. 지오사이언스 오스트레일리아 람베르트(Geoscience Australia Lambert)라는 이름의 호주 국가 표준 투영법을 사용하면 면적과 형상의 왜곡을 줄일 수 있지만 일반인에게는 낯선 형태의 지도가 될 수도 있다. 각 투영법의 장단점을 비교, 확인할 수 있도록 보울스가 서로 다른 투영법을 적용하여 제작한 지도는 그림 8.1에서 볼 수 있다.

메르카토르 　　　　　　　　　지오사이언스 오스트레일리아 람베르트
　　　　　　　　　　　　　　　　　(정각 원추 투영법)

그림 8.1 지오사이언스 오스트레일리아 람베르트 투영법과 메르카토르 투영법을 이용하여 제작한 호주 지도.
[댄 보울스의 지도(카토그래픽 디비전 제공)를 수정]

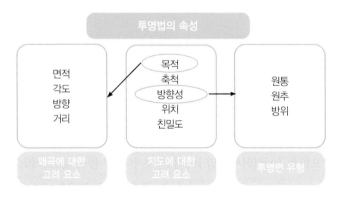

그림 8.2 지도 투영법의 속성

타원체(ellipsoid)와 회전타원체(spheroid)는 둘 다 지구의 형상을 수학적으로 표현하는 방법
인데, 타원체가 지구의 장축과 단축의 길이만을 이용한 단순한 수학적 모형인데 비해 회전
타원체는 지표면의 '울퉁불퉁한' 기복까지 고려하기 때문에 조금 더 자세하고 복잡한 모
형이라 할 수 있다. 일반적으로 많이 사용되는 데이텀에는 북미 데이텀 27(North American
Datum 27, NAD 27), 북미 데이텀 83(North American Datum 83, NAD 83), 세계측지좌표
계 84(World Geodetic System 84, WGS 84)가 있다. 데이텀 간의 좌표 차이는 미세하기 때
문에 대축척 지도에서만 확인이 가능하다. 좌표계마다 매개변수들이 사전에 정의되어 있
고, 경우에 따라서는 사용자가 일부 수정하여 사용할 수 있다. 좌표계의 거리 단위는 좌표
계에 따라서 적절히 선택하여 사용한다. 예를 들어, 지리 좌표계에서는 일반적으로 경위도
(decimal degree)를 사용하고 투영 좌표계에서는 미터(meter)나 피트(feet) 단위를 사용한다.

　　지리 좌표계(Geographic Coordinate System, GCS)는 3차원의 지구 표면에 경위선이 배열되어 있는 체계이다. 위선(parallel)은 동서 방향으로 적도(equator) 선과 평행하게 그려진 선이고, 적도가 위도(latitude) 값이 0인 기준선으로 가장 긴 위선이다. 적도 선은 지구의 북반구와 남반구를 구분하는 가상의 구분선이다. 경선(meridian, Longitude line)은 남북 방향으로 북극과 남극을 연결한 선들이다. 경도 값이 0인 경선은 본초자오선(prime meridian)이라고 불리는데, 영국 그리니치에 있는 왕립 천문대를 지나기 때문에 그리니치 자오선(Greenwich Meridian)이라고도 한다.[a] 지표 고도도 지리 좌표계에서 정의될 수 있다.

투영 좌표계(Projected Coordinate System, PCS)는 지도 투영(map projection)을 통해 지리 좌표계를 수학적으로 변환하여 2차원 평면에 표현한 좌표계이다. 지구라는 3차원 실세계의 객체를 평평한 종이나 화면에 표현하기 위해서는 반드시 투영 과정이 필요하다. 이것은 투영에 대한 기본 정의이며 영화·영상이건 지도건 간에 어떤 물체를 평면에 비추어서 표현하는 모든 행위에 적용 가능한 개념이다. 구형의 지구를 세계지도 형태로 평면에 투영하기 위한 수학적인 원리는 흥미롭고 복잡하다. 지도 투영을 위한 수학적 변환은 다양한 방식으로 시도되고 개선되어 왔으며, 이 노력들은 지도의 정확도, 대중성 측면에서 다양한 평가를 받아 왔다. 현재까지 수천 종류의 지도 투영법이 개발되어 있는 것으로 알려지고 있다. 요컨대 투영법은 지도 제작의 기본이며 투영법이 없다면 모든 지도는 지구본 위에 그릴 수밖에 없는 것이다.

아서 로빈슨(Arthur H. Robinson)은 1947~1980년 동안 미국 위스콘신대학교의 지리학과 교수로 근무했다. 그는 1960년대 초반에 랜드 맥낼리(Rand McNally)라는 지도 제작 회사로부터 면적과 거리의 왜곡을 최소화할 수 있는 투영법을 찾아 달라는 부탁을 받고 투영법 연구에 착수했다. 그러나 기존의 투영법 중에서는 맥낼리 사의 요구에 맞는 투영법을 찾을 수가 없어 결국 직접 새로운 투영법을 개발하게 된다. 그는 기존의 투영법 개발자들과는 다른 관점에서 접근하여 새로운 투영법 개발에 성공했다. 대부분의 투영법이 수학적인 개념에서 출발하여 개발된 것에 비해, 로빈슨은 투영결과인 지도가 실제로 어떤 형태가 될 것인지를 미리 전제하고 그에 적합한 수학 공식을 찾아내는 방식으로 접근하여 새로운 투영법을 개발한 것이다. 다양한 공식을 적용해 보면서 많은 시행착오를 거칠 수밖에 없었지만, 로빈슨이 개발한 투영법은 지도가 필요로 하는 요소들의 균형을 잘 맞추고 있는 것으로 평가된다. 그의 투영법이 가진 장점 중 하나는 세계지도를 작성할 때 가장 중점이 되는 지역, 즉 지구 상에서 인구가 가장 조밀하게 분포하는 북반구 중위도 온대기후 지역(그림 8.3)에서 면적과 거리의 왜곡을 최소화했다는 점이다. 로빈슨 투영법(Robinson projection). 역시 완벽하지 않고 이외에도 수백 가지의 투영법이 존재하고 있다. 하지만 본

---

a 역자 주 : 그리니치 자오선은 1884년 국제회의를 통해 본초자오선으로 결정되었다.

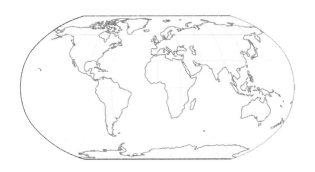

그림 8.3 로빈슨 투영법

질적으로 모든 투영법은 왜곡을 피할 수 없다. 구형의 지구를 평면에 투영하면서 모든 측면에서 완벽한 정확도를 갖는 것은 불가능하기 때문이다.

좌표계와 투영법의 개념을 명확히 이해했다면, 이제 현재 많이 사용되는 투영법들이 실제 지도에서는 어떤 형태로 나타나는지 확인해 볼 차례이다. 투영법의 차이를 이해하기 위해서는 서로 다른 투영법을 적용하면 지도가 어떻게 달라지는지를 보아야 한다. 저자가 지리 분석가로 일하기 시작한 초기에는 지도 분야에 문외한인 동료들로부터 투영법에 대한 질문을 많이 받았다. 저자가 아무리 쉽게 설명하여도 투영법의 개념을 쉽게 이해하지 못하는 눈치여서 당혹스러운 적이 많았는데, 컴퓨터 앞에 앉아서 GIS 소프트웨어를 이용해 다양한 투영법을 적용했을 때 세계지도가 어떻게 달라지는가를 보여 주면 투영법의 의미와 차이를 쉽게 이해하는 것을 볼 수 있었다. 투영법은 역시 지도를 보여 주면서 설명할 때 가장 이해하기 쉽다. 마이크 보스톡(Mike Bostock)이 개발한 투영법 시각화 사이트(http://http://bl.ocks.org/mbostock/3711652)는 큰 도움이 되니 꼭 방문해 보기를 추천한다.[1] 보스톡의 웹사이트에서는 투영법에 따라 세계지도가 어떤 형태로 표현되는지를 다양하게 체험해 볼 수 있는데, 우선 대부분의 인터넷 지도에서 사용하는 메르카토르(Mercator) 투영법, 다음으로 내셔널 **지오그래픽**(National Geographic)이 제작하는 지도에서 많이 사용되는 빈켈 트리펠(Winkel Tripel) 투영법, 마지막으로 대부분의 국가 기본도에서 사용되는 횡축 메르카토르(Transverse Mercator) 투영법을 확인해 볼 것을 권한다.

✸ 왜곡 : 모든 투영법이 가지는 약점

상호작용이 가능한 투영법 소개 사이트를 살펴보면 모든 투영법은 각각 고유의 장점을 가지고 있지만 다른 한편으로는 약점을 가지고 있으며 모든 조건을 동시에 만족시키는 투영법은 없다는 것을 확인할 수 있다. 구체적으로 말하면 모든 투영법은 면적, 각도, 방향, 거리 등 네 가지 투영 지도 특성을 동시에 만족시키지 못하고 특정 특성을 왜곡시킨다. 각 투영법은 그 특성들 중 한두 특성만을 만족시키고 나머지 특성에서 큰 왜곡을 나타내고, 어떤 투영법은 네 가지 특성 모두에서 왜곡이 발생하지만 그 정도가 크지 않도록 절충하기도 한다. 투영법 소개 사이트를 통해 각 특성이 어떻게 다른지를 눈으로 봤기 때문에 이 절에서는 각 특성의 차이를 좀 더 자세히 설명하는 내용을 다룰 것이다. 투영법의 네 가지 특성과 각 투영법의 장단점을 이해하고 있다고 하더라도 지도 제작을 위해 투영법을 선택해야 하는 단계에서는 각 투영법이 가진 왜곡의 정도를 오류의 개념으로 측정하여 비교하여 선택하는 과정이 필요하다. 예를 들어, 면적 왜곡을 최소화할 필요가 있는 지도를 제작한다고 하면 우선 면적 왜곡이 작은 투영법들을 골라두고, 그 외 다양한 요인들을 고려하여 그중 한 투영법을 선택해야 한다.

어떤 대륙이나 섬과 같이 지도에 표시되는 객체의 면적은 투영법에 따라 다르고 때로는 단일 투영법이라고 하더라도 지도 내의 위치에 따라 달라지기도 한다. 어떤 투영법은 지도에 표현되는 면적이 실제의 면적으로 정확히 나타내지만, 상당수 투영법에서는 전체 지역 혹은 일부 지역의 면적이 왜곡되는 것을 피할 수 없다. 극지방의 면적이 실제보다 과장되어 표현되는 메르카토르 투영법이 가장 대표적인 사례이다. 면적을 정확하게 유지하는 투영법을 정적(equivalent) 또는 등적(equal-area) 투영법이라고 한다. 정적 투영법은 인구, 기후, 식량 소비와 같은 자료가 공간적으로 어떻게 분포하는지를 보여 줄 때 사용된다. 반면 정적 투영법이 가진 한계도 있다. 예를 들어, 골-페터스(Gall-Peters) 투영법은 정적 투영법이지만 대륙의 형상을 왜곡하기 때문에 제한적인 효용성을 가지고 있다. 시누소이달(sinusoidal) 투영법은 초기에 개발된 정적 투영법 중 대표적인 기법으로 최근에는 NASA MODIS(National Aeronautics and Space Administration Moderate Resolution Imaging Spectroradiometer) 위성영상의 투영법으로 주로 사용된다.

지표면 상의 각도(형상)는 지도에 표현될 때 여러 투영법에서 다양한 수준으로 왜곡된다. 각도를 정확하게 유지하는 투영법을 정각(conformal) 투영법이라고 하는데, 지도상의 경위선망에서 경선과 위선이 90도 각도로 만나는 특성을 가진다. 정각 투영법은 지역 내의 정보 탐색에 활용되는 대축척 지도에 적합하지만 일정한 각도를 유지하기 어려운 중축척, 소축척 지도에는 적합하지 않다. 일반적으로 1 : 100,000 이상 축척의 지도에 적합하다. 축척에 관계없이 각도와 면적을 동시에 정확하게 유지하는 투영법은 이론상 불가능한 것으로 알려져 있다. 따라서 정각 투영법은 국가나 대륙과 같은 객체의 상대적인 크기에 비례한 자료의 특성을 살펴보기 위한 지도 제작에는 적합하지 않다. 정각 투영법에 적합한 지도로는 지형도, 풍향도, 군용과 같은 특정 목적의 내비게이션 지도 등이 있다. 메르카토르 투영법이나 항공기 조종사들이 두 지점 간 항공항로를 표시하기 위해 자주 사용했던 람베르트 정각 원추 투영법(Lambert Conformal Conic projection) 등이 정각 투영법에 포함된다.

인터넷 지도 서비스에서 주로 사용되는 투영법이 메르카토르 투영법이다. 메르카토르 투영법은 극지역 면적의 지나친 과장으로 일부 지도 제작자로부터 조롱을 받기도 하지만 지도 제작자가 아닌 일반 인터넷 프로그래머들이 웹 지도 제작용의 표준으로 사용해 왔기 때문에 오늘날 가장 많이 사용되고 있다. 메르카토르 투영법은 면적을 다루는 자료를 지구적 스케일로 표현하기에는 적합하지 않다. 예를 들어, 국립공원과 같은 각국의 환경보존 지역을 나타내는 세계지도를 메르카토르 투영법으로 제작하게 되면 캐나다와 같이 적도에서 멀리 떨어진 국가는 적도 부근의 국가들보다 훨씬 넓은 환경보존 지역을 갖고 있는 것처럼 보이게 된다. 이러한 문제점에도 불구하고 인터넷 지도를 제작할 때 메르카토르 투영법을 사용할 수밖에 없는 이유는 대부분의 웹 지도 제작용 응용 프로그래밍 인터페이스(application programming interfaces, APIs)에서 메르카토르 투영법만 제공하고 있기 때문이다. 지도와 지도 투영법에 대한 일반인들의 이해가 확대되면서 일부 개발자들은 다양한 투영법을 선택할 수 있는 새로운 APIs 개발을 위한 싸움에 뛰어들고 있으므로 조만간 메르카토르 투영법이 아닌 다양한 투영법을 선택할 수 있는 인터넷 지도의 개발도 활발해질 것으로 기대된다.

투영법의 셋째 유형은 방위(azimuthal) 투영법이라고 하며 방향이 정확하게 유지된다. 방위 투영법으로 제작된 세계지도는 사각형이 아닌 원형이며 지구와 '접하는' 지도의 한 지점이 중심점이 된다. 이때 지도의 중심점에서 다른 한 지점까지의 방향은 항상 정확하다는 것이다. 정각 투영법에서는 모든 경위도선이 90도의 각도를 유지하지만 방위 투영법에서는 그러한 특성을 가지지 않는다. 다만 지도 중심점으로부터 다른 두 지점으로 연결한 두 직선이 이루는 각도가 실제 지표면상의 방향 및 각도를 정확히 표현한다는 것이 정확한 설명일 것이다. 방위 투영법에서 지도 객체의 형상과 면적은 지도 중심점에서 멀어질수록 심하게 왜곡되지만, 그럼에도 불구하고 철새 이동 경로 지도에서와 같은 몇몇 사례의 경우에는 방위 투영법이 효과적으로 사용될 수 있다. 방위 투영법은 일반적인 주제도 제작에는 적합하지 않지만 새로운 '관점'을 표현하거나 남극이나 북극 중심의 반구 지도 등의 표현에 유용하게 사용할 수 있다. 방위 투영법에는 심사(gnomonic), 평사(stereographic), 투시(perspective), 정사(orthographic) 투영법 등이 포함된다.

마지막으로 거리를 정확하게 유지하는 투영법을 정거(equidistant) 투영법이라고 한다. 방위 투영법에서 중심점과 다른 지점 간의 각도가 정확하게 유지되는 것처럼 정거 투영법에서는 한 지점(지도 중심점)과 다른 모든 지점 간의 거리가 정확하게 유지된다. 특정 도시로

부터의 화물 운송 거리를 나타내는 지도와 같이 직선거리를 보여 주는 지도에는 정거 투영법이 적절하다. 가장 역사가 오래된 투영법 중 하나인 플라 카레(Plate Carrée) 투영법이 정거 투영법에 해당한다. 그 외에 시누소이달(Sinusoidal), 베르너 심장형(Werner cordiform), 정거 원추(equidistant conic) 투영법 등이 정거 투영법에 포함된다.

투영법에서 나타나는 오류를 시각적으로 표현할 수 있는 도구 중 하나가 티소 타원체(Tissot's ellipse)이다. 티소 타원체를 이용하면 특정 투영법을 사용했을 때 발생하는 각도와 면적 왜곡의 정도를 지표면 경위도 위치에 따라 계산하여 표현할 수 있다. 특정 경위도 지점에 그려진 타원체는 각 지점이 투영법에 따라 어떻게 왜곡되는지를 보여 준다. 타원체의 크기가 다르다면 면적이 왜곡된 것이다. 타원체가 완전한 원형이 아니라면 각도의 왜곡이 발생한 것이다. 티소 타원체를 사용하면 투영법에 따라 지표면의 어느 지점에 얼마만큼의 왜곡이 발생하였는지를 쉽게 이해할 수 있다. 완벽한 원형은 왜곡이 없음을 의미한다. 티소 타원체는 티소 왜곡지표(Tissot's indicatrix)라고도 한다. 투영법에 따른 왜곡의 정도를 확인할 수 있는 웹사이트에는 또 Syntagmatic's Comparing Map Projection(https://bl.ocks.org/syntagmatic/3711245)이 있다.[2]

✥ 적절한 투영법 선택

지도 투영법에 따라 왜곡이 어떻게 다르게 나타나는지를 살펴보았으므로 지도의 목적에 따라 적절한 투영법을 선택할 수 있는 데 도움이 되는 정보를 확인할 수 있게 되었다. 왜곡의 유형(긍정적인 의미에서 **보존** 혹은 유지, 유형이라고도 할 수 있다)은 지도의 목적을 고려할 때 매우 중요한 조건이며 투영 선택에 대한 이 장의 내용 중에서도 가장 중요한 부분이다. 비행 항로를 찾거나 인구 분포를 지도화하고 철새 이동 패턴을 추적하는 등의 목적을 가지고 있으면 지도의 목적에 맞는 투영법을 선택하기 위해서는 투영법의 왜곡 유형을 살펴봐야 한다. 지도 목적 외에도 몇 가지 더 고려할 사항이 있다. 축척, 지도의 방향, 위치, 친밀감이다. 그중에서 가장 중요한 두 가지를 사항을 선택해야 한다면 저자는 지도의 목적과 축척을 선택할 것이다. 작은 지역을 나타내는 지도에서의 왜곡이 상대적으로 작기 때문에 대축척 지도에서 투영법에 의한 왜곡은 상대적으로 중요한 고려사항이 아니다. 따라서 대축척 지도에서 투영법을 선택할 때는 투영법에 의한 왜곡에 신경을 많이 쓸 필요는 없다. 대축척 지도에서는 투영법에 의한 왜곡보다는 **데이텀**을 신중하게 선택해야 한다. 데이텀 간의 차이는 대축척 지도에서 정확도의 차이를 크게 만들 수 있기 때문이다.

지도의 목적은 네 가지 투영법 왜곡 유형 중 어떤 것은 확실하게 최소화해야 하고 어떤 왜곡은 감내할 수 있을지를 선택하는 기준이 된다. 예를 들어, 인구 분포에 대한 지도는 지도를 보는 사람이 인구 비율을 정확하게 비교할 수 있도록 등적 투영법을 사용해야 한다. 대축척의 도로 지도에서는 정각 투영법이 적합하고, 항공도와 같이 방향성을 보여 주는 중축척 내지 소축척 지도에서는 방위 투영법을 사용하는 것이 적합하다.

지도의 목적에 따라 지도 해석의 왜곡을 최소화하는 투영법 후보들이 선택되고 나면 지도의 축척에 대해서 생각해 봐야 한다. 여기서 **축척**은 지도에서 표현되는 객체의 크기를 의미한다. 당신이 내비게이션 지도를 만들고 있다고 가정해 보자. 지도의 목적으로 봤을 때 우선적으로는 객체들 사이의 각도가 정확하게 유지되어야 하기 때문에 여러 종류의 정각 투영법을 검토할 것이다. 내비게이션 지도가 소도시의 일부분을 대상으로 하는 대축척 지도이면 정각 투영법이 적절할 것이다. 중축척이나 소축척 지도라면(예 : 미국의 서부 지역 전체를 대상으로 하는 지도) 정각 투영법은 적절하지 않고 다른 투영법을 고려해야 한다. 이런 경우에는 투영법에 의한 왜곡 유형을 다시 검토하여 각도의 정확성을 추구할 것인지, 아니면 축척을 고려하여 각도가 조금 왜곡되더라도 다른 특성의 왜곡을 줄일 필요가 있는지 검토해 보아야 한다. 중축척 혹은 소축척 내비게이션 지도는 일반적으로 많이 사용되지 않지만 필요할 경우에는 지도와 함께 지도에서 나타날 수 있는 왜곡이나 그로 인한 오류의 가능성에 대한 설명을 지도에 추가해 주어야 한다.

교재에서는 순차적으로 설명할 수밖에 없지만 실제 지도 작업에서는 투영법을 선택할 때 지도 축척과 투영법으로 인한 왜곡을 동시에 고려해야 한다. 마지막으로 중축척이나 소축척 지도에서는 투영법의 미학적인 측면 또한 고려해야 한다. 미학적인 측면을 고려한 예들은 다음과 같다. 골-페터스 투영법에서 세계의 대륙은 빨래를 널어 놓은 것처럼 남북으로 길쭉한 모양이 된다. 메르카토르 투영법에서는 그린란드가 아프리카만큼 크게 보이고, 워터맨(Waterman) 투영법을 이용한 세계지도는 나비 모양으로 나타나 너무 산만하게 느껴질 수도 있다.

대축척 지도 제작에서는 지구타원체, 지오이드, 데이텀과 같은 일반적인 개념에 세심한 관심을 기울일 필요가 있다. **지구타원체**(ellipsoid)는 남북극을 연결한 축의 길이가 적도의 지름보다 짧은 구면체로서, 지구의 실제 모양을 재현한 것이다. 지구타원체는 또한 **편평한 회전타원체**(oblate spheroid)라고도 한다. **지오이드**(geoid)도 비슷한 개념이지만 지구타원체가 지구를 연속면으로 간주하는 반면 지오이드는 지구 중력장에 따른 지구의 울퉁불퉁한 특성을 더 정확하게 반영하는 모형이다. 지구타원체는 수학적으로 정의된 모델이지만 지오이드는 정밀한 위성측량 자료를 이용하기 때문에 더 정확하다. 지구타원체는 지오이드보다 수학적으로 덜 복잡하다. 데이텀은 지구타원체로부터 나온 개념이며, 지구타원체와 지오이드가 일치하는 지점을 이용해서 지표면상의 위치를 결정하기 위한 수학적인 방법을 의미한다. 데이텀은 지도에 사용된 지구타원체 모형에 대한 정보와 지구타원체와 지표면 좌표가 일치하는 지점에 대한 정보를 설명해 준다. 예를 들어 어떤 소도시의 식물 분포를 지도화하기 위해서는 현장 측량 정보를 지도로 변환해야 하는데, 이 경우에는 현장에서 조사한 좌표와 대축척 지도상의 좌표가 정확하게 일치해야 하므로 데이텀이 매우 중요하다. 반면에 지리적인 현상의 일반적인 분포 패턴을 나타내는 지도에서는 데이텀의 중요성이 그리 크지 않다. 현재 가장 많이 사용되는 데이텀은 WGS 84이다.

지도의 목적과 축척이 결정되고 나면 지도의 방향성을 살펴봐야 한다. 지도의 방향성은 동에서 서, 혹은 북에서 남으로 향하는 객체의 배치 방향을 의미한다. 흥미롭게도 지도에 표현되는 지리현상은 동서 방향으로 배치되는 경우가 많다. 미국 UCLA대학교 지리학과 교수인 제러드 다이아몬드(Jared Diamond)는 기후, 토양, 생물군 등이 모두 동서 방향으로 나타난다고 주장한다. 최근의 연구들도 과거 많은 제국들이 동서 방향으로 발달했다는 사실을 발견하기도 했다.[3] 유라시아, 미국, 오스트레일리아 같은 대륙도 동서 방향이 긴 형태를 띠고 있다. 반면에 아메리카와 아프리카 대륙은 동서보다는 북남 방향이 긴 형태이다. 동서 방향이 긴 형태인 대륙을 표현하기에 적합한 투영법으로는 알버스 정적원추(Albers Equal Area Conic) 투영법과 람베르트 정각 원추 투영법이 있다. 지도화할 대상의 방향성을 결정하려면 투영된 지도가 아닌 지구본에서 나타나는 형상을 살펴보고 결정해야 한다.

다음으로 살펴볼 항목은 지도의 위치에 관한 것이다. 지도의 대부분이 적도 지방, 극지방, 혹은 두 지역 사이에 위치하는가? 혹은 지도화할 영역의 중심이 위도상 어디에 위치하고 있는가의 문제이다. 원통 투영법은 적도 지역 지도에 적합하고 방위 투영법은 극지방 지도에 적합하며, 원추 투영법은 적도와 극지방 사이의 중위도 지역을 지도화하는 데 유용하다. 지도 제작 소프트웨어에서 자오선, x-y 변위 등과 같은 매개변수를 조정하여 특정 위치에 맞는 투영법을 만들 수 있다는 점을 기억하라.

투영법을 선택하기에 앞서 지도화하고자 하는 지역에서 많이 사용되는 투영법이 무엇인지에 대해서 조사하는 것이 중요하다. 만약 당신이 미국의 한 카운티 정부에서 일한다면 미국의 일부 지역에 맞게 설정된 주 평면 좌표계(State Plane Coordinate System)를 표준으로 사용하게 될 것이다. 더 넓은 지역을 대상으로 하는 일반적인 지도를 제작한다면 지역의 형상과 관련된 친밀감(familiarity) 역시 투영법 선택의 중요한 고려사항이 된다. 예를 들어, 스페인은 시누소이달 투영법 지도에서는 동서 방향으로 찌그러진 형태로 나타난다. 시누소이달 투영법은 면적을 정확하게 유지한 채로 세계적인 지리적 분포를 분석할 때 유용하게 사용할 수 있지만, 스페인 여행 안내 지도를 만드는 경우에는 형상의 왜곡을 감소하면

서까지 시누소이달 투영법을 사용할 필요는 없을 것이다. 따라서 특정 지역의 지도를 제작할 때는 그 지역 지도 제작에서 주로 사용되는 표준을 따르도록 하고, 해당 지역을 지도화한 다양한 지도를 통해서 독자들이 익숙해진 지역의 형상에 대해서도 숙지하고 있어야 한다.

✹ 투영면 유형

앞서 설명한 바와 같이 지도에서 표현할 지역의 방향성은 투영법의 투영면 유형(**원통, 원추,** 혹은 **방위**)을 결정하는 주요 요인이 된다. 원통 투영법은 북남 방향으로 길게 나타나는 형상에 적합하다. 원추 투영법은 동서로 긴 형상의 표현에 적합하고, 방위 투영법은 북남 또는 동서의 방향성이 거의 유사한 객체에 적합하다. 이 세 가지 투영법 유형은 시각적으로 구분이 가능하다(그림 8.4 참조).

　원통(cylindrical) 투영법으로 제작된 세계지도는 직사각형 모양으로 나타나며 위선과 경선이 직각으로 교차하기 때문에 규칙적인 격자 모양의 지도가 된다. 위선은 극지방으로 갈수록 간격이 넓어진다. 원통 투영법은 가장 흔히 사용되기 투영법 유형으로 지도 사용자에게도 익숙하며, 메르카토르 투영법이 대표적인 원통 투영법 중 하나이다. 의사원통(pseudo-cylindrical) 투영법으로 작성된 세계지도는 UFO와 같은 타원형이며 극지방은 점으로 표현된다. 의사원통 투영법은 원통 투영법이 극지방의 지나치게 확대하여 왜곡하는 것을 보완하기 위해 극지방에서의 거리 왜곡을 어느 정도 개선한 방법이다. 극지방이 점으로 나타내지 않고 극 주변 지역을 납작하게 만든 호박처럼 보이게 하는 투영법도 있다. 내셔널 지오그래픽에서 주로 사용하는 빈켈 트리펠 투영법은 의사원통 투영법의 한 종류이다(그림 8.5 참조).

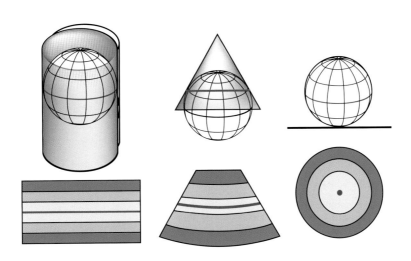

그림 8.4 원통, 원추, 방위 투영법의 투영면 모식도

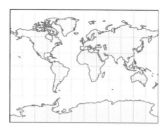

밀러 원통 투영법

시누소이달 의사원통 투영법

빈켈 트리펠 의사원통 투영법

그림 8.5 세계지도에 적용된 원통 투영법과 의사원통 투영법의 사례

원추(conic) 투영법으로 제작된 세계지도를 파이 조각과 같은 부채꼴 모양이다. 원추 투영법에서 위선은 둥근 모양의 원호이고 경선은 직선이지만 평행하지 않고 중심에서 퍼져 나가는 모양이기 때문에 지도의 끝 지점에서는 위선과 경선이 서로 교차하는 각이 커진다. 원추 투영법은 지구 반구의 중심에 위치하는, 즉 중위도 지역의 객체를 지도화하는 데 유용하지만 적도 지방이나 극지방을 대상으로 할 때는 왜곡이 커지기 때문에 적합하지 않다. 미국 테네시 주의 주 평면 좌표계(state plane coordinate system)는 람베르트 정각 원추 투영

지도 투영법은 다양한 방식으로 지도 디자인에 영향을 준다. 구면(spherical) 투영법에서는 북쪽이 각 지점마다 다르기 때문에 단일 기호의 방위 표시를 사용할 수 없다. 구면 투영법에서 방위 표시가 필요하다면 대신 경위도망을 사용한다. 메르카토르 투영법과 같이 지도상의 위치에 따라 면적과 거리가 왜곡되어 축척이 달라지는 경우에는 단일 기호의 축척막대를 사용할 수 없다. 지도상의 지점에 따라 축척의 차이가 매우 크기 때문이다. 축척 표시가 필요하면 위도에 따라 축척이 변하는 가변형 축척 막대를 사용한다. 메르카토르 투영법을 기준으로 하면 적도에서의 1킬로미터는 극지방에서의 1킬로미터보다 지도상에서 훨씬 작게 표현되는데, 이러한 차이는 위도별 축척을 표시한 가변형 축척막대로 확인할 수 있다.

법이며 동서 방향으로 긴 지역 모양의 방향성을 반영한 것이다.

방위(azimuthal) 투영법은 **평면(Planar)** 투영법이라고도 하며, 세계지도가 원형으로 표현된다. 위선은 원형으로 표시되고 경선은 외부로 뻗어 나가는 직선이기 때문에 외곽으로 갈수록 위선과 경선이 이루는 각이 커진다. 중심점으로부터의 방향(azimuth)은 정확하게 유지되지만 중심에서부터 멀어질수록 거리와 모양은 심하게 왜곡된다. 방위 투영법은 다른 투영법을 이용할 때는 표현할 수 없는 고유한 형태를 표현할 수 있는데, 특히 대륙의 연결성을 강조하거나 (특정 지점으로부터의 항로와 같이) 한 지점에서 방사형으로 펴져나가는 현상을 표현하는 데 유용하다.

✴ 투영법 선택의 사례

이론적인 내용을 벗어나서 지도 제작자들이 지도의 투영법을 선택하는 방법과 이유에 대한 몇 가지 사례를 살펴보자. 지도 제작자는 앞에서 설명한 투영법의 특징들과 독자의 특성, 지도의 목적을 종합적으로 고려하여 투영법을 선택하게 된다. 최종 투영법 선택은 결국은 주관적일 수밖에 없지만, 지도 제작자는 모든 요건을 반영하여 심사숙고를 거쳐 투영법에 대한 최종 결정을 내리게 된다.

예를 들어 'Political Geography Now'(http://polgeonow.com)의 이반 센타니(Evan Centanni)라는 지도 제작자는 일반에 공개된 자료들을 이용하여 군사용 미사일의 사정거리를 표현하는 지도를 제작해 줄 것을 요청받았다(그림 8.6 참조). 미사일 사정거리가 지도의 핵심 내용이기 때문에 거리의 왜곡은 피해야만 했다. 사용자가 지도에서 실제 거리를 측정하지는 않겠지만 사정거리 범위를 원형으로 표현하기 위해서는 정거 투영법을 선택해야 했다. 사정거리 구역은 정거 투영법을 기반으로 계산되었다. 지도의 축척에 따른 거리 왜곡은 크지 않았으므로 무시할 수 있다고 판단했다. 대만이 보유하고 있는 세 가지 종류 미사일의 사정거리 구역을 표현하는 것을 목적으로 센타니는 대만의 미사일 사령부가 위치하고 있는 대만의 북쪽을 중심으로 하는 방위 정거(azimuthal equidistant) 투영법을 최종적으로 선택했다. 지도의 목적을 고려한다면 면적과 형상의 왜곡은 중요하지 않았지만 친밀성 측면을 고려하여 면적과 형상의 왜곡이 상대적으로 작은 투영법을 선택했다. 대만을 중심으로 한 방위 정거 투영법을 사용하면 아프리카와 아메리카 대륙이 심하게 왜곡되지만 그 지역들은 지도에 나타나지 않으므로 문제가 되지 않았다.

레드 지오그래픽(Red Geographics)의 한스 반 데어 마렐(Hans van der Maarel)은 1950년대, 1960년대, 1970년대 남극 지방에서의 영국과 노르웨이의 활동에 대한 지도를 제작했다(그

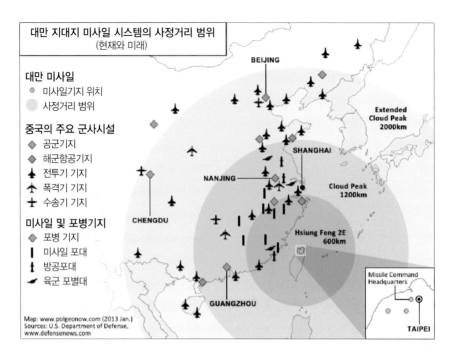

그림 8.6 대만 지대지 미사일 시스템의 사정거리 범위(현재와 미래)(이반 센타니 제작. http://www.polgeonow.com)

림 8.7 참조). 이 지도는 1950년대 후반 남극 인근의 정치적인 상황을 보여 주는 지도로, 반데어 마렐은 극 평사(polar stereographic) 투영법을 사용했다. 지도는 두 가지 이유 때문에 60도 회전하여 제작되었다(즉 지도의 위쪽이 본초자오선이 아닌 서경 60도를 가리키고 있다). 첫째, 제한적인 인쇄용지에 남미 대륙의 남단과 남극 대륙을 모두 표현하기 위해서이다. 둘째, 지도를 회전함으로써 영국, 칠레, 아르헨티나 3국이 동시에 관할권을 주장하는 지역을 지도의 12시 방향에 배치하고 라벨을 넣을 수 있는 공간을 확보하기 위해서이다. 극지방 지도를 방위 투영법으로 제작할 때는 지도 방향을 바꾸는 경우가 많은데, 이때는 지도 사용자가 쉽게 해석할 수 있도록 설명을 추가해 주는 것이 좋다. 이 지도는 인쇄용 도서에 삽입할 목적으로 제작되었는데, 이는 지도 사용자가 인터넷 지도보다는 지도를 해석하는 데 더 많은 시간을 투자할 수 있다는 의미이기도 하다.

이 장은 지도 투영법에 대한 완벽한 입문서는 아니다. 따라서 투영법에 대한 수학적 공식이나 각 투영법의 특성을 알아볼 수 있는 다양한 도구들에 대해서는 자세히 다루지 않았다. 이 두 가지는 추가적인 학습이 필요한 주제이고 이 책에서 다루는 내용의 범위를 벗어난다. 실제 지도 제작 업무를 수행하거나 지도학 연구를 하다 보면 지도 투영법에 대한 보다 깊이 있는 이해가 필요할 것이다. 그 경우에는 뒷부분에 제시된 참고 자료를 활용할 수 있을 것이다.

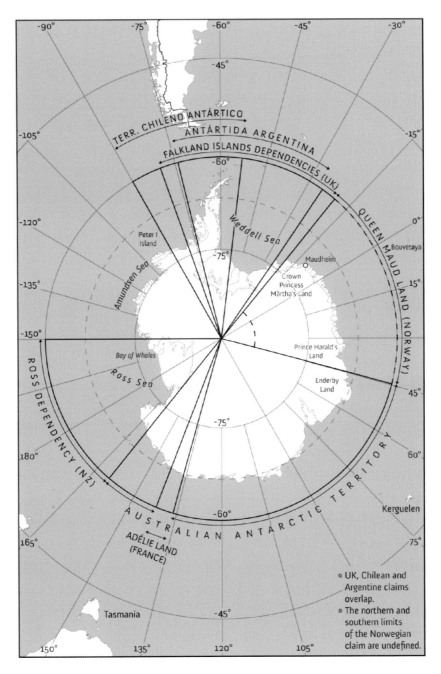

그림 8.7 포클랜드 제도 보호령의 영국 관할권(레드 지오그래픽의 한스 반 데어 마렐 제작)

⌁ 주

1. Projection Transitions: 마이크 보스톡이 제작한 D3 기반의 투영법 애니메이션 사이트로 컴퓨터 플랫폼에 상관없이 인터넷을 이용하여 쉽게 투영법의 특성을 살펴볼 수 있는 자료이다. http://bl.ocks.org/mbostock/3711625 (2013년 9월 23일 접속).

2. Comparing Map Projections: D3 기반의 동적 투영법 시각화 사이트로 18가지 지도 투영법의 축척, 면적, 각도 측면에서의 왜곡 수준을 왜곡지수(acceptance index 또는 ACC)로 계산하여 서로 비교할 수 있도록 해 준다. http://bl.ocks.org/syntagmatic/3711245 (2013년 9월 23일 접속).

3. J. Diamond, *Guns, Germs, and Steel: The Fates of Human Societies.* New York, Ny: W. W. Norton & Company, 2005; P. Turchin, Adams J. M., and T. D. Hall. "East-West Orientation of Historical Empires and Modern States." *Journal of World Systems Research* (December 2006): 219-229, http://www.jwsr.org/wp-content/uploads/2013/03/jwsr-v12n2-tah.pdf (2013년 9월 23일 접속).

⌁ 참고 자료

지도 투영법에 대한 심층 자료 두 종류

Snyder, J. P. *Map Projections: A Working Manual.* 1987. US Geological Survey(USGS) Professional Paper 1395.

Bugayevskiy, L., and J. P. Synder. *Map Projections: A Reference Manual.* London: Taylor & Francis, 1995.

투영법 정보에 대한 추가 자료 두 종류

웹 만화인 XKcd는 당신이 좋아하는 투영법이 무엇인가를 가지고 당신의 성격을 알아낼 수 있다고 하는 흥미로운 카툰을 게재했다. 다이맥시언(dymaxion) 투영법과 워터맨 나비 (waterman butterfly) 투영법 같은 투영법의 특징을 유쾌하게 설명하고 있다. http://xkcd.com/977.

소축척 지도에서 투영법을 선택하는 방법에 대해서는 다음 자료를 참고하라. Canters, F. *Small-Scale Map Projection Design.* New York: Taylor & Francis, 2007.

⌁ 연습 문제

1. 투영면에 따른 투영법 유형 세 가지를 간단히 설명하고, 투영면 유형을 선택할 때 고려해야 할 사항이 무엇인지에 대해서 설명하라.

2. 당신이 살고 있는 지역을 지도로 작성할 때 사용할 투영법을 제시하고 그 투영법을 선택

한 이유를 설명하라.

3. 지구타원체와 회전타원체의 차이는 무엇인가?

4. 적도와 본초자오선이 위치한 위도와 경도는 각각 얼마인가?

5. 티소 타원체(혹은 티소 왜곡지표)의 사례를 살펴보고 투영법 중 하나를 선택하여 티소 타원체에 의해 파악할 수 있는 투영법 왜곡을 설명하라.

6. 대축척 지도에서 투영법을 선택할 때 고려해야 할 요소들을 왜곡과 데이텀 측면에서 설명하라.

7. 지중해 지역 지도를 제작한다면 원통, 원추, 방위 투영법 중에서 무엇이 적절할지 선택하고 그 이유를 설명하라.

8. 행정지도 제작에 표준 좌표 체계를 사용하는 도시나 카운티 사례를 찾아보고 한 지역을 골라 표준 좌표 체계의 이름과 좌표계 매개변수를 나열하라.

9. 지리 좌표계와 투영 좌표계의 차이점은 무엇인가?

10. 각도(형상)를 정확하게 유지하는 투영법을 무엇이라고 하는가?

실습

1. 중동 지역을 대상으로 원통 투영법, 원추 투영법, 방위 투영법 등 세 가지 유형의 투영법을 적용한 지도를 각각 제작한다. 지도에는 최소한의 요소만 포함한다. 주요 바다와 만, 국경선, 육지, 국가 이름 라벨, 제목, 자료 출처, 제작자 이름을 표시한다. 경위도 격자를 추가하여 방위와 축척을 표시한다.

2. 우물, 정류소, 맨홀과 같은 점 자료 데이터를 구해서 자료에 정의된 기본 데이텀을 기반으로 지도에 표시한다. 동일 자료를 다른 데이텀으로 재투영한 후 다른 색깔의 기호로 같은 지도에 표시한다. 지도에는 데이터를 지칭하는 제목과 자료 출처, 제작자 정보를 추가한다. 데이텀에 따라 다른 색깔로 표현된 점들은 범례를 추가하여 설명한다. 축척 표시도 추가하는데 지도의 축척은 데이텀의 차이로 인한 점의 이동을 보여 줄 수 있을 정도로 대축척이어야 한다.

GIS
Cartography

인터넷 지도 디자인

더 쉽게, 더 간단하게, 더 친숙하게! 웹 지도는 토스터기와 같아야 한다. 로그인할 필요도 없고 매뉴얼을 읽을 필요도 없으며 어렵게 생각할 필요도 없어야 한다. 빵을 놓고 레버를 누르는 것처럼 주소를 입력하고 마우스를 클릭하면 되도록 만들어야 한다!
마틴 본 위스(Martin von Wyss)가 'Fuzzy Tolerance' 블로그에 게재한 글 중에서

인터넷 기반의 디지털(digital) 상호작용(interactive) 지도를 디자인하고 있거나 조만간 그럴 계획이 있다면(즉 누구라도) 이 장에서 다루는 인터넷 지도 관련 기술, 제약사항, 디자인 기술 등을 익혀 두면 큰 도움이 될 것이다. 투영법, 색상, 글꼴, 레이아웃 디자인 등과 같은 지도 제작의 기본 개념들과는 달리 인터넷 지도 디자인과 관련한 표준들은 아직 초기 단계라서 개념이 명확하게 정립되어 있지 않고 참고할 만한 자료도 많지 않다. 개발자, 디자이너, 지리 전문가들이 제작한 인터넷 지도들은 그들이 시행착오를 거치면서 제작한 것들로, 정규 교재나 표준이 없기 때문에 다양한 문제를 가지고 있다. 이 장은 이러한 문제를 해결하기 위한 목적으로, 다중 축척 인터넷 지도의 디자인에 초점을 맞추고 있다. 인터넷 지도는 줌(확대-축소) 단계에 따라 동일한 지도가 다양한 축척으로 표시되는 것이 일반적이므로, 인터넷 지도 디자인의 20단계 이상의 줌 레벨에 따라 지도를 적절하게 표현하기 위한 다양한 고려 요인들을 반영해야 한다.

이 장에는 약간의 프로그래밍 코드가 포함되어 있다. 이 코드들은 CartoCSS 포맷과 유사한 형태로 표기되어 있다. 대부분의 인터넷 지도는 자바스크립트, CartoCSS와 같은 코드를 이용하여 개발된다. 코드의 내용에 대해서는 약간의 설명이 제시되겠지만 인터넷 지도 개발 도구에 따라 다르게 작동하는 상세한 내용까지는 다루지 않는다. 현재 인터넷 지도 디자인의 각기 다른 고려사항, 제약사항, 기능을 제공하는 다양한 도구가 있다. 자바스

오늘날의 지도학에서는 디자인과 데이터 분석만큼 개발(프로그래밍)의 중요성이 크다 (그림 9.1 참조). 자동화된 지도 제작 작업 공정에서 스크립트를 쓰는 방법 정도는 알아야 한다. 과학 분야건 지리정보시스템이건 지리학 기반의 지도 제작자건 간에 효과적인 지도 제작을 위해서는 그와 관련한 소프트웨어 개발 기술을 배울 필요가 있다. HTML5, 자바스크립트, 파이썬(Phython)과 같은 개발 도구를 배우는 것이 좋은 출발이 된다. 온라인에서 제공되는 무료 강좌를 듣고 튜토리얼을 보고 자료를 다운로드받아서 인터넷 지도를 만들어 보면서 CSS의 기초에 대해서 배우도록 하라.[1]

지도 제작자를 모집하는 최근의 구인광고를 보면 완벽한 후보자를 원하는 것처럼 보인다. 구인/구직 게시판에 올라와 있는 한 구인광고에는 구직자가 갖추어야 할 다양한 기술들이 제시되어 있는데, 그중 6개 정도가 소프트웨어 개발 기술과 관련되어 있다. 하나는 디자인 기술과 관련되어 있는 것이고, 자료 분석 능력에 관한 조건은 없었다. 지도 제작자의 기능 중에서 자료 분석과 디자인을 강조하지 않는 것은 기업들이 점점 더 소프트웨어 개발자를 충원하길 원하고 있기 때문이다. 자연스럽게 직장을 구하는 지도학자들은 IDEs(Integrated Development Environments), 프로그래밍 언어와 같은 것을 공부해야 한다고 생각하고 디자인과 자료 분석에 대해서는 관심을 덜 기울이고 있다. 이러한 상황은 우리에게 두 가지 시사점을 제시한다. (1) 지도 제작자는 프로그래밍 기술을 보유할 필요가 있다. (2) 지도 제작자를 고용하는 개발자는 자료 분석과 지도 디자인 능력이 중요하다는 사실을 잊지 말아야 한다는 점이다. 이 세 가지 영역에서 모두 뛰어난 인재를 얻는다면 기업에서는 매우 성공적인 고용을 한 것이 될 것이다. 세가지 영역에서 전문적인 지식을 모두 갖춘 후보자는 많지 않기 때문이다.

크립트 라이브러리인 D3는 다른 도구와는 다르게 다양한 투영법을 적용하여 지도를 제작할 수 있도록 지원하고 있다. 타일밀(TileMill)은 지도에 예술적인 느낌을 손쉽게 추가할 수 있도록 해주고, 구글 API(Google API)는 안드로이드 장치용 인터넷 지도를 개발할 수 있는 다양한 설명 문서와 튜토리얼을 제공하지만 기본 지도를 수정하는 것은 허용하지 않는다. 인터넷 지도 제작 도구를 선택할 때는 각 도구의 장단점을 함께 고려해야 한다. 지도 스택(map stack)은 공간 자료를 관리하거나 웹 지도를 제작하고 서비스할 수 있는 다양한 기술들의 조합을 말하는 것으로, 이 책의 출간 무렵에는 리플릿(Leaflet), 오픈레이어(Open Layers), 아크GIS 온라인(ArcGIS Online)과 같은 지도 스택 도구들이 많이 사용되고 있다.

이 장에서는 전반적인 디지털 지도의 디자인이 아닌 인터넷 지도의 줌 레벨 디자인에 대해서 집중적으로 다루고 있는데[a] 이 두 개념을 분리해서 설명한 것은 이 책의 나머지 부분

---

a 역자 주 : 이 장의 영문 제목은 'Zoom-level Design'이다.

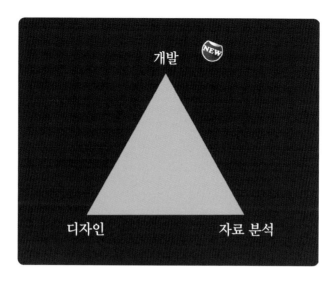

그림 9.1 오늘날의 지도학자는 개발, 디자인, 자료 분석 세 가지 능력을 동시에 갖추어야 한다.

에서 다룬 일반적인 지도 디자인 기법들이 디지털 동적 지도의 디자인에 대해서도 적용되는 반면에, 인터넷 지도 디자인에서는 지도의 줌 레벨에 따른 디자인 고려 요인이 특수하게 적용되기 때문이다. 좋은 지도 디자인은 종이나 디지털 장치에 상관없이 어느 곳에 적용되더라도 좋은 디자인이 되는 것이다. 종이와 디지털 장치 모두에서 지도의 색상이 너무 화려하거나 글꼴이 충돌할 수 있고, 투영법이 잘못되거나 레이아웃이 복잡해질 수 있거나 기호가 혼란을 일으킬 수 있다. 이러한 주제들은 모든 지도의 디자인에 공통적으로 적용되는 것들이다. 반면에 줌 레벨 디자인은 축척 변화에 대한 고려, 추가적인 정보, 스타일링의 변화, 검증 기술 등을 필요로 하기 때문에 일반적인 지도 디자인과는 다른 다양한 요인을 고려해야 한다.

　대부분의 인터넷 지도는 웹 메르카토르(Web Mercator) 투영법을 기반으로 제작된다. 이 투영법은 구글 지도와 오픈스트리트맵(OpenStreetMap)과 같은 메이저 온라인 지도 서비스에서 채택함으로써 오늘날 인터넷 지도 제작의 표준이 되었다. 웹 메르카토르 투영법은 대륙의 면적을 심하게 왜곡하기 때문에 어떤 측면에서는 적절하지 않을 수도 있다. 남극과 그린란드는 극지방 근처에 위치하기 때문에 면적이 매우 크게 왜곡되어 나타난다. 면적이 왜곡되는 반면 웹 메르카토르 투영법에서는 방향과 형상이 정확하게 유지된다. 온라인 지도의 주요 목적이 내비게이션 용도이기 때문에 이 선택이 전적으로 잘못된 것은 아니다. 게다가 웹 메르카토르 투영법에서는 남북 위도 85도까지만 잘라내어 지도를 사각형으로 만들기 때문에 타일링(tiling)을 가능하게 해 준다(이에 대해서는 뒤에서 자세히 설명한다). 면적이 중요한 주제도를 제작할 때, 특히 소축척 지도에서는 웹 메르카토르 투영법으로 지도

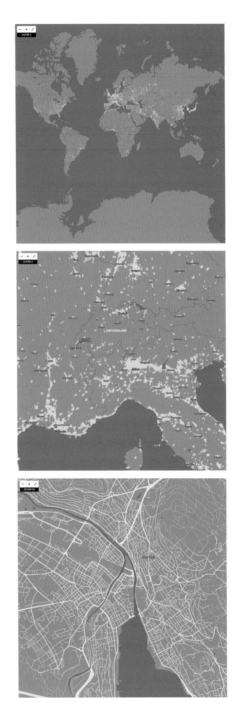

그림 9.2 세 단계 줌 레벨에 따른 인터넷 지도. 줌 레벨 2, 7, 14

그림 9.3 줌 레벨 0에서는 전 세계가 하나의 지도 타일로 표시된다.

를 제작해서는 안 되지만 인터넷 지도 개발 도구가 다른 투영법을 지원하지 않을 때는 이 투영법을 선택할 수밖에 없는 경우도 있다.

웹 메르카토르 투영법에 대한 자세한 논의는 이 장의 주제를 벗어나기 때문에 여기에서는 먼저 **줌 레벨 디자인**이 무엇인지를 알아보도록 한다. 기본적으로 인터넷 지도에서 사용자의 확대, 축소 동작에 따라서 표출되는 지도 정보의 세밀함이 달라지는데, 줌 레벨 디자인은 이 과정에서 다양한 디자인적 요소를 고려하는 것을 의미한다. 다중 축척 지도 디자인은 복잡하고 특수하다. 가장 낮은 줌 레벨에서는 세계 전체를 보여 주고, 줌 레벨 6에서는 중간 규모 국가 전체를 보여 주고, 줌 레벨 16으로 가면 1~2개의 도시 구획을 보여 준다. 즉 줌 레벨이 변하면 지도에 표시되는 지역의 면적이 달라지는 것이다(그림 9.2 참조). **줌 레벨**은 최종적으로 화면에 보이는 지도의 축척이라고 할 수 있다. 인터넷 지도에서 축척은 인쇄 지도에서의 축척의 개념과 다르고, 또한 지도가 표시되는 화면에 따라서 달라지기 때문에 매우 복잡하게 작동한다.

인터넷 지도에서 중요하게 다뤄지는 또 다른 개념으로 **렌더**(render)가 있는데, 이는 특정 줌 레벨의 최종 지도를 가리키는 개념이다. 렌더는 "소프트웨어가 줌 레벨 4로 지도를 렌더링을 하고 있다."라는 표현처럼 동사로도 사용된다. 인터넷 지도는 **타일**(tile)이라고 불리는 사각형 조각으로 이루어진다. 지도 타일 하나의 크기는 보통 256×256픽셀이다. 줌 레벨 0에서 대부분의 인터넷 지도는 하나의 타일에 전체 세계지도를 보여 준다(그림 9.3 참조). **타일셋**(tileset)은 다중 축척 인터넷 지도에 사용되는 모든 지도 타일을 가리키는 용어이다. 때로는 인터넷 지도를 가리킬 때 **슬리피 지도**(slippy map)라는 용어를 사용하기도 하는데, 이는 다중 축척 인터넷 지도에서 지역을 이동(panning)시키면 지도 페이지 모서리 부분부터 지도 타일이 갱신되기 때문에 붙여진 이름이다.

디지털 상호작용 지도는 확대와 이동이 가능한 정적 지도를 의미하기도 하지만 이 경우에는 줌 레벨에 따라 지도의 정밀도가 변하지는 않기 때문에, 이 장에서 주로 다루는 다중 축척 지도와는 다른 개념이다. 사용자 상호작용도 디지털 상호작용 지도를 정의하는 중요한 요소이다. 사용자 상호작용을 위한 인터페이스 디자인에 관한 내용은 사용자 인터페이스에 관한 다른 교재에 자세히 설명되어 있다.

다중 축척 지도에서는 줌 레벨이나 줌 레벨 그룹별로 스타일을 변화시켜야 한다. 줌 레벨이 바뀌면 지도의 색상이나 선의 두께와 같은 것들이 조정된다. 줌 레벨이 높아지면 단순화된 지도 대신에 고해상도의 정밀한 지도를 보여 주어야 하는 것이다. 또한 줌 레벨이 변하면 지도에 표시되는 지명 라벨의 개수도 늘리거나 줄이도록 해야 하며, 기타 여러 가지 스타일 변화가 필요하다. 이러한 스타일 변화를 잘 적용하기 위해서 당신은 정교하고 조직화된 줌 단계별 스타일 규칙을 필요로 한다. 당신이 선택한 플랫폼의 프로그램 코딩 기술을 학습하는 것이 중요하지만 이와 관련된 구체적 내용은 이 장의 주제를 벗어나므로, 줌 레벨 디자인을 살펴보는 첫 단계에서는 지리공간 정보 커뮤니티에서도 잘 이해하지 못하는 개념 중 하나인 픽셀 크기와 축척이 줌 레벨과 어떤 관련성이 있는지에 대해 우선 살펴본다.

✵ 줌 레벨과 축척

다중 축척의 인터넷 지도에 그에 상응하는 인쇄 지도의 축척을 비교하는 것은 자연스러운 일이다. 줌 레벨별로 그에 상응하는 인쇄 지도 축척을 알 수 있다면 각 줌 레벨에서 지도에 적용할 일반화 수준을 결정할 수 있기 때문에 매우 유용하다. 대략적인 비교는 가능하다. 예를 들어 최대 해상도가 1 : 10,000,000인 지도 데이터는 줌 레벨 0~6단계로 지도화하는 것이 적절하다. 일반적인 그렇다는 의미로 절대적인 기준은 아니다. 왜냐하면 (1) 각 디스플레이 장치별로 PPI(Pixels Per Inch) 값이 다르다는 것은 그에 따라 지도 축척도 달라진다는 것을 의미하고, (2) 대부분의 웹 지도가 사용하는 웹 메르카토르 투영법에서는 위도에 따라 축척이 달라지기 때문이다.

지도 제작자는 인터넷 지도를 어떤 화면에서 표시할지 알 수 없다. 사용하는 디스플레이 장치가 크기와 해상도에 따라서 PPI가 달라지는 컴퓨터 모니터이기 때문이다. 대부분의 모니터는 90 내외의 PPI 값을 갖지만 고해상도 모니터의 경우에는 PPI 값이 200 이상인 경우도 있다. 전자책에 사용되는 전자잉크 디스플레이는 150~265 정도의 PPI 값을 가지고 최신 스마트폰의 경우에는 400 내외의 PPI를 지원하기도 한다. 지도 디스플레이 장치의 해상도 차이는 지도 해상도에 큰 영향을 주는 것으로, 그림 9.4는 100PPI 장치에서 보이는 지도와 400PPI 장치에서 보이는 지도를 비교하여 보여 주고 있다. 문제를 더 복잡하게 하는 것은 DPI(Dots Per Inch)의 개념이다. 일반적으로 인터넷 지도는 96DPI 수준으로 지도 타일을 내보내기하지만, DPI 수준이 달라지면 축척에도 영향을 미치게 된다. 일반적으로 지도 축척을 줌 레벨과 맞출 때는 96DPI를 가정하지만, 표준 DPI 값을 가지더라도 화면 해상도에 따라서 화면에서의 축척은 달라질 수 있다.

두 번째 이슈는 투영법에 관한 것이다. 웹 메르카토르 투영법을 기반으로 한 지도에서는 적도와 남북 80도 위도 지역 사이에 축척이 6배 정도 차이가 날 수도 있다. 인터넷 지도의 남북 위도 범위를 70도로 한정하더라도 적도와 북위 70도 지역 사이에는 축척이 3배까지 달라질 수 있다. 주어진 지도 자료의 최대 해상도가 1 : 10,000,000일 경우 적도에서는 줌 레벨 0~6이 필요하지만 고위도 지역에서는 0~3수준까지의 줌 레벨이 적절할 것이다. 지도 축척에 따라 줌 레벨 수준을 결정할 때는 적도를 기준으로 하는 것이 쉬운 방법이지만 위도에 따른 줌 레벨이나 축척의 차이는 피할 수 없는 문제이다.

줌 레벨과 축척 사이의 변환은 그림 9.5의 가이드라인을 참조하여 결정할 수 있지만 반드시 지도 제작자의 목적과 지도 영역의 위도를 고려하여 결정해야 한다.

✳ 줌 필드

줌 필드(zoom field)는 개별 객체가 어떤 줌 레벨에서는 지도에 표시되고 어떤 줌 레벨에서는 지도에 표시하지 않을지에 대한 정보를 담고 있는 공간 데이터베이스의 자료 필드이다. 줌 필드가 어떻게 동작하는지는 예제를 통해서 설명한다. 당신이 전 세계 도시들에 관한 자료를 가지고 있다고 가정하자. 당신은 줌 레벨 0~5 사이에서는 대도시만을 점으로 표시하길 원한다. 줌 레벨 6~10 사이에서는 중간 규모의 도시도 함께 표시하고, 줌 레벨 10이 넘어서면 도시를 나타내는 점은 표시하지 않고 모든 도시의 이름들만 라벨로 표시하길 원한다. 이 사례에서 줌 필드를 만들기 위해서는 데이터세트에 필드(column)를 하나 추가하여 만들고 'minZoom'이나 'scaleRank'라는 이름을 붙인다. 인구 100만 이상의 대도시에는 minZoom 필드에 '0'을 입력한다. 인구 30만에서 100만 사이의 중간 규모 도시의 minZoom 필드에는 숫자 '6'을, 나머지 인구 30만 이하 도시의 minZoom 필드에는 숫자 '10'을 할당한다.

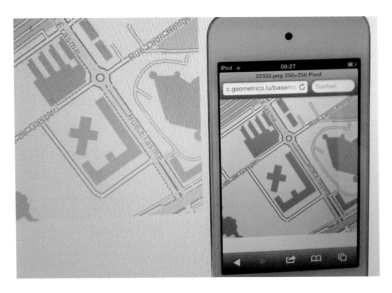

그림 9.4 서로 다른 화면에서 동일한 지도는 서로 다른 축척으로 표시된다.

줌 레벨	축척
0	1:500m
1	1:250m
2	1:150m
3	1:70m
4	1:35m
5	1:15m
6	1:10m
7	1:4m
8	1:2m
9	1:1m
10	1:500,000
11	1:250,000
12	1:150,000
13	1:70,000
14	1:35,000
15	1:15,000
16	1:8,000
17	1:4,000
18	1:2,000
19	1:1,000

그림 9.5 메르카토르 투영법에서 96DPI를 가정한 줌 레벨별 축척. 일반적인 비교용으로만 사용되는 대략적인 가이드라인 값이다. 지도 자료에 맞는 줌 레벨을 결정하기 위해서는 반드시 지도의 DPI, 화면의 PPI, 투영법 등을 고려해야 한다.

줌 필드가 어떻게 사용되는지를 보여 주기 위해서 CartoCSS와 유사한 형태의 코드를 사용해 볼 것이다. 지도 제작 과정에서 minZoom 필드는 다음과 같은 코드에 활용할 수 있다.

```
[zoom > = 0] [zoom < = 5] [minZoom = 0] {
point styling parameters such as size and color for the largest
cities
}
[zoom > = 6] [zoom < = 9] [minZoom < = 6] {
point styling parameters such as size and color for the medium and
large cities
}
[zoom > = 10] [zoom < = 19] [minZoom < = 10] {
label styling parameters such as size and font for cities of all
sizes
}
```

줌 레벨 규칙 다음에 minZoom에 관한 조건 추가함으로써 해당 객체는 제시된 줌 레벨에서만 지도에 표현하도록 프로그래밍할 수 있다. 이렇게 하면 줌 레벨에 따라 새롭게 데이터세트를 만들어 사용할 필요 없이 모든 도시 자료를 하나의 데이터세트로 저장하고 각 도시가 줌 필드 값에 따라 지도에 표현되도록 할 수 있다.

✸ 점진적 스타일링

인터넷 지도에서 시각화의 기준은 크게 두 가지이다. 하나는 모든 줌 레벨에서 지도가 일관성 있게 보이게 하는 것이고, 다른 하나는 줌 레벨에 따라서 지도의 일반화(세밀화) 정도가 달라지도록 하는 것이다. 이 두 가지 기준을 충족하기 위해서는 지도 객체의 스타일과 관련된 매개변수가 줌 레벨에 따라서 점진적으로 변할 필요가 있다. 이러한 지도화 매개변수에는 글꼴 크기, 선 두께, 색상, 후광 효과의 크기, 투명도, 밝기, 그리고 점 크기가 포함된다. 인터넷 지도 프로그램 코드의 첫 줄에 매개변수 기본 값을 지정하고(예 : "[zoom=0] {line-width: 1.0;}"), 다음 몇 줄의 코드를 이용해서 이러한 매개변수 값을 자동으로 조정하여 줌 레벨별로 축척에 맞도록 지도 스타일을 적용할 수 있도록 할 수 있다면 지도 스타일의 일관성을 확보하는 쉬운 방법이 될 것이다.[2] 숫자로 된 지도 매개변수를 자동으로 조정하는 방법 중 하나는 다음 코드에서 보는 것처럼 줌 레벨마다 기본 값에 특정 값을 곱하거나 더해 주는 것이다.

```
[zoom = 0] {line-width: 1.0;}
[zoom = 1] {line-width: 1.0×4;}
[zoom = 2] {line-width: 1.0×16;}
```

위 사례에서처럼 기본 매개변수 값에 4를 곱하는 방식으로 스타일을 점진적으로 적용할 때, '4'를 축척 계수(scaling factor)라고 한다. 인터넷 지도에서는 지도 타일링이 동작하는 방식 때문에 줌 레벨이 올라갈수록 지도에 표시되는 지역은 4의 배수만큼 작아진다. 따라서 위에서 제시된 사례에서는 각 단계에서 4를 곱한다. 위 사례에서는 4를 곱하는 것이 너무 큰 값이 된다는 점도 보여 준다. 예를 들어 제시된 사례에서는 선의 두께가 너무 커지게 되는 것이다. 따라서 여러 시도를 통해서 축척 계수를 조정할 필요가 있다.[3] 일부 인터넷 지도 디자이너는 실제 작업에서 축척 계수를 사용하지 않고 줌 레벨별로 지도 매개변수들을 따로 지정하기도 한다.

줌 레벨마다 매개변수 값을 따로 지정하는 대신에 줌 레벨 **그룹**별로 매개변수를 적용하기도 한다. 도로선의 두께 사례를 보면 줌 레벨 5, 6, 7, 8 각각마다 선 두께를 별도로 지정하는 것이 아니라 줌 레벨 5~8 사이에서는 선 두께를 공통적으로 1.0으로 하도록 지정하는 것이다. 줌 레벨별로 지도 기호의 크기를 바꿔 줘야 하는 경우도 있고 그렇지 않은 경우도 있다는 것을 기억하라. 예를 들어, 도시를 나타내는 점의 크기는 줌 레벨 5에서는 6픽셀, 6에서는 7픽셀, 7에서는 8픽셀, 8에서는 9픽셀, 9에서는 10픽셀, 10 이상 줌 레벨에서는 12픽셀이 되도록 지정할 수 있다. 지도 라벨 글꼴의 경우에는 줌 레벨이 가장 낮을 때도 읽기가 가능하도록 미리 정해 놓은 최소 크기가 되어야 하고, 가장 높은 줌 레벨에서는 너무 크지 않도록 최대 크기를 미리 지정해야 한다.

특정 줌 레벨에서의 픽셀 사이즈를 아는 것도 중요하다. 지도 제작자가 낮은 줌 레벨에서 픽셀이 너무 커질 가능성이 있는 데이터세트로 작업할 경우 픽셀당 하나의 포인트가 찍히도록 데이터세트를 리샘플링해야 한다. 이 경우에 다양한 출력 장치에서 테스트해 봐야 하며, 경우에 따라서는 리샘플링이 바람직하지 않을 수도 있다.[4] 채도(color saturation)도 고려해야 할 요소이다. 축척 계수를 이용해 채도가 증가되도록 프로그래밍하면 의도와 상관없이 높은 줌 레벨에서는 결과적으로 특정 지도 객체를 색상으로 강조되는 효과가 나타날 수도 있다. 이 또한 지도 디자인 과정에서 반복적으로 조정할 필요가 있다.

줌 레벨에 따른 점진적 스타일링은 일반화 개념을 수반한다. **일반화**(generalization)는 인쇄 지도에서 사용하는 개념과 동일하지만 인터넷 지도에서는 줌 레벨에 따라서 다양하게 적용될 수 있다는 점에서 차이가 있다. 도로 지도는 줌 레벨이 10보다 커지면 고속도로, 간선도로, 지방도로를 모두 표시한 지도가 될 것이다. 동일한 지도의 줌 레벨이 낮아지면 도로

선의 두께를 줄이더라도 매우 복잡하게 보일 것이다. 이 문제를 해결하는 한 가지 방법은 줌 레벨이 낮아지면 간선도로나 지방도로를 제거하는 것이다. 즉 줌 레벨 5~9 사이에서는 주요 고속도로를 보여 주고, 줌 레벨이 5보다 작으면 어떠한 도로도 보여 주지 않는 것이다. 줌 레벨에 따라서 데이터세트에서 원하는 자료를 선택하는 것도 지도 일반화의 한 형태이다. 보다 복잡한 기법을 이용하면 지역마다 지도의 일반화 정도를 달리 할 수도 있다. 도로의 사례를 보면 낮은 줌 레벨에서는 표시되는 도로의 종류가 줄어들지만 시골과 도시의 밀집도를 시각적으로 비교하기 위해서 도로가 시골이나 도시 중 어느 곳에 위치하느냐에 따라서 줄어드는 도로의 수량을 조정할 수도 있다는 것이다.

또 다른 일반화 기법은 지도 객체의 크기에 따라서 지도에 표시될 객체를 선택되는 방법이다. 앞선 사례에서는 도시의 인구 크기에 따라 일반화를 적용하였는데, 폴리곤 자료도 면적에 따라서 일반화를 적용할 수 있다. 예를 들어, 보존 지역 지도는 낮은 줌 레벨에서 넓은 보존 지역을 표시할 수 있지만 확대되면 될수록 더 좁은 보존 지역이 추가되도록 할 수 있다. 줌 레벨 5~9 사이에서는 주요 국립공원만 표시되도록 하고, 줌 레벨 10 이상에서는 소규모 공원도 지도에 나타나도록 하는 것이다. 이러한 일반화는 줌 레벨별로 표시된 지도 객체의 면적 제한을 정하거나 데이터 수준에 따라 키워드를 부여하는 방법으로 수행될 수 있다. 또한 데이터가 관계형 데이터베이스에 저장되어 있다면 WHERE 구문으로 동적인 쿼리(query) 작업을 수행할 수도 있다. 전 세계 모든 보존 지역에 관한 데이터를 획득하기 힘들기 때문에 주제도로 제작하는 것은 적절하지 않지만 내비게이션이나 기본도의 용도로 사용할 지도에 적용하기에는 좋은 기법이다.

또 다른 일반화 기법으로는 리샘플링이나 선 혹은 폴리곤의 노드를 줄이는 방법이 있다. 이 방법을 사용하면 선이나 폴리곤 경계가 부드러워진다. 단순화 알고리즘은 지도 코드를 이용해 쉽게 적용할 수 있지만 일반화된 데이터세트는 원본 데이터세트와 별도로 나눠서 저장하는 것이 일반적이다.

일반화된 데이터는 낮은 줌 레벨에서 사용되고 일반화되지 않은 정밀한 데이터는 높은 줌 레벨에서 사용된다. 줌 레벨이 13 이상인 대축척 지도에서 주(州) 경계선을 일반화(단순화)하여 보여 주는 것은 정밀도가 떨어져서 지도의 신뢰도를 저해하게 된다. 반대로 줌 레벨 5 이하에서는 좁은 지역에 경계선이 너무 복잡하여 지도가 지저분해지지 않도록 적절한 일반화를 적용해야 한다. 높은 줌 레벨에서 단순화된 데이터를 사용하면 지도에서 사용하는 다른 데이터와의 정렬이 틀어질 수도 있다. 일반화되어 단순한 주 경계선과 그보다 상세하게 표현된 공원 경계가 동시에 지도에 나타나서 서로 일치하지 않는 경우가 발생하면 보통의 지도 사용자는 "오, 지도 제작자가 더 높은 해상도 자료를 이용한 것이 아니라 일반화된 주 경계를 사용했어야 했군."이라고 생각하는 대신 "이 지도는 틀렸어! 이 지도에 대해서 아무것도 신뢰할 수 없어!"라고 생각할 것이다. 지도 사용자는 지도가 만들어진 방법이나 축척에 따라서 데이터세트가 달라진다는 사실을 모르며 데이터 선을 일치시키는 일은 지도 제작자의 책임이라는 점을 기억하라.

아이콘 혹은 마커(marker)라 불리며 지도에서 관심 지점이나 도로 표시(roads shield)의 위치를 표현하는 데 사용되는 이미지는 사용자의 줌 레벨에 따라서 점진적으로 크기가 변해야 한다. 모든 줌 레벨에 동일한 크기의 아이콘을 사용하는 것은 적절하지 못하다. 처음에는 적어도 세 종류의 크기(대, 중, 소)를 갖는 아이콘을 사용할 것을 권한다. 기점(trailhead) 마커는 각 줌 레벨마다 크기가 약간씩 증가하다가 어느 지점에서는 동일한 크기로 유지되어야 한다. 라벨을 갖는 아이콘의 경우에는 처리가 더 복잡하다. 방패 모양 도로명 표시는 상이한 길이의 도로 이름을 포함하고 줌 레벨에 따라서 라벨의 크기도 조정되어야 하므로 매우 까다로운 디자인을 필요로 한다.

인터넷 점지도(dot density map) 역시 줌 레벨 스타일링에서 매우 어려운 과제이다. 낮은 줌 레벨에서는 점 클러스터(cluster)로 나타나는 점들이 높은 줌 레벨에서 개별 점으로 분리되어 나타나야 하기 때문이다. 어떤 지도 제작자는 점이 많이 밀집한 지역에 원을 그린 후 원 안에 포인트의 갯수를 라벨로 보여 주고 줌 레벨이 높아지면 실제 점을 보여 주는 방법을 사용하기도 한다. 낮은 줌 레벨에서는 밀도 지도 형태의 지도를 보여 주고 높은 줌 레벨에서는 개별 점 위치를 보여 주는 방식을 사용할 수도 있다. 매우 조밀한 데이터세트를 가지고 작업할 때는 사용자가 지도를 확대할수록 클러스터의 밀집도를 점진적으로 줄이는 방식을 사용하는 것도 괜찮은 방법이다. 어떤 방법을 사용하더라도 이런 종류의 지도 작업에서는 데이터세트가 갖는 특성을 즉시 인식하는 것이 중요하다. 높은 줌 레벨에서는 단일 지도 타일에 얼마나 많은 점들이 포함되어 있고, 밀도가 특히 높거나 낮은 지역은 어디인가? 지도 제작자는 이런 정보로부터 지도 데이터의 줌 레벨에 제한을 두거나 줌 레벨에 따라서 클러스터링 수준을 변화시키거나 혹은 줌 레벨에 따라서 별도의 데이터세트나 시각화 기법을 사용할 것인지를 결정할 수 있다.

지도화 기술이 더 발달하면 줌 레벨에 따라서 자동적으로 기호 크기를 조정하고, 도형을 단순화하고, 아이콘 크기를 조정하고, 점 자료를 클러스터로 묶거나 해제하는 작업을 자동으로 할 수 있게 될 것이다. 지도 제작자가 기호 크기 기본 값과, 자세한 데이터세트, 사용할 아이콘, 매개변수 기본 값을 제공하기만 하면 소프트웨어가 자동적으로 줌 레벨에 적합한 지도를 완벽하게 추론해 내는 것이다. 하지만 그런 기술이 개발되지 않은 지금은 지도를 단순화하거나 확대하고 아이콘이나 라벨의 크기를 늘리고 줄이는 등의 작업은 지도의 미적 기준을 충족하기 위한 지도 제작자의 책임이다. 그리고 그때까지 우리는 목적에 따른 줌 레벨별 최적의 사이즈에 대한 다양한 해석을 접하게 될 것이다. 인터넷 지도는 인쇄 지도보다 훨씬 복잡한 수준에서 지도 기호화 규칙을 활용하고 있다.

✥ 인터넷 지도에서 코드의 반복

인터넷 지도 코드에서 특정 코드를 반복할지 반대로 그룹화하여 단순화할지를 결정하는 것은 쉬운 결정이 아니다. 만약 기호화 매개변수가 동일한 줌 레벨이 여러 개 있다면 코드를 단순하게 하고 프로그램 코드의 양을 줄이기 위해서 코드를 그룹화하는 것이 일반적이다. 예를 들어, 다음과 같은 인터넷 지도 기호화 코드가 있다고 하자.

```
[zoom > = 3] [zoom < = 5] {opacity: 0.5; point-size: 2.0;}
[zoom > = 6] [zoom < = 8] {opacity: 0.4; point-size: 5.0;}
[zoom > = 9] [zoom < = 11] {opacity: 0.3; point-size: 6.0;}
```

일부 인터넷 지도 제작자는 이처럼 단순화된 코드보다는 매개변수가 중복되더라도 모든 줌 레벨에 대해 코드를 반복하는 것을 선호한다. 앞에서 제시한 코드를 수정하여 줌 레벨별로 매개변수를 지정하면 다음과 같이 반복된 형태의 코드가 된다.

```
[zoom = 3] {opacity: 0.5; point-size: 2.0;}
[zoom = 4] {opacity: 0.5; point-size: 2.0;}
[zoom = 5] {opacity: 0.5; point-size: 2.0;}
[zoom = 6] {opacity: 0.4; point-size: 5.0;}
[zoom = 7] {opacity: 0.4; point-size: 5.0;}
[zoom = 8] {opacity: 0.4; point-size: 5.0;}
[zoom = 9] {opacity: 0.3; point-size: 6.0;}
[zoom = 10] {opacity: 0.3; point-size: 6.0;}
[zoom = 11] {opacity: 0.3; point-size: 6.0;}
```

코드가 길어져도 중복된 형태로 코딩을 하면 인터넷 지도 테스트 과정에서 매개변수를 손쉽게 변경할 수 있다는 점에서 유리하다는 주장이다. 예들 들어, 줌 레벨 9~11에서는 점 크기가 6.0인 것이 처음에는 좋아 보였다고 하자. 그런데 지도를 반복적으로 테스트하는 과정에서 줌 레벨 11에서는 점 크기를 약간 크게 하는 것이 좋겠다는 의견이 생겼다. 중복된 형태의 코드에서는 줌 레벨 11에서 점 크기를 6.5로 손쉽게 고칠 수가 있지만, 앞의 코드에서처럼 그룹화된 코드에서는 그런 개별적인 수정이 어렵다는 단점이 있다. 따라서 코드를 그룹화하여 단순화할지 길어지더라도 줌 레벨별로 반복할지 여부는 인터넷 지도 제작의 단계나 추후 수정 여부 등을 종합적으로 고려하여 결정해야 한다.

✺ 다중 줌 디자인 테스트하기

다중 줌 인터넷 지도 테스트는 모든 줌 레벨에서 지도 객체가 해당되는 지역에 정확한 기호로 표현되는가를 확인하는 것이다. 데이터세트가 신뢰할 만한 자료가 아니거나 애플리케이션이 복잡한 인터페이스를 담고 있다면 데이터세트와 사용자 인터페이스에 대한 테스트도 필요하다. 여기에서는 "내가 생각하고 코딩한 대로 지도가 보여지는가?"를 확인하는 데 초점을 맞출 것이다. 테스트는 두 단계로 진행된다. (1) 실험 단계에서 코드를 작성한다. (2) 렌더링 단계에서는 타일세트가 만들어진다. 제작 중인 인터넷 지도와 이미 제작된 지도이지만 타일세트가 교체된 경우 모두 동일한 기준으로 테스트해야 한다. 의도하지 않았지만 지도가 실패할 수 있는 가능성은 매우 다양하게 존재한다. 테스트 동안에 살펴봐야 할 세부적인 사항은 다음과 같다.

우선 가장 높은 줌 레벨에서 자료의 토폴로지(topology)가 정확하게 유지되는지를 확인한다. 이 작업을 위해서는 주(州)나 국가의 경계선들이 제대로 일치하고 있는지를 눈으로 확인해 보아야 한다. 겹쳐지는 선들은 동일한 지오메트리(geometry)를 가지고 있어야 하며, 즉 정확하게 일치해야 하며 교차하는 지점을 벗어나거나(dangling) 연결 지점이 끊어진(foreshortened) 선들이 있어서는 안 된다. 육지와 바다의 경계선이 정확하게 접하는지를 살펴보고, 행정경계선과 중첩되는 하천이 있는 경우는 하천과 경계선과 일치하는지를 살펴본다. 하천과 바다의 색상을 다르게 함으로써 바다 경계가 하구를 어설프게 가로지르는 않는지 확인한다. 지도에 표시된 레이어들의 지오메트리가 일치하지 않으면 데이터세트를 교체해야 할 수도 있다. 적절한 교체 자료가 없다면 주요 레이어의 기호를 바꿔서 불일치하는 정도가 가려지도록 하는 방법도 있지만 이상적인 해결책은 아니다.

최종 지도에서 레이어의 순서가 적절하게 배치되어 있는지 확인한다. 예를 들어, 공항 활주로가 공항의 경계선을 나타내는 선에 가려져 있다면 활주로가 경계선 위에 나타나도록 레이어 순서를 조정한다. 도로 라벨 중 일부가 건물이 겹쳐지는 부분에서 잘려 나갈 수도 있다. 지도에서 레이어가 그려지는 순서는 다양한 원인에 영향을 받는다. 지도 코드에서 데이터세트가 언급되는 순서대로 그려지거나 환경 설정 파일에서 언급된 순서대로 그려질 수도 있다. 코드에서 레이어 순서를 지정하고 나면 환경 설정 파일에서의 레이어 순서도 다시 확인하여 작업 과정에서 충돌이 일어나지 않도록 해야 한다.

지도 타일이 만나는 부분에 지도 라벨이 놓이게 되면 예상치 못한 결과가 나타나기도 한다. 지도 타일 여백은 소프트웨어에 의해서 조정되기 때문에 라벨이 지도 타일의 경계를 자르지는 않는다. 하지만 때로 라벨이 최소 여백보다 클 수도 있는데, 이 경우에는 직접 매개변수를 조정해야 한다. 줌 레벨에 따라 지도를 이리저리 살펴보면서 타일의 연결 부분을 확인하는 것이 이 문제를 해결할 수 있는 방법이다.

테스트 단계에서 라벨의 밀집도도 자세히 살펴봐야 한다. 테스트 단계에서는 라벨이 서로 겹쳐지지 않는지를 확인해 봐야 한다. 이 문제는 라벨 간 최소 거리 설정을 늘리거나 Allow-Overlap 함수를 'false'로 조정하면 해결될 수 있다. 지도에 너무 많은 라벨이 표시되는 경우에는 지도에 표시되는 객체의 수를 줄이거나 초기에 데이터베이스 쿼리를 조정하여 지도로 표시되는 객체의 수를 줄이면 된다.

라벨의 가시성을 확인해 보라. 라벨을 표시해야 할 모든 객체에 라벨이 표시되었는가? 지도 객체는 나타나지만 라벨이 빠져 있거나 객체는 없고 라벨만 표시되지는 않는가? 때로 객체는 보이지만 해당 라벨이 다른 라벨에 겹쳐져서 보이지 않는 경우도 있다. 코딩을 잘못해서 라벨이 이상하게 동작하기도 한다. 낮은 줌 레벨에서 먼저 확인하고 높은 줌 레벨에서도 동일하게 동작하는지 확인한다. 항상 낮은 줌 레벨에서 먼저 테스트하도록 한다.

디스플레이 장치가 다르면 색상도 다르게 보인다. 지도에 사용한 색상 배열이 모든 디스플레이 장치에서 원하는 대로 동일하게 표현되는가? 색상이 약간 다르게 보이더라도 미적 특징이 유지되거나 색상의 변화를 구분할 수 있다면 문제가 없다. 정밀하게 계산할 수 있는 테스트 방법을 사용하면 모든 디스플레이 장치에서 지도가 어떤 색상으로 표현될 것인지를 확인해 볼 수 있다. 필요에 따라서는 색맹/색약을 가진 사람들도 지도의 색상을 구분할 수 있는지를 시뮬레이션을 통해 확인해 볼 필요가 있다. 대부분의 인터넷 지도는 시각적인 확인 과정을 통해서 테스트한다.

후광 효과도 문제가 될 수 있다. 라벨 후광에서 생기는 문제는 후광 효과를 너무 크게 설정하여 라벨 내용의 가독성을 떨어뜨리는 경우이다. 이 경우에는 후광의 크기를 줄이면 문제가 해결된다. 후광 효과를 적용하면 라벨 간에 중첩이 발생할 수 있으므로 가능한 한 후광의 크기를 줄여서 이 문제를 개선하도록 한다. 후광 효과는 가장자리 빛(edge glow) 혹은 바렴무늬(vignette)라고도 불리는데, 육지와 바다의 경계선에서는 섬과 같은 작은 객체를 가리는 부작용이 있을 수도 있다. 육지와 바다 경계의 후광 효과를 테스트할 때는 하나 정도의 섬이 포함된 지역을 중점적으로 살펴보도록 한다.

밀도 지도의 경우에는 줌 레벨에 따라서 시각적인 이미지가 완전히 달라질 수도 있으므로 정밀한 테스트를 필요로 한다. 모든 줌 레벨에서 밝기와 객체 밀도를 확인하여 지도가 전달하고자 하는 메시지가 적절하게 표현되는지를 확인해야 한다. 필요할 경우에는 지도의 줌 레벨을 제한하거나 줌 레벨별로 지도의 밝기를 조정한다.

줌 레벨별로 객체의 표현 여부를 확인할 때는 객체 유형과 각 객체가 표시되어야 하는 줌 레벨을 정리한 문서를 활용하도록 한다. 테스트 과정에서 이와 관련된 정보를 별도로 기록해서 대조해 보도록 한다. 일부 소프트웨어에서는 특정 레이어의 투명도가 갑자기 0으로 바뀌거나 스타일링 코드 부분이 주석 처리되는 문제가 발생하기도 한다는 점을 명심해야 한다.

각 줌 레벨에서 스타일의 연속성을 확인한다. 줌 레벨 단계가 바뀔 때마다 스타일이 부드럽게 변하는가? 예를 들어, 도로가 레벨 5에서는 두껍다가 레벨 6에서 갑자기 가늘어지고 레벨 7에서 다시 두꺼워지지 않는지 확인하는 것이다. 모든 스타일은 지역에 상관없이 동일하게 작동하기 때문에 이 하나를 가지고도 다른 잠재적인 문제점을 테스트할 수도 있다.

모든 객체에 대해서 일반화 수준을 확인해 보아야 한다. 일반화는 선이나 폴리곤을 구성하는 노드의 수와 점, 선, 폴리곤 객체의 밀도와 관련이 있다. 각 줌 레벨에서 객체들이 너무 단순하거나 너무 자세히 보이지 않는지 확인한다. 너무 일반화되어 단순하게 보이는 문제를 해결하기 위해서는 상세 데이터를 구하여 대체하거나 줌 레벨을 제한하여 특정 축척 이상으로는 확대되지 않도록 할 필요가 있다. 너무 상세하게 보이는 문제를 해결하기 위해서는 평활화(smoothing), 단순화(simplifying) 알고리즘을 사용하거나 사전에 일반화시킨 자료를 사용해야 한다. 국가 행정구역 경계 데이터는 직접 작성하여 사용하지 말고 공공 데이터를 활용하는 것이 낫다.

여러 레이어나 객체가 중첩되는 지도에서 객체에 투명도가 적용되면 색상의 중첩에 의해서 전혀 예상하지 못하는 색상이 나타나기도 하기 때문에, 모든 줌 레벨에서 가능한 모든 조합을 확인하는 것은 어려운 일이다. 혼합 색상의 최소 채도와 최대 채도를 미리 정의하고 미적인 관점에서 결과물을 테스트해 보도록 한다. 이 과정에서 모든 반투명 객체가 중첩되는 지역(최대 채도)이나 한 객체만 보이는 지역(최소 채도)과 모든 색상이 중첩되는 지역(최대 채도)이나 하나의 색상만이 보이는 지역(최소 채도)을 확인해 볼 수 있다. 색상을 혼합하면서 색상의 변화를 잘 유지하기는 매우 어렵다. 따라서 색상의 조합이 바른 색조를 유지하는지를 중심으로 테스트해 보라.

인터넷 지도 프로젝트에서 지도가 의도하지 않은 방향에서 여러 문제점을 표출할 수 있다는 점은 잘 알려져 있다. 인터넷 지도를 테스트할 때는 우선 익숙한 지역을 선택하여 진행하는 것이 좋다. 해당 지역이 바르게 보인다면 인구밀집 지역, 시골, 해안, 섬, 내륙 지역을 차례대로 살펴보라. 즉 다양한 유형의 지역을 순차적으로 테스트해 보는 것이다. 만약 테스트할 인터넷 지도가 줌 레벨 10이나 15이상으로 이루어진 복잡한 프로젝트이고 대규모의 지도 결과물을 만드는 것이 목적이라면 품질 보증/품질 관리(quality assurance/quality control, QA/QC) 팀의 도움이 필요할 수도 있다. 여러 명의 지도 제작자가 테스트와 수정 작업을 동시에 진행하는 경우에는 이슈 추적 도구(issue-tracking tool)나 중앙 서버의 코드 저장소를 활용하는 방식으로 정규 테스트를 진행하는 것이 일반적이다.

⤳ 주

1. 인터넷 지도 관련 프로그래밍 기술 학습을 위한 몇 가지 방법을 소개하면 다음과 같다.

   - Python 소개 사이트. http://www.learnpython.org (2013년 10월 31일 접속).
   - CS50이라 불리는 하버드대학교의 무료 온라인 컴퓨터 과학 강의. http://www.cs50.net (2013년 10월 31일 접속).
   - 줄리 파월(Julie Powell)의 ArcGIS Viewer for Flex 튜토리얼. http://www.youtube.com/watch?v=25uC2e3LsLk (2013년 10월 31일 접속).
   - TileMill과 MapBox에 무료 계정으로 접속하면 CartoCSS 활용법을 학습할 수 있다.

2. GeoServer는 버퍼와 다른 조건들을 자동으로 조정하는 기능을 갖추고 있다.

3. 에릭 피셔(Eric Fischer)의 Mapping Millions of Dots. http://www.mapbox.com/blog/mapping-millions-of-dots (2013년 9월 27일 접속).

4. 픽셀 크기 차트. http://resources.arcgis.com/en/help/arcgisonline-content/index.html#//011q00000002000000 (2013년 9월 27일 접속).

⤳ 참고 자료

줌 레벨 스타일에 관한 **Mapbox** 문서는 줌 레벨에 따라 어떤 지도 레이어를 표시할 것인가와 그 외의 다양한 인터넷 지도 관련 이슈에 대한 많은 아이디어를 제공한다. http://www.mapbox.com/tilemill/docs/guides/advanced-map-design.

ScaleMaster는 지도 축척과 각 축척 지도에 표시하기 적합한 데이터 목록을 정리한 표로 신시아 브루어(Cynthia Brewer)가 제작했다. http://www.personal.psu.edu/cab38/ScaleMaster.

인터넷 지도의 이해를 위해서는 초기에 개발된 다중 축척 지도가 만들어진 과정을 살펴보는 것이 좋은 출발점이 될 수 있다. **OpenStreetMap**의 'Bright' 세계지도 코드는 일반에 공개되어 있으므로 그 코드를 구하여 살펴보는 것이 도움이 될 것이다. 기본도의 스타일은 다음 사이트에서 살펴볼 수 있다. http://github.com/mapbox/osm-bright/blob/master/osm-bright/base.mss.

⤳ 연습 문제

1. 인터넷 지도에서 축척 계수는 무엇이고, 이것을 사용할 때의 장단점은 무엇인가?
2. 객체의 크기에 따라서 데이터을 일반화한 사례를 제시하라. 지리 데이터 유형을 선택하고 줌 레벨에 따라 면적 제한을 적용한 지도 스타일 코드를 작성해 보라.
3. 높은 줌 레벨에서 저해상도 데이터세트를 사용할 때 발생하는 문제점은 무엇인가?
4. I-25와 같은 주요 고속도로를 선택하여 위키미디어와 같은 곳에서 벡터 파일로 되어 있는 적당한 도로 표지 아이콘을 찾아보라. 그것을 이용해 대, 중, 소 크기의 세 가지 종류의 도로 표지를 SVG 포맷으로 제작해 보라.
5. 지도 스택이란 무엇인가?
6. 웹 메르카토르 투영법에 대해서 설명하라. 이 투영법의 장점과 약점은 무엇인가?
7. 인터넷에 공개된 지도 데이터 중 하나를 선택하여 데이터에 대해서 간단하게 설명하고 그 데이터를 지도화하기에 적절한 축척이 무엇인지를 설명해 보라. 그림 9.5에 제시된 자료를 이용하여 해당 지도에 적절한 줌 레벨이 무엇인지 설명하라.
8. 줌 필드는 어떻게 사용하는가?
9. 인터넷 지도에서 후광 효과를 이용할 때 발생할 수 있는 문제는 무엇인가?
10. 줌 레벨이 같은 지도는 모든 출력 장치에서의 동일한 축척을 가지는가? 아니라면 그 이유는 무엇인지 설명하라.

⤳ 실습

1. 국가 경계만을 이용하여 줌 레벨이 8~12인 간단한 인터넷 지도를 제작한다고 가정하고, 줌 레벨 8~10 사이에서 적용될 스타일 규칙과 줌 레벨 11~12 사이에서 적용될 스타일 규칙을 분리해 지정하는 코드를 작성해 본다. 스타일 규칙에는 선의 색상과 두께 정보가 포함되어야 한다.
2. 국가 경계만 표시되며 줌 레벨은 5~15의 범위를 갖는 간단한 인터넷 지도를 제작한다고 가정한다. 줌 레벨 5~8 사이에서는 일반화된 행정경계 데이터를 사용하고, 줌 레벨 9~15 사이에서는 상세한 행정경계 테이터세트를 사용하는 방식으로 지도 제작 코드를 작성해 본다.

레이아웃 스케치

지도 요소들을 배치하여 새로운 지도를 디자인하는 것은 제작자에 따라 수만 가지 다른 방식으로 이루어질 수 있다. 우선 이 부록에서 제시하는 레이아웃 사례들은 범례나 설명과 같은 지도 주변 요소들이 사각형의 지도 영역과 겹치지 않도록 하는 디자인들로 제3장 '지도 배치 디자인'의 '지도 디자인 구상도' 부분에서 설명했던 내용이다. 이 사례들은 다양한 지도 요소를 지도 화면에 어떻게 배치하여 효과적이고 아름다운 지도를 디자인할 수 있을지에 대한 단서를 제공하기 위한 것이며, 따라서 이 책에서 제시된 방법 외에도 지도 제작자의 상상력과 감각에 따라 다양한 응용이 가능하다는 것을 미리 밝혀 둔다.

이 부록에 대해서 몇 가지 설명을 덧붙이자면 우선 제시된 레이아웃 디자인 사례들이 종이에 연필로 그린 것처럼 보이도록 했다는 것이다. 저자의 원래 의도는 손으로 직접 그린 스케치들을 넣고 싶었지만 그러면 대량인쇄가 어려워 대신 가능한 한 손으로 그린 스케치처럼 보이도록 했다. 독자들이 부록의 내용을 참조하여 레이아웃을 디자인할 때도 가능하면 연필로 종이에 직접 스케치해 보기를 권한다.

지도 디자인 구상도를 꼭 손으로 스케치해 보기를 권하는 이유는 가끔씩 (대부분 컴퓨터 화면인) 일상적인 작업 환경에서 벗어나 백지에 연필만 들고 책상에 앉아 있으면 오히려 화면이라는 틀에 억매이지 않고 숨겨진 창의성을 발휘할 수 있는 가능성이 크기 때문이다. 또 다른 이유는 연필과 종이를 이용하는 것이 그래픽 소프트웨어를 사용하는 것보다 훨씬 빠르고 간편하다는 것이다. 오랜 경험으로 그래픽 소프트웨어를 능숙하게 사용하는 사람이라고 해도 말이다. 짧은 시간에 많은 아이디어를 스케치하고 나서 나중에 최종 디자인을 결정해야 할 때 그 스케치들 중에서 마음에 드는 것을 골라 그래픽 포맷으로 작성하면 된다. 마지막으로 대부분의 작업자들이 컴퓨터로 인쇄된 디자인이나 문장보다 본인의 그림과 글씨를 빨리 인식하기 때문에 다양한 아이디어를 스케치하고 그 스케치들을 반복적으로 비교 선택할 때는 종이에 자필로 작성한 스케치들을 사용하는 것이 훨씬 효과적이다.

이 부록에 포함된 레이아웃 디자인 아이디어들은 독자들이 다양한 지도화 요건을 가지고 자신만의 지도 디자인 구상도를 만들 때 참고할 수 있도록 제공하는 것이다. 다시 한 번 말해 두어야 할 것은 부록에 나와 있는 사례들은 모두 지도 요소들이 (위치가 표시된) 지도 영역과 겹치지 않는 형태의 레이아웃들이라는 것이다. 물론 흔히 지도 영역에 겹쳐서 표현되는 요소인 축척 표시와 방위 표시는 제외하고 말이다. 개인적으로는 이런 형식의 레이아웃 디자인이 지도 영역에 다른 지도 요소들이 겹치도록 하는 디자인보다 세련되고 전문적으로 보인다고 생각하지만, 그렇다고 해서 지도 요소들이 겹치는 레이아웃 디자인을 절대로 사용해서는 안 된다는 것은 아니다. 그보다는 지도 주변 요소의 배치와 관련한 결정은 지도화하고자 하는 지역의 형태에 따라 달라지는 것이기 때문에 표준적인 레이아웃 디자인 사례들에 포함하지 않은 것이다. 예를 들어, 아프리카 대륙 지도를 만든다고 하면 사각형의 지도 화면에서 좌측 아래 부분에 넓은 여백이 생기기 때문에 지도 주변 요소들을 좌측 하단에 배치하는 것이 일반적이다.

레이아웃 사례들은 레터용지, ANSI C, ANSI D, ANSI E 등 다양한 용지 크기에 1 : 1이나 1 : 2 가로세로 비율로 다양하게 제시했다. 용지 크기는 스케치들의 우측 하단에 인치 단위로 표시했다. 각 사례들에 용지 크기를 명시하기는 하였지만, 기본적으로 모든 스케치가 지도 요소 배치에 관한 아이디어를 제시하는 것이기 때문에, 다른 용지 크기의 디자인에도 자유롭게 활용할 수 있을 것이다. ANSI 표준의 대형 용지 스케치들은 학회나 전시회의 포스터 디자인을 염두에 둔 디자인 스케치이고, 레터용지 크기의 스케치들은 회의 중에 참석자들에게 배포하거나 보고서에 포함시킬 수 있도록 한 지도 디자인이다. 이러한 용도 차이는 각 스케치에 대한 설명 부분에 자세히 명시했다.

각 지도 요소들을 둘러싼 상자나 선 표시의 굵기와 선 색깔은 전체 배치 디자인에서 각 요소들의 상대적인 중요도를 반영한다. 가늘고 밝은 회색의 선보다는 굵고 짙은 검은색 선으로 둘러싸인 지도 요소가 비교적 중요하고, 따라서 지도를 보는 독자들의 시선이 가장 먼저 향하는 부분이 되는 것이다. 그렇다고 하더라도 사례 스케치에서처럼 지도 요소에 꼭 상자나 선 표시를 해야 한다는 것은 아니다. 또한 스케치에 표시된 요소들 외에도 지도 제작에서 빠뜨리지 말아야 할 다양한 요소가 있을 수 있다. 사례로 제시된 모든 스케치는 지도 레이아웃 디자인에서 고려해야 할 레이아웃 모양, 요소들 간 대칭성, 균형, 강약 조절 등 다양한 디자인 요소를 설명하기 위한 것으로 독자들이 필요에 따라 수정하여 활용해야 한다는 것을 마지막으로 강조한다.

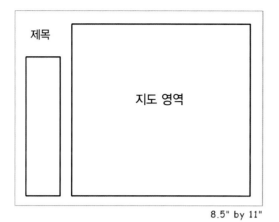

제목

지도 영역

8.5" by 11"

그림 A.1 레터용지 크기의 레이아웃 디자인으로 주변 요소를 지도 영역의 오른쪽이나 아래쪽이 아닌 왼쪽에 배치했다. 독자가 지도보다 주변 요소를 먼저 보도록 할 필요가 있을 때 유용한 디자인이다. 지도의 주변 요소들을 지도 영역의 오른쪽이나 아래쪽에 배치하는 디자인이 식상하여 주의를 환기시킬 필요가 있을 때도 활용할 수 있다.

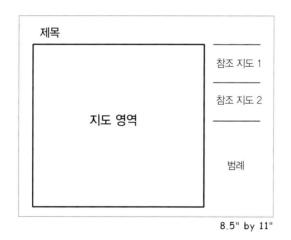

제목

지도 영역

참조 지도 1

참조 지도 2

범례

8.5" by 11"

그림 A.2 특정 지역에 대한 자세한 정보를 표시하면서 동시에 참조 지도를 통해 그 지역의 위치를 보여 주는 배치 디자인이다. 부동산 필지 정보를 자세히 표현하고 동시에 참조 지도를 통해 해당 필지의 위치를 여러 축척에서 보여 줄 필요가 있을 때 유용하다.

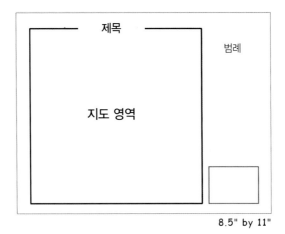

그림 A.3 레터용지 디자인으로 지도 영역이 커서 여유 공간이 많지 않지만 범례에 포함할 정보가 많은 경우에 유용한 레이아웃 디자인이다. 다양한 색상과 기호를 사용하는 대축척의 토양 지도, 지질도, 혹은 부동산 필지 지도에 적합하다. 우측 하단의 작은 참조 지도를 통해 지도 영역의 위치를 표시할 수 있다.

그림 A.4 지도 제목을 상단 중앙 대신에 우측에 표시하면 조금 더 세련된 느낌의 레이아웃 디자인을 만들 수 있다. 하단에 작은 여유 공간을 만들어 지도 주변 요소들을 배치할 수 있도록 했다.

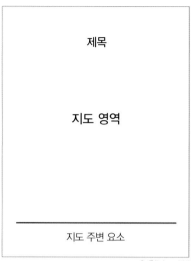

제목

지도 영역

지도 주변 요소

8.5" by 11"

그림 A.5 지도 영역을 감싸는 상자 대신에 지도 영역 아래에 실선을 넣어 주변 요소와의 경계를 만드는 레이아웃 디자인이다. 지도에 여유 공간이 있으면 지도 제목을 지도와 겹치도록 배치할 수 있다. 제목의 위치는 지도에 표시된 영역의 형태에 따라 유동적으로 지정할 수 있으며, 지도와 겹쳐서 제목이 잘 식별되지 않는 경우에는 제목에 후광 효과 그림자를 넣어서 식별을 용이하게 할 필요가 있다.

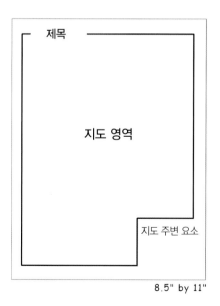

제목

지도 영역

지도 주변 요소

8.5" by 11"

그림 A.6 레이아웃 디자인에서 지도 영역과 제목의 중요성이 큰 경우에는 지도를 용지 전체에 배치하고 주변 요소를 지도 영역 한 부분의 작은 상자 안에 배치하여 독자가 지도 영역에 더욱 집중하도록 유도할 수 있다.

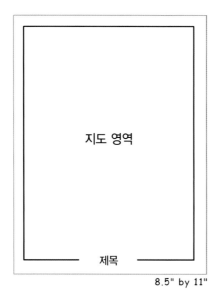

8.5" by 11"

그림 A.7 레터용지는 지도 영역과 자세한 주변 요소 정보를 포함하기에는 공간이 부족한 경우가 많다. 주변 요소를 넣지 않고 지도 영역만을 크게 배치하고 지도 제목과 방위 표시, 축척 표시만을 포함하도록 하는 레이아웃 디자인이다.

17" by 22"

그림 A.8 ANSI C 용지를 위한 레이아웃 디자인으로 제목과 글 자료의 중요성이 큰 경우에 활용할 수 있다. 지도의 오른쪽이나 아래쪽에 글 자료를 배치할 때보다 독자들이 글 자료에 더욱 집중하도록 하는 디자인이다.

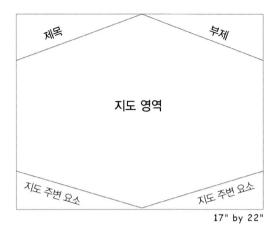

17" by 22"

그림 A.9 분석적인 지도 작업보다는 디자인의 중요도가 높은 경우에 사용할 수 있는 ANSI C 용지 레이아웃 디자인이다. 세계지도나 국가지도와 같은 소축척 지도에 적합하다.

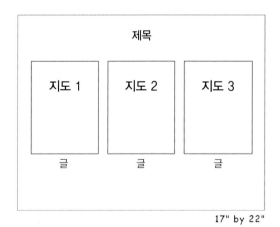

17" by 22"

그림 A.10 동일한 지역을 대상으로 하는 시계열 자료나 같은 지역에 대한 여러 레이어 자료를 동시에 보여 줄 필요가 있을 때 유용한 ANSI C 용지 레이아웃 디자인으로 같은 크기의 여러 지도를 나란히 배치한다. 간혹 지도를 예쁘게 만들기 위해 지도 영역들을 지그재그로 배치하거나 지도 영역 사이에 다른 그래픽 요소를 배치하는 경우가 있는데, 지도 영역 사이의 비교라는 원래의 목적에 충실하기 위해서는 다른 그래픽 요소를 넣지 않고 줄을 맞춰 배치하는 것이 더 효과적이다. 스케치에서는 지도 영역 상자를 표시하였으나 지도 영역 간 비교를 위해서는 상자 선을 넣지 않는 것이 좋다.

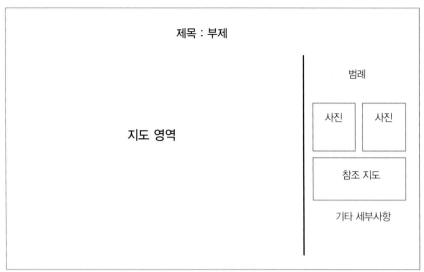

그림 A.11 ANSI D 용지는 길고 좁다. 그래서 지도 영역 옆에 많은 양의 부수적인 정보를 표현하기에 적합하다. 그림의 레이아웃 디자인은 용지의 오른쪽에 약 1/4 정도의 공간을 할애하여 큰 범례와 지역에 대한 사진 자료, 참조 지도 등 다양한 설명 자료를 배치했다.

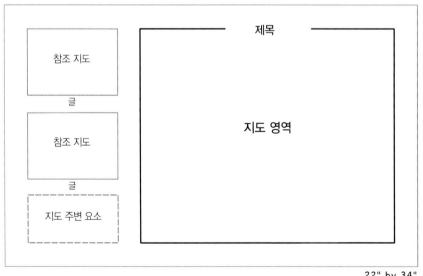

그림 A.12 지도 주변 요소를 꼭 지도의 우측이나 하단에 배치할 필요는 없다. 그림의 디자인은 참조 지도가 주 지도를 이해하는 데 필수적인 정보를 담고 있는 경우에 적합한 레이아웃 배치로, 독자의 시선이 제일 먼저 향하는 지도의 좌측 상단에 참조 지도를 배치했다. 각 참조 지도의 하단에는 지도를 설명하기 위한 간단한 글 자료를 배치했다.

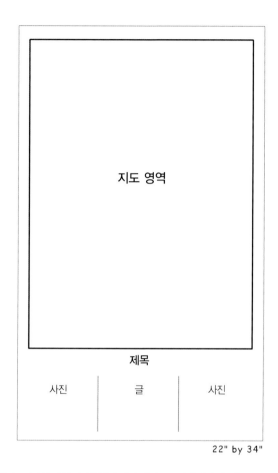

지도 영역

제목

| 사진 | 글 | 사진 |

22" by 34"

그림 A.13 미국의 캘리포니아 주나 남미의 칠레와 같이 남북으로 긴 형태의 지역을 지도화할 때 유용하도록 지도 영역을 세로로 길게 배치한 ANSI D 용지 레이아웃 디자인이다. 중앙 하단에 글 자료와 사진 자료를 적절히 배치하여 지도에서 지도 영역의 비중이 큼에도 불구하고 지도 요소 간 균형감을 확보했다.

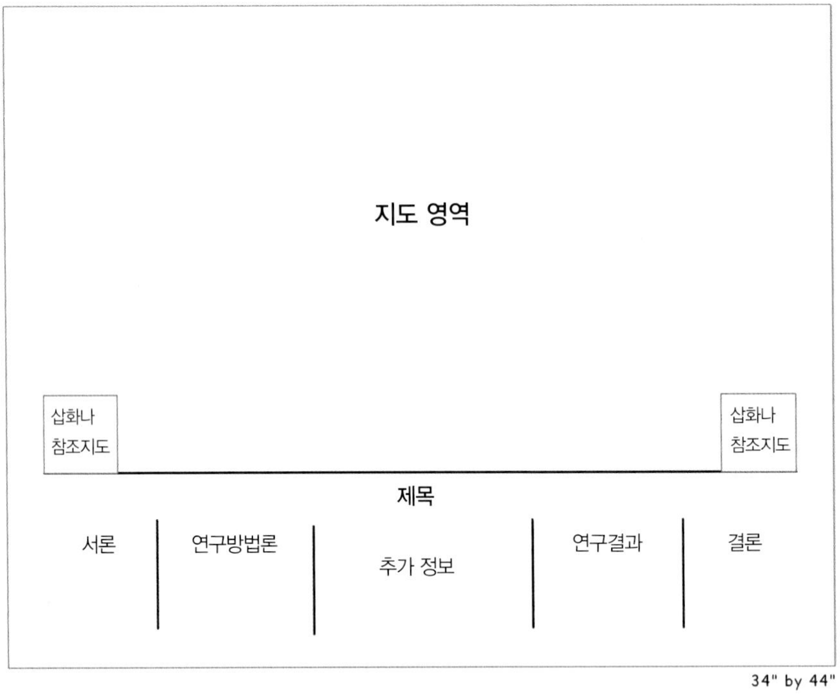

그림 A.14 발표 포스터용 ANSI E 용지 레이아웃 디자인이다. 큰 지도 영역을 통해 지역에 대한 시각적인 정보를 주로 전달하면서, 하단에 지도에 대한 설명을 포함한 연구결과에 대한 글 자료를 배치했다. 발표용 포스터를 보는 일반인들이 시선이 대체로 포스터의 좌측에서 출발하여 우측 방향으로 이동하는 것을 고려하여 글 자료는 좌측부터 서론, 연구방법론, 연구결과, 결론 순서로 배치했다.

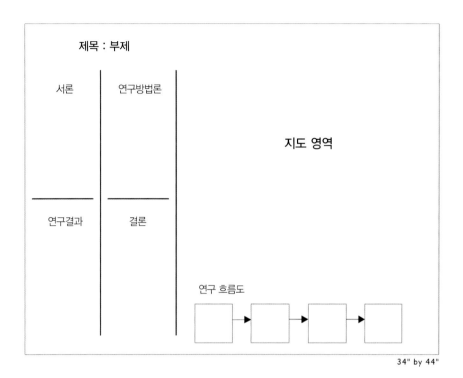

34" by 44"

그림 A.15 때로는 연구 흐름도를 사용하는 것이 글 자료보다 지도 발표자가 전하고자 하는 메시지를 쉽게 표현할 수 있다. 그림의 ANSI E 용지 레이아웃 디자인은 우측에 결과 지도를 배치하고 그 하단에 연구 흐름도를 넣어 포스터를 보는 사람들이 연구의 절차를 쉽게 이해할 수 있도록 하고, 연구에 대한 자세한 내용은 글 자료로 좌측에 배치하여 참조할 수 있도록 했다.

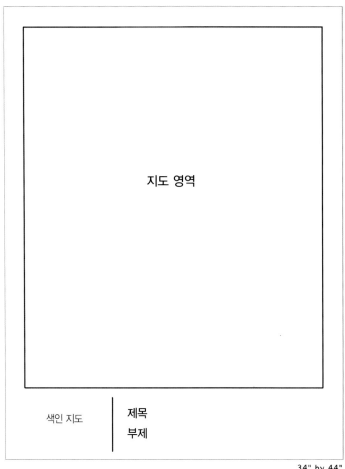

지도 영역

색인 지도

제목
부제

34" by 44"

그림 A.16 ANSI E 용지 레이아웃 디자인으로 대부분의 공간을 지도 영역에 할당하여 연구 지역에 대한 공간 정보를 자세히 표현하여 전달할 수 있도록 했다. 넓은 지역을 대상으로 한 대규모 프로젝트의 결과를 지도로 표현할 때 유용한 디자인으로, 좌측 하단에 찾아보기 지도를 배치하여 전체 프로젝트 대상 지역에서 지도 영역에 표현된 지역이 어디에 위치하는지를 표시하도록 했다.

지도 디자인 예시

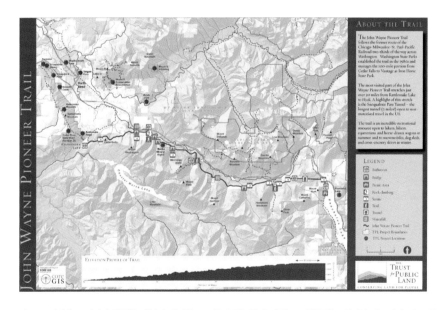

그림 B.1 평범해 보이지만 적절한 배열과 디자인으로 공간 정보를 효과적으로 전달하는 뛰어난 지도이다. 지도 주변 요소들을 적절히 선택, 배치하고 다양한 지도 관련 정보를 제공하면서, 지도 라벨과 표준 기호들을 효과적으로 사용하여 존 웨인 파이어니어 트레일(John Wayne Pioneer Trail)을 방문하여 이 지도를 보는 일반인들이 트레일에서 자신의 현재 위치와 트레일 경로 주변에 있는 시설물의 위치를 쉽게 알 수 있도록 했다. 진회색의 배경은 현대적인 감각을 주는 동시에 지도 전체에 통일성을 제공하고 있다. 진회색 배경보다 밝은 회색의 글꼴로 표시한 두 제목(JOHN WAYNE PIONEER TRAIL, ABOUT THE TRAIL), 범례와 글 상자 박스는 배경색에 비해 밝기 대비가 적당하여 너무 튀어 보이지 않는다. 전체적인 색상 배열과 글꼴 선택, 지도 요소 배열 등 모든 측면에서 주의 깊게 디자인된 지도이다. (디자인 : 매트 스티븐슨, CORE GIS, LLC. 대표, 저작권 기관인 The Trust for Public Land의 허가를 얻어 게재함)

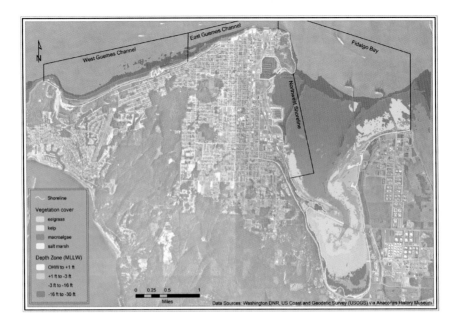

그림 B.2 해안 식생 피복과 연안 수심을 표현한 지도이며 배경 화면으로 흑백 항공사진을 사용했다. 식생 피복의 색상 배열을 적절히 선택하여 흑백 배경 이미지와 잘 어울리도록 하였고, 범례 상자의 배경을 투명하게 하여 상자를 흰색으로 했을 때보다 눈에 덜 띄도록 디자인했다. 범례 상자를 투명하게 하거나 어두운 색상으로 하는 것은 범례가 시각적으로 두드러져 보이는 것을 방지하여, 독자가 지도 영역에 더 집중할 수 있도록 한다. 자료 출처는 작은 글꼴로 우측 하단에 배치하여 지도 영역을 가리지 않도록 하였고, 용지 외곽에 흰 여백을 남겨서 지도가 보고서 페이지에 삽입되었을 경우를 고려했다. 흰 여백은 지도 영역에 군데군데 나타나는 흰색 지역과 더불어서 지도에 전체적인 통일성을 만드는 데 도움을 주고 있다. [디자인 : 앨리슨 베일리, SoundGIS 대표, 저작권 기관인 미국 워싱턴 주 어업생물부(Dept. of Fish and Wildlife)의 허가를 얻어 게재함]

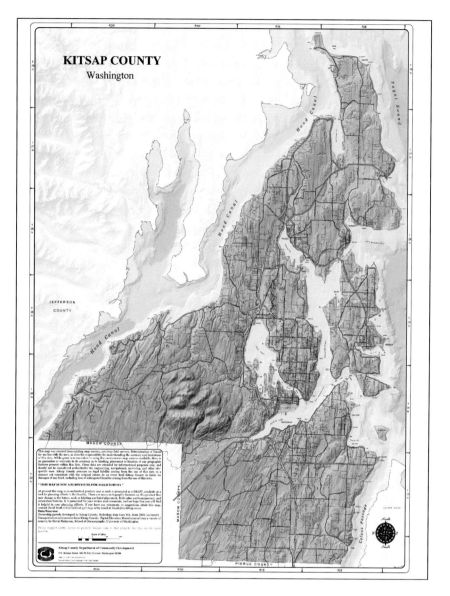

그림 B.3 미국 워싱턴 주 킷샙(Kitsap) 카운티 정부의 공간 자료를 지도화하기 위해 사용하는 기본 배경 지도 디자인이다. 지도 영역은 지형의 음영기복과 주요 도로만을 직관적인 색상으로 표현하여 지역 내 곳곳의 위치를 용이하게 파악할 수 있도록 했다. 전체 지도 영역 중에서도 킷샙 카운티 지역만 짙은 색상의 음영기복으로 표현하고 주변은 반투명하게 처리하여 지도에서 해당 카운티를 강조했다. 기본 배경 지도이므로 지도 영역이 전체 레이아웃의 대부분 공간을 차지하고 있으며, 카운티 정부의 지도 제작 규정에 따라 포함시켜야 하는 법적 공지는 카운티 경계 바깥의 여유 공간인 좌측 하단에 작게 배치했다. 제목은 기본 지도의 세부적 용도에 맞춰 수정 사용할 수 있도록 간단하게 표시하였고, 지도 영역에 표현된 도로, 하천, 해발고도 모두 일반 지형도 표준 기호들을 사용하였기 때문에 범례는 별도로 표시하지 않았다. (디자인 : 데이빗 네쉬. 킷샙 카운티 지역개발과 GIS 분석가, 제작자의 허가를 얻어 게재함)

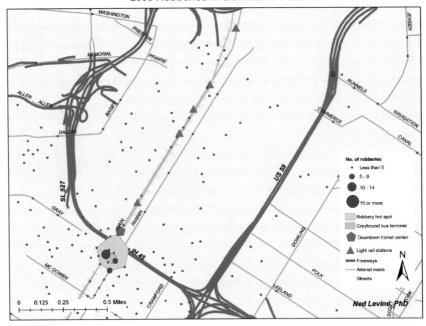

그림 B.4 강도사건 발생 밀도와 핫스팟을 분석한 결과를 지도에 나타내었다. 분홍색으로 표시된 핫스팟과 발생 빈도에 따라 다른 크기로 표시된 강도사건 발생 분포로 강도 사건 발생 현황을 쉽게 파악할 수 있도록 했다. 경전 철역과 노선, 장거리 버스 터미널 등 보조 자료를 표시하여 강도 사건 발생과의 연관성을 알 수 있도록 하였고, 독자의 이해를 돕기 위해 제목에 버스 터미널과 강도 사건 발생의 연관성을 명시했다. 다단계의 도로 기호와 도로 이름을 이용하여 위치 정보를 쉽게 이해하도록 했다. (디자인 : 네드 레빈 박사, Ned Levine & Associates 대표, 제작자의 허가를 얻어 게재함)

부록 B 지도 디자인 예시

284

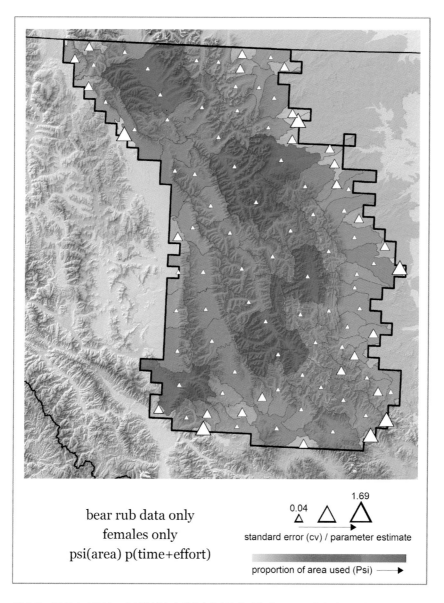

bear rub data only
females only
psi(area) p(time+effort)

0.04　1.69

standard error (cv) / parameter estimate

proportion of area used (Psi) ──▶

그림 B.5 미국 몬타나 주의 로키 산맥 분수계 생태계에서 북미 회색곰(grizzly bear)의 활동 지역 분포를 나타낸 것으로 주정부 환경생태 보고서에 포함된 지도이다. 보고서에는 동일한 축척으로 같은 분수계와 고도 자료를 배경으로 하는 다양한 지도들이 수록되어 있다. 지도 하단의 글 자료는 지도 작성에 사용된 데이터에 대한 간단한 설명으로 독자들이 지도의 내용을 쉽게 파악하도록 하였고, 하단 우측의 색상표 범례는 그 지역 나무들에서 발견되는 회색곰의 영역 표시 빈도를 나타낸다. (디자인 : 제프 스테츠, 생물학자, 미국 지질조사국)

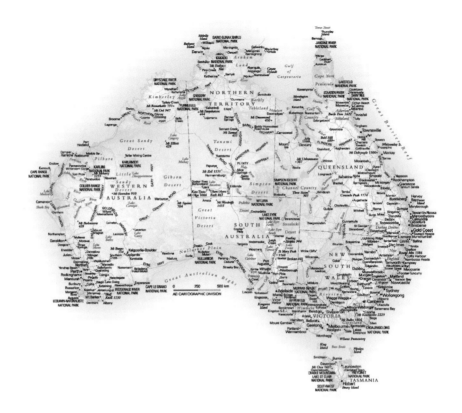

그림 B.6 상당히 많은 지명 라벨을 넣어서 복잡할 수 있는데도 적절한 배치와 라벨 간 위계관계를 활용하여 가독성을 최대화한 호주 대륙 지도이다. 주 이름은 큰 글꼴에 회색을 사용하고 알파벳 사이 간격을 넓게 하여 검은색 작은 글꼴의 도시 이름 라벨과 차별성을 주었다. 바다나 하천 라벨은 형태에 따라 굴곡으로 표기하였고, 축척 막대는 장식은 없지만 읽기 쉽도록 디자인하여 배치했다. (디자인 : 댄 보울스, *Australian Geographic*, 카토그래픽 디비전 사)

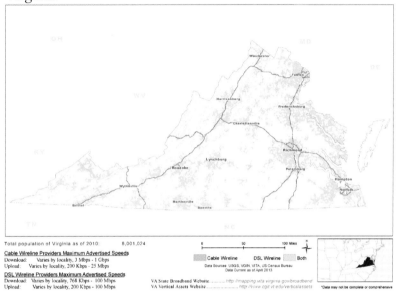

그림 B.7 미국 버지니아 주의 광대역 통신망 지도화 프로젝트의 결과물 지도 중 하나로, 2013년 4월 버지니아 주의 케이블 통신망과 DSL 광대역 인터넷 서비스 영역을 표시했다. 지도 하단 좌측에 간단한 통계 정보를 넣고 우측하단에 위치 지도를 배치했다. 주 이름을 표시하는 라벨은 큰 회색 글꼴로 표기한 반면, 도시 라벨은 작은 검은색글꼴로 표기했다. (디자인 : 매트 레이먼. 버지니아 공대 지리 정보기술 센터. Virginia Broadband Map Book Portal (2013). [VA_CableDSL, 2013]. 제작기관의 허가를 얻어 게재함)

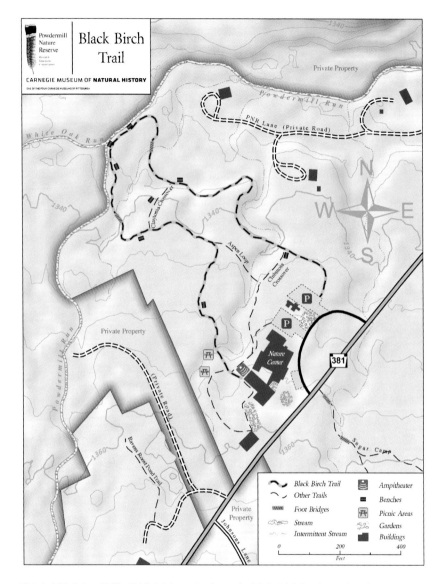

그림 B.8 블랙버치 트레일은 펜실베이니아 주 피츠버그 소재 카네기자연사박물관 소유의 등산/산책로이다. 파선 기호를 덧댄 회색 산책로 선은 녹색 톤의 배경과 대조되어 가시성을 높여 주고 있다. 옅은 색상으로 표시된 음영기복과 눈에 잘 띄는 주차장 지도 등 등산로 지도에서 필수적인 요소들이 분명하게 표현되어 있다. (디자인 : 마이클 보우저, 제임스 휘테커, 카네기자연사박물관, 제작기관의 허가를 얻어 게재함)

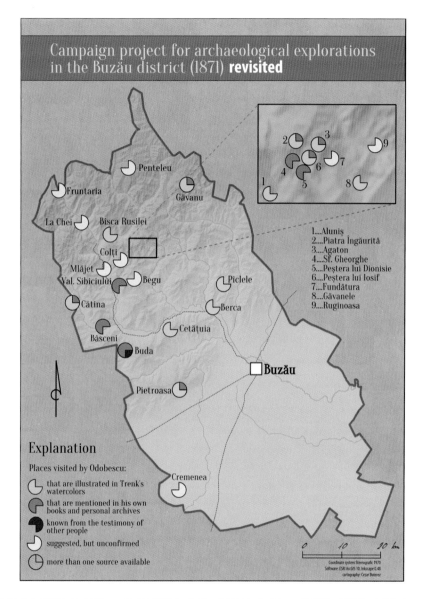

그림 B.9 저명한 루마니아 고고학자인 알렉산드르 오도베스쿠의 1871년 고고학 탐사 지점들을 나타낸 지도로, 부조시립박물관(Buzău County Museum)이 간행한 *Mousaios* 잡지에 오도베스쿠의 탐사 여행에 대한 기사와 함께 게재되었다. 제목을 읽기 좋은 스타일로 배치하였고, 탐사 지역을 명확하게 하고 주변 지역은 탐사 지역과 구별되지만 튀지 않는 색상으로 표현했다. 탐사 지역은 음영기복을 표시하여 지형적인 특성을 알 수 있게 하였고, 탐사 지점들이 강조될 수 있도록 음영기복은 옅은 색상을 사용했다. 탐사 지점들이 많이 몰려 있는 지역은 지도 영역 우측 상단에 확대지도로 자세히 표현하였고, 지도에서 해당 지점을 표시하기 위해 점선으로 안내선을 넣었다. (디자인 : 세자르 부터레즈, 부쿠레슈티대학교 지리학과 대학원생, 제작자의 허가를 얻어 게재함)

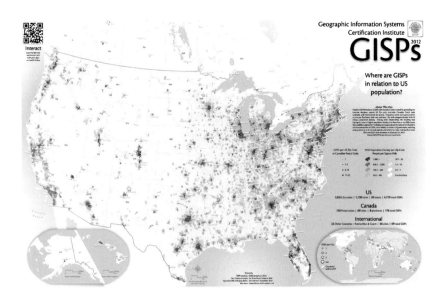

그림 B.10 대형 지도 인쇄물을 위한 레이아웃 디자인으로 지도 주변 요소들의 적절한 배치가 잘 드러난다. 색상의 그라데이션 효과와 그림자 효과 등 그래픽 디자인 기술을 적절히 활용하여 형상-배경 간 구분을 명확하게 했다. 다양한 보조 정보를 포함하면서도 지도의 주제를 잘 드러낸 지도 디자인이다. (디자인 : 카일 셰퍼, GIS Certification Institute, 제작기관의 허가를 얻어 게재함)

그림 B.11 인터넷 지도의 경우에는 지도 영역이 화면 전체를 차지하도록 하는 것이 효과적일 때가 많다. 미국국립공원공단(National Park Service)의 인터넷 홈페이지에서 제공되는 이 지도는 화면의 대부분을 지도 영역이 차지하고 좌측에 간단한 제목, 우측 하단에 몇 개의 기능 단추만 배치하여서 사용자가 쉽게 지도 영역을 확대/축소, 이동하면서 미국 내 국립공원들의 위치를 파악할 수 있도록 했다. 배경에 음영기복을 표현하여 개략적인 지형 정보를 제공하였고 바다와 호수 등은 옅은 푸른색으로 처리하여 육지 영역이 부각되도록 했다. (디자인 : 마마타 아켈라, 미국국립공원공단, 제작기관의 허가를 얻어 게재함)

색상 배열표

부록의 색상 배열표 견본은 '제6장 지도 객체 기호화'의 각 절에 제시된 색상 배열표 견본을 모아 놓은 것이다. 각 지도 객체의 표현에 적합한 색상 배열과 각 색상의 RGB 값들을 정리하여 지도 제작자들이 편하게 참조할 수 있도록 했다. 여기에 제시된 색상 배열들은 저자의 추천사항일 뿐이며 지도 제작자는 이 색상 배열표를 직접 사용할 수도 있고, 자기만의 목적과 취향에 따라 적절히 수정해 사용할 수도 있다. 또한 어느 한 지도 객체 표현을 위해 추천된 색상 배열이라고 할지라도 다른 객체를 위해 사용하거나 혹은 지도 전체의 색상 배열을 위해 활용할 수도 있음을 밝혀 둔다.

도로			강과 하천			수체			도시 및 마을			행정경계		
255	255	255	157	159	166	237	235	245	255	255	0	255	255	255
225	225	225	67	154	184	224	228	204	0	0	0	137	112	68
255	0	0	0	111	158	167	219	216	0	255	0	255	99	0
255	170	0	0	52	69	115	178	255	50	50	50	52	52	52
255	255	0	5	9	130	126	190	163	137	112	68	104	104	104
115	76	0	190	255	232	53	50	138	255	255	255	230	64	33
78	78	78	99	222	183	83	160	142	255	0	0	176	186	207
0	0	0	169	177	194	22	0	199	178	178	178	222	170	102

퍼지 공간 객체						고도			음영기복			지적 필지			해류		
212	136	89				255	255	255	255	255	255	255	255	255	0	0	0
98	86	104				178	178	178	220	220	220	0	0	0	255	255	255
63	122	59				110	83	45	200	200	200	211	255	190	230	239	255
156	100	45				153	137	87	180	180	180	255	255	190	255	253	247
104	104	104				252	186	3	157	157	157	197	0	255	35	122	204
255	255	255	255	255	190	38	115	0	130	130	130	245	162	122	240	48	0
233	155	235	201	155	235	255	255	190	100	100	100	255	211	127	216	24	24
255	255	255	230	178	106	190	232	255	0	0	0	215	158	158	168	0	0

부록 C 색상 배열표

바람			온도			토지이용 및 지표피복			소로			시설물		
0	0	0	180	0	0	235	109	105	0	0	0	76	0	115
255	255	255	228	59	36	206	166	138	100	100	100	100	100	100
230	239	255	201	124	0	255	224	174	255	255	255	255	190	190
255	253	247	233	76	19	166	213	158	255	167	127	0	112	255
247	236	210	244	253	8	117	181	220	255	0	0	76	230	0
50	50	50	230	239	255	188	219	232	215	194	158	255	85	0
130	130	130	198	195	215	200	200	200	158	73	3	255	255	0
232	190	255	38	123	172	189	221	209	117	29	0	150	163	0

불투수 지표면			분수계			건물			토양			지질		
54	42	61	209	252	120	100	100	100	89	72	45	218	230	120
170	71	41	184	255	0	225	225	225	117	93	39	190	167	117
61	0	22	255	255	8	145	99	84	145	125	47	191	94	52
217	215	202	249	149	199	233	76	19	186	131	48	147	191	166
137	116	151	25	175	237	244	253	8	207	159	89	235	117	0
140	145	117	255	85	0	0	169	230	245	255	122	224	137	195
71	83	80	153	126	88	197	0	255	240	137	102	253	225	79
197	173	155	177	201	207	255	211	127	240	230	198	204	31	255

GIS
Cartography

ㄱ

가독성   67, 85, 188
가변형 축척 막대   244
가산적 색상 체계   104
감산적 색상 체계   107
거리 단위   235
건물 외곽선   195
게슈탈트   109
경사각   158
경선   44, 236
경위선   235
경위선망   36, 44
계곡선   158
고도   157
고도별 색조   113, 157
고도 지도   113
고지도   14, 37, 168
골-페터스 투영법   238, 241
공간 객체   131
공간 분석   22
공공정책 지도   36
관계형 데이터베이스   261
관심 지점   262
구글 API   252
구글 지도   253

구면 투영법   244
구획선   42
국경선   148
굵은 글꼴   88
균형   68, 70
그래프   49
그래픽   52
그래픽 전문 소프트웨어   218
그리니치 자오선   236
극 평사 투영법   246
글꼴   16, 70, 76
글꼴 이론   75
글 배치 방향   93
글자 높이   82
기본도   31, 103
기울임 글꼴   88
기호   30, 32
기호 수준   145

ㄴ

날짜   37
날짜 표시   37
네트워크 경로   45

ㄷ

다색 배열　112

다중 축척　256

다중 축척 인터넷 지도　251

다채색　102, 103

단계구분도　17, 31, 103, 112, 113, 200

단색 배열　112

단서 조항　30

단순성　67

단순화　266

단순화 알고리즘　261

대문자　90

데이터의 정밀도(축척)　192

데이텀　234, 240, 241

도로　132

도로명 라벨　132

도시　145

동적인 기호화 기법　185

드롭캡　58

드롭캡 스타일　29

등각형　170

등고선　157

등온선　175

등치선　170, 204

등치선 토양 지도　201

등풍속선　170

디자인 템플릿　229

디지털 상호작용 지도　251, 256

디지털 지도　24

ㄹ

라벨　75

라벨 배치 도구　92

라이트닝 토크　220

람베르트 정각 원추 투영법　239, 244

래스터 지도　179

렌더　255

렌더링　255

ㄹ

로고　26, 38, 48

로렌스 레식 스타일　220

로빈슨 투영법　236

리샘플링　261

리플릿　252

ㅁ

마커　262

먼셀 색상 체계　177

메르카토르 투영법　237, 238, 241, 243

메타데이터　38, 39, 45, 46, 68, 178

면적형 축척 표시　40

명도　106

명도 대비　34

명목척도　136

모노타입 글꼴　82

무게 중심　70

무채색　127

무채색 대비　34

밀도 지도　103, 112, 262, 265

밑줄 표시　88

ㅂ

바람　168

바람 기호　169

바렴무늬　110, 141

반구 지도　239

발굴 지도　62

발표 슬라이드　31

발표용 포스터　39

밝기　106

방위　245

방위 투영법　239, 242

방위 정거 투영법　245

방위표　21, 26, 36

방향성　242

배분 정렬　92

배열   62

배치   22, 27

범례   30, 32, 42

범례 상자   33

범례 제목   32

범주형 색 배열   200

법적 공지   26, 45, 90

베르너 심장형   240

보간 기법   199

보고서   225

보고서 지도   225

보색   102, 103

본초자오선   236

부유형 주변 요소   69

부제목   30

분기형 색상 배열   103

분류 체계   176

분수계   192

불투수 지표면   188

비율형 축척   40

빈켈 트리펠 도법   44

빈켈 트리펠 투영법   237, 243

빛의 삼원색   104

ㅅ

사면 방향   158

사용자 상호작용   256

사용자 인터페이스   256

사진   51

산세리프 글꼴   77

삽입 지도   22, 53, 57, 67

상세 포스터   228

상호작용 기반 온라인 지도   33

색맹   122

색상   106

색상 고리   102

색상 규칙   108

색상 기호   31, 32

색상 대비   119, 120

색상 램프   112

색상 반복   112, 121

색상 배열   16, 70, 101

색상 배열표   291

색상 변환표   108

색상의 동심원   102, 124

색상 의미   115

색상 이론   100, 102

색상 조합   2

색상 조화   102

색상 체계 변환   105

색상 필터   218

색약   122

색채 대비   34

생태 지역   209

서체   76

설명글   58

세계지도   40

세계측지좌표계   84, 235

세리프 글꼴   77

소로   182

소축척 지도   44

속성 값   53

속성 정보   136

수기 글꼴   81

수면 온도   175

수문 객체   134, 192

수문 사상   90

수심   141

수체   141

수치고도 모형   146, 159

스냅핑   43

스몰캡 스타일   29

스크립트   252

스타일   27

스플라인 문자열   137

슬라이드 애니메이션   221

슬리퍼 지도   255

시각 인지 법칙　108
시각적 균형　49
시각적 대비　101, 206
시각적 대조　91
시각적 위계　65
시각적인　71
시각적인 대조　35
시각적 인지 법칙　111
시계열 지도　63, 69
시누소이달　240
시누소이달 투영법　238
시누소이달 투영법 지도　242
시리즈 지도　191
시선 거리　84, 228
시설물 자료　185
심사　239
썸네일　52, 68

아서 로빈슨　236
아크GIS 온라인　252
알버스 정적원추 투영법　242
압축 이미지 파일 포맷　216
압축 파일 포맷　121
애플리케이션 프로그래밍 인터페이스　1
앤더슨 분류 체계　177
어도비 일러스트레이터　217
연결형 소프트웨어　218
예상 독자　16
예술적 영감　124
예술적인 경험　15
오프셋 인쇄　107, 230
오픈레이어　252
오픈스트리트맵　253
온도　174
온라인 지도　35
와이어프레임　65
왜곡 유형　240

외곽선　14, 35
왼쪽 정렬　92
요소 간 위계관계　36
요약 포스터　228
용지 크기　270
워터맨 투영법　241
원격탐사　176
원추 투영법　242, 244
원통 투영법　242, 243
원형 방위도　36
원형 축척 표시　41
웹 메르카토르　253
위계　136
위계적 기호화　174
위선　44, 236
위치 지도　57
유사색　102
육각형 지도　115
음영　100
음영기복　157, 192
음영기복도　157
음영 등고선 지도　158
의사원통 투영법　243
이미지 파일　216
이산적인 물체　17
이탤릭체　88
인쇄 지도　24, 35, 36, 215
인용 표시　48
인터넷 점지도　262
인터넷 지도　24, 31, 215, 251
인포그래픽　69
일반화　260, 266
일반화 기법　201
잉크스케이프　217

자간　88
자료 인용 표시　47

자료 출처　46, 90

자료 표　53

자바스크립트　251

자북　36

장식체　80

재표본화　217

저작권　47

저작권 표기　55

적-녹 색약　122

전자출판　84

점묘 효과　141

점지도　17, 101, 114, 201

점진적 기호 지도　115

점진적 색상 변화 패턴　32

점진적 색상 배열　112, 141, 122, 200

점진적 색상 변화 기법　101

점진적 스타일링　260

점 클러스터　262

정각 투영법　238

정각성　44

정각 원추 투영법　242

정거 투영법　239

정거 원추 투영법　240

정거 투영법　245

정사 투영법　239

정사사진　195

정적 또는 등적 투영법　238

정적 지도　215

제러드 다이아몬드　242

제목　27

제작자　38

제작자 정보　27, 39

좌표계　234

주곡선　158

주변 요소　21, 25

주변 요소 묶음 상자　28

주변 지도 요소　21

주 평면 좌표계　242

줄 간격　92

줌 레벨　256

줌 레벨 디자인　252, 253

줌 필드　257

중성색　102, 104

지구본　236

지구타원체　241

지도　34

지도 객체　21

지도 대수　201

지도 디자인　1, 17

지도 디자인 구상도　17, 62, 65

지도 라벨　90

지도 모음　189

지도 배치　2, 16

지도 배치 구상도　65

지도 배치 디자인　21, 25

지도 배치 요소　25

지도 배치 체크리스트　22, 58

지도 번호　53

지도 스택　252

지도 슬라이드　222

지도 영역　25, 27, 32

지도 요소　17, 25, 36, 269

지도 요소 배치　15

지도 제목　28

지도 주변 요소　28, 68

지도책　16

지도 타일　255

지도 투영　236

지도 투영법　233

지도표　32

지리정보 전문가　18

지리 좌표계　234, 235

지명　27

지명 라벨　92

지시선　51, 52, 58

지오메트리　264

지오이드　241

지적도　195

지적 필지   150, 162

지질 지도   204

지질 코드   209

지질 횡단면   204

진북   36

질감   141

ㅊ

착시 효과   117

참고 지도   17

참조 지도   57, 230

채도   106

청–황 색약   122

축약어   28, 47

축약형 축척 표시   40

축척   162, 241, 256

축척 계수   260

축척 표시   21, 39

ㅋ

쿼리   261

크리에이티브 커먼스   47, 55

ㅌ

타원체   235

타일링   253

타일밀   252

텍스트 가독성   77

토양   198

토양 속성   198

토양 유형   199

토양층   199

토지이용   165

토지이용 지표피복   175

토폴로지   264

통합형 요소   69

투명도   266

투시   239

투영면   243

투영법   36, 56, 234

투영 좌표계   234, 236

티소 왜곡지표   240

티소 타원체   240

ㅍ

파일 경로   45

퍼지 공간 객체   150

페이지 외곽선   41, 42

평면 투영법   245

평사   239

평활화   266

포스터   228

포인트 크기   83

포토샵   217

폭   82

표고점   157

표고점 라벨   159

표본 자료   199

표준 기호   30

표준 색 배열   177

표준 투영법   233

표준화   113, 185

표현순위   132

품질 보증/품질 관리   267

프로그래밍 코드   251

프린터   216

플라 카레 투영법   240

필기체   81

ㅎ

하천 위계   136

핫스팟   137

항해도   44, 145, 165

해도 36
해류 165
해상도 216
행정경계 148
행정구역 경계 17, 112, 148
형상-배경 관계 108, 109
형상-배경 대조 97, 141
화상 슬라이드 219
회색 톤 126
회전타원체 235
획 굵기 82
횡축 메르카토르 투영법 237
후광 효과 94, 110, 141, 151, 265
흑-백 색약 122
흑백 지도 126

기타

3차원 195
3차원 렌더링 198
3차원 지도 202, 204
5단계 음영 규칙 111
16진법 체계 104
16진법 체계 105
Adobe Illustrator 217
Adobe PDF 217
Adobe Photoshop 217
ArcGIS Online 252
CartoCSS 259
CartoCSS 포맷 251

CIELAB 108
CMYK 체계 105
CMY 색상 체계 107
ColorBrewer 124
D3 252
DPI 216
EPS 217
GIF 121
GIS 분석가 3
GIS 전문가 5, 22
Google API 252
HSL 107
HSV 106
HSV 체계 107
HTML 105
Inkscape 217
JPEG 121, 216
Leaflet 252
PNG 216
PPI 256
RGB 104
RGB 값 104
RGB 체계 105
Sans-serif 글꼴 77
Serif 글꼴 77
SVG 217
TIFF 217
TileMill 252
Vischeck 124
WGS 84 235, 242

김화환 h2kim@jnu.ac.kr

미국 조지아대학교 지리학 박사

전남대학교 지리학과 교수

주요 연구 분야 : 지리정보시스템, 지도학, 공간분석, 인구지리학

김민호 mhkim@smu.ac.kr

미국 조지아대학교 지리학 박사

상명대학교 지리학과 교수

주요 연구 분야 : 지리정보시스템, 원격탐사, 보건지리학

안재성 jsahn@kiu.ac.kr

서울대학교 지리학 박사

경일대학교 공간정보공학과 교수

주요 연구 분야 : 지리정보시스템, 공간분석, 지도학

이태수 taesoo@jnu.ac.kr

미국 뉴욕주립대학교(버팔로) 지리학 박사

전남대학교 지리학과 교수

주요 연구 분야 : 지리정보시스템, 수질 모델링, 환경지리학

최진무 cjm89@khu.ac.kr

미국 조지아대학교 지리학 박사

경희대학교 지리학과 교수

주요 연구 분야 : 지리정보시스템, 지도학, 원격탐사, 재난 및 환경정보시스템

GIS
Cartography